中国跨学科城市设计

THE SOCIO-SPATIAL DESIGN OF COMMUNITY AND GOVERNANCE

Interdisciplinary Urban Design in China

社区与治理的社会空间设计

[英] 萨姆·雅各比（Sam Jacoby） 程婧如 编著

同济大学出版社·上海
TONGJI UNIVERSITY PRESS · SHANGHAI

目录 CONTENTS

第一部分　综述

01 / 中国的城市设计与空间化治理

萨姆 · 雅各比 (Sam Jacoby)
英国皇家艺术学院建筑学院

社会项目、社会空间和社会现实为理解中国城市的设计与规划提供了三条相互关联的重要背景框架：①“集体空间与形制”（collective space and forms）的历史与当前社区建设和规划的关系；②在城乡发展模式中（从农村人民公社到城市单位，再到当代小区和社区体制）的社会空间变化；③在塑造集体空间与形制的过程中，通过关联空间及社会图解来实现“空间化治理”（spatialised governmentality）的不同方式。这三条背景框架对西方体系下关于“公共空间”和“场所”的概念提出了质疑，为我们提供了探讨城市设计的一种新的跨学科视角。这种讨论有助于我们理解中国政府提出的从管理（government）到治理（governance）的政策指导，也可以促成当前关于中国社区规划及其设计思想的转变。当下社区体制受历史因素的影响，展示了具有中国特色的社区概念和其不断通过调整自身来适应新的社会空间问题的灵活性。对于这些概念的梳理以及解决发展进程中所涌现的问题，用一种多尺度、跨学科的新的城市设计方法来审视是非常有必要的。本文由此提出了一种新的基于集体空间形制的研究方法和标准，用以分析中国社会空间的发展状况。

当下中国所面临的关于空间设计的挑战，既与世界其他国家多有相似之处，也有着其自身的特殊性。一系列西方的既有概念，比如，公共空间和公民社会、自由主义治理模式、公共服务供给、核心家庭、劳动力和社会流动性，在中国都变得有些“水土不服”。我们会发现中国的城市设计有多种基于经济规划、政策指导和集体主义的治理实践（practices of governmentality）（Foucault，2007），这些实践拥有丰富而清晰的空间化处理方法，而这正是本文所要研究的重点。这种“空间化治理”（spatialised governmentality）创造了新的多尺度社会空间制度的“征兆式”（symptomatic）（Sonne，2003）形制。因此，建筑、城市设计和城市规划已成为不可或缺的治理技术（technologies of governmentality）并得到自上而下的制度贯彻。

中国的“单位”（unit）形制是这种治理方式的典型历史案例。经设计的现代空间形式作为一种理性管理手段而兴起，这一现象在通过共同生产来塑造集体意识的过程中表现得尤为明显（Bray，2005）（图 1.1，图 1.2）。然而，“单位”作为一个社会空间，亦可视为中国传统街区，兼具工作与居住功能的大院及社区（大部分为封闭式）的历史延续（Xu & Yang，2009）。这些居住形态早在中华人民共和国成立之前就促成了集体意识的萌芽，因此都可以被视为将空间和社会图解融为一体的空间化治理案例。从“单位”形制到当今中国对于居民小区建成环境的营造，这种空间化治理方式一直被沿用至今。

由此产生的各种关于如何塑造集体意识以及治理策略的研究表明，城市设计需要脱离教条式思维，重视基于语境的思考和实践。中国就是

图 1.1 20 世纪 80 年代的武汉钢铁公司住宅区，武汉（资料来源：《武钢志：1952—1981》，第 1 卷，第 3 部分）

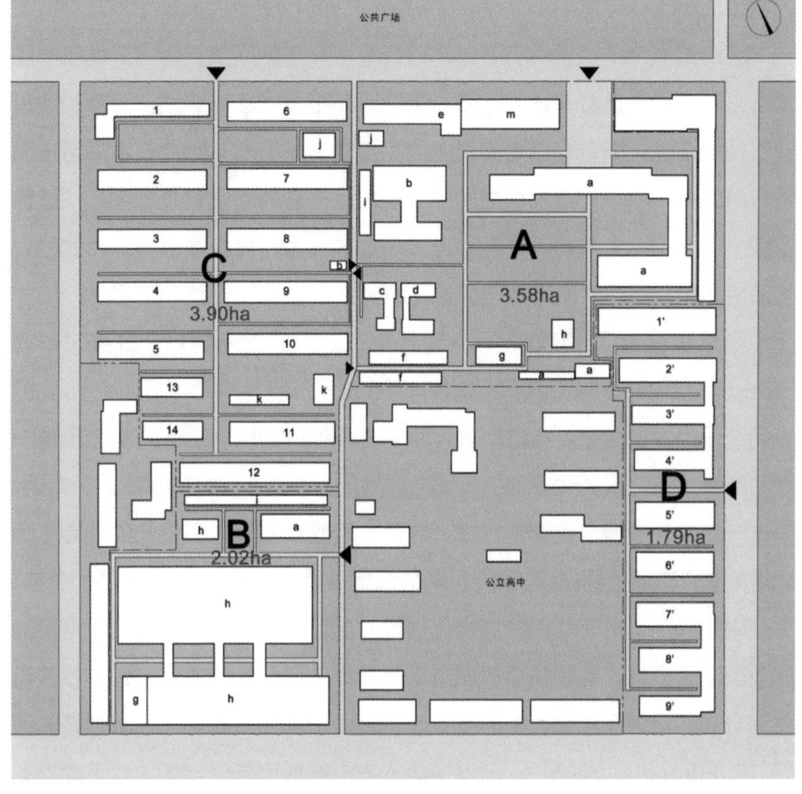

图 1.2 洛阳有色金属加工研究设计院经济改革前的总体规划
（资料来源：李辰昱绘制）
图例：A—工作区 1（设计部）；B—工作区 2；C—生活区西区；D—生活区东区；a—办公室；b—食堂；c—诊所；d—幼儿园；e—招待所；f—单身宿舍；g—澡堂 / 理发店；h—车间；i—库房；j—车库（自行车停放）；k—老年人活动中心；m—商业租赁空间

一个这样的例子：没有采用基于场所 / 场所营造、公民社会等西方概念的城市设计实践，而是基于其社会历史和空间实行了一种有价值的反向模式（counter-model）。或许与其他拥有成熟的非西方空间传统和认知的国家相似，中国独特的空间实践、城市体验和社会规范造就的社会空间文化，使得西方的城市设计理论和实践无法被直接套用。因此，在引入和转译教条式的空间和城市概念的时候经常出现偏差。中国多样的空间实践均是基于其自身悠久的历史和对场所的理解。而且，这些实践也证明了，城市设计不仅仅只是设计或分析建成环境，它与社会环境和社会空间的规划实现存在着一种内在联系。这种联系在研究历史上的“集体空间与形制”时尤为明显，它们是中国城乡社会、政治和经济生活的基本单位，组成了一个个“小社会”。它们坚持和依附的原则，一方面可以追溯到儒家规范，另一方面继续与当今的中国社会息息相关，决定着共同的城市体验和社会福利期望。

围绕这些特定语境中历史和学科背景下产生的问题，本书汇集了中国城市研究者和实践者多样的观察与思考以及相关的项目实践，涉及空间设计和社会治理这两者在日常实践中的相互交叉和影响。因此，本书旨在为理解中国城市的设计与规划提供了三条相互关联的重要背景框架：“集体空间形制”的历史与当前社区建设和规划的关系、城乡发展模式中的社会空间变化以及不同的空间治理模式。

虽然早在 20 世纪 90 年代就已经有人对中国的治理策略开展了研究（Dutton，1992；Jeffreys & Sigley，2009），但其对建成环境和形式的影响却很少受到关注。不过，薄大伟（David Bray）（2005）是个值得一提的例外。事实上，治理策略的空间与环境层面对城市设计的发展至关重要，而这一点常常被城市设计者忽视。这两个层面对开展城市设计的社会空间语境的定义有着重要作用，同时也影响着相关受益群体的组织、管理和参与。

中国经历了史无前例的城市化进程，这使其成为面临一系列发展挑战的典型国家案例。由于快速的城市化进程和人口结构的变化，还有社区和生活方式的日益多样化，中国在社会发展和治理等方面都面临着独特的问题（Friedmann，2005）。随着中国愈发重视城市发展，长久以来的城乡发展不平衡、地区差异较大、农村贫困和资源利用率低下等问题日益加剧。目前，因社会老龄化以及公共服务和就业机会不平等等因素，这些问题愈显严峻。尽管中国城市随着 1978 年末开始的经济改革飞速发展，但城市发展的源头可追溯到 20 世纪 50 年代的全国集体化运动。在 20 世纪 60 年代，也就是在“大跃进”运动（1958 年至 1960 年）失败后（该运动旨在将中国农村全面转型为工业化的人民公社，从而实现农业经济的发展），中国经济政策的重点开始转为推行城市集体化，从而实现现代化和工业化。为了实现城乡一体化，近年来乡村建设和发展的政策陆续得到推广和实施，中国的城市规划实践也在“乡村振兴”战略的指导下扩展至农村。这一转变也体现在 2007 年《中华人民共和国城市规划法》更名为《中华人民共和国城乡规划法》，以及旨在推进农村土地的合理化和集约化利用的“三个集中”政策的推广（Bray，2013）。根据计划，中国将在 2050 年前，将 2.5 亿农村人口迁移到新建城镇和城市中，从而实现乡村的城市化。但是，这项计划也引发了诸多问题，涉及基础设施、劳动力、社会、道德和治理等多个层面（Feng & Squires，2019）。尽管中国在政策改革过程中认识到了对财富和福利的分配、行政管理和空间规划进行变革的必要性，但大规模的社会经济不平等现象和劳动力迁移现象依然存在。要知道，中国有 2.44 亿流动人口（《中国统计年鉴 2018》），要为如此庞大的人口提供公平的社会福利服务几乎是一项无法克服的挑战。与此同时，空间发展、行政管理和社会福利变革之间的相互关系则揭示了空间化治理的演变过程，也正是这一过程使得社会和空间形制具备延续性。在变革和延续性的背景下，我们可以从中国过去的城市建设模式和空间所承载的集体意识的塑造过程中，更好地去理解中国城乡问题的现状及所面临的挑战。

这些演变创造了具有中国特色的城市主导型空间，并且仍将延续（Zhu，2009）。虽然这一观点得到了社会学家、经济学家和政治学家的广泛认可（Xie et al.，2009；Bray，2005；You，1998；Lu，1989；Walder，1986），但作为城市设计师 / 规划师的空间设计者却对此认识不足，而他们所代表的群体（承接了大量由政府主导的设计项目）却是这种演变的受益者之一。当我们了解了这一演变历史，我们便可以理解为何“公共空间”这个概念在中国的语境下并不适用，也可以理解用“城市开放空间”——这一源于集体生活的词语更为恰当（Hassenpflug，2012）。其实，用“集体空间”这一词来表述则更为准确（图 1.3，图 1.4）。尽管看起来相似，但集体空间在概念和功能上均有别于欧洲的公共空间，也有别于经常与公共空间这一概念相关联的有政治含义的资产阶级公共领域和社会生活（Habermas，1989/1962）。中国的城市设计和规划处于国家和社会之

图 1.3 （左）武汉钢铁公司住宅区（八街坊和九街坊）打麻将的居民（2016）

图 1.4 （右）武汉钢铁公司住宅区（八街坊和九街坊）门栋入口处的居民（2016）

间的“第三领域”，在这个领域中，社会空间变化的发生并非源自社会自治，而是源自国家—社会之间关系的改变（Huang，1993）。随着西方城市“公共”空间概念（Gaubatz，2008）的引入，在 20 世纪 90 年代中国开始对“公共”（the public）概念有所讨论。但中国的很多空间只是单纯的开放空间，以亲属关系或社区为基础的共享空间，而这些空间通常也仅供当地居民使用（Heberer & Göbel，2011）。

本书通过指出“公共空间”和“集体空间”的区别，介绍中国城市特有的空间体验。通过讨论相关的历史、概念和空间背景，解读了中国城市空间是如何成为服务不同“社会圈”及其活动的集体空间的。正是通过集体空间，这些“社会圈”维持着他们的人际关系网络并加强了他们对于这个群体的集体认同感，其中往往也包括代际之间的社会照护和支持等多个方面。这些社会空间语境及其存在的条件对我们如何实践和构想城市设计是有所启示的。因此，本书提出了一种新的社会空间发展的研究方法和标准。

本书还讨论了中国城市设计和规划发展的历史背景和形成原因，以便更好地理解与分析中国的空间化治理、空间设计及对共同社区和空间的意识在新时代是如何在塑造集体意识和中华民族的凝聚力上继续发挥积极作用的。本书主要分为四个部分：第一部分为对于中国城市设计、空间化治理及空间形制发展的综述（参考了已有的研究：Hoa，1981；Lü et al.，2001; Rowe et al.，2016)；第二部分详细介绍了中国空间形制的演变历程;第三部分通过案例分析了当前中国社区建设的现状（从管理到治理模式的过渡）；第四部分从对社区规划的解读入手做了一些展望（从规划到设计实践的转变）。

集体空间与形制

从社会、政治、经济、基础设施和空间等方面看，中国城乡地区以往都是在“邻里”（neighbourhood）层面进行规划、设计和管理的。这里的“邻里”是指一个互相不重叠的、自给自足的规划单元，且其规模可能大小不一——从城市街区内的一个社区到街道范围，或者从一个村集体到乡镇范围。在历史上，这样的“邻里”是由行政、生产与再生产在一个社会空间和行政机构的统一所决定的。

谈及集体空间与形制，中国近代的主要例子就是农村人民公社和城市单位。在开展新的工作实践、政治参与、基于社会和工作保障的社会契约（Bray，2005），以及在形成新的社会照护网络时，这两种形制曾发挥过至关重要的作用。传统家长式领导的家庭和工作机构（由宗族、行会或帮派，以及后来核心家庭中的家长式规则和亲属关系所决定）在很大程度上被社会主义国家的这种集体主义生活方式所取代，而这类生活方式则源自计划经济下新的生产模式与制度。因此，这种形制与科拉伦斯·佩里（Clarence Perry）在20世纪初提出的“邻里单位”（neighbourhood unit）概念（在20世纪40年代末和20世纪50年代初曾短暂试验过）是不相同的。相比之下，苏联顾问在1956年引进的“小区”（microdistrict; mikrorayon）概念对中国集体性的“邻里”规划产生了巨大影响（Lu，2006；Fan，2016）。人民公社和单位作为总体性的规划单元，在提供权利和身份保障的同时，也管理着日常生活的方方面面，包括住房、就业、教育、医疗保健、老幼照护、文化、休闲以及合法权利等，以便对其中所居住人口实行社会管理（Shaw，1996）。虽然这种空间形制并非中国独有，但在中国的历史上更具主导性和可辨识性。

集体形式（collective forms）[1]这一术语曾在城市设计中有过应用。例如，槙文彦（Fumihiko Maki）在1964年用其来描述一般意义上、具有一定一致性的建筑群。他通过建筑的组织方式、巨构或群体形式对它们进行了进一步的区分，关注各种类型的联结关系。这些联结关系在其构成空间元素之间进行调和、定义、重复、创建功能路径或做出选择。槙文彦认为它们不仅对城市设计分析工作非常有帮助，而且也同样适用于实践工作。最近，范凌（2016）又重新审视了“集体形式”一词，在中国集体主义历史结合生产和生活的基础上，区分标准化的、重复性的建筑和具有单一性的独立建筑。以上这些讨论都强调对形式和组织方式的描述，但笔者认为，中国的集体形式应该被更广泛地视为一种实验形式。其中，社会图解、行政管理、政策和空间化会持续地产生相互作用。因此，这个意义上的集体形式不仅是指历史现象，更广义上来说，它还指为了实现集体主体性和集体主义目标而形成的社会空间形式和制度形式。因此，可被理解为集体形制。集体形制是由特定的社会群体及其具体的共享空间、活动和规范所确定的。这些群体的特点通常是共同开展日常生活，或者至少是共同开展日常生活中的重要社交活动，比如一起吃饭、工作和学习。集体形制同时在物质和制度层面运作，不仅包括管理体系、社会形态、组织机制和空间形式，亦涵盖经济与政治形式。

为了本书的讨论做铺垫，我们有必要回顾一下“集体”（collective）和“共同体 / 社区”（community）[2] 这两个词随着时间推移而产生的一些含义上的差异（Brint，2001），以及与之相关的空间类型。“集体”一词常用于指代“为了相互支持和 / 或促进其成员利益”而开展的合作，而“共同体 / 社区”则被更广泛地理解为“具有某种共性的社会关系”，这种关系可能是因共同的地域性、利益或目标所建立的（Harris & White，2018）。因此，“集体”一词经常被用作形容词，比如描述集体的行动、利益、目标、意识，以及社会和共同体的规范。

在讨论到“共同体”时，我们经常会引用斐迪南 · 滕尼斯（Ferdinand Tönnies）（2012/1887）的经典区分法——“共同体”（Gemeinschaft）是自然的、以情感联结为基础的、古老的社会形式，“社会”（Gesellschaft）则是理性的、以契约为基础的、现代的社会形式。滕尼斯认为，共同体可基于三种类型的构联关系和空间进行划分：①血缘（亲属关系），以人际关系和家庭生活为基础；②地缘（邻里），以共同习惯、集体（土地）所有权，与农村村庄或城市社区中的劳动 / 管理合作为基础；③精神（友谊），源于共同的信仰、行动或目标，大多栖息于一个精神 / 抽象空间。“共同体”内部的关系是真实且有机的，而定义“社会”的关系则主要依赖于抽象概念和机制性结构（例如，“国家”这个概念），这种抽象的结构规定公共生活，划分公共空间（Tönnies，2002 /1887）。

英文 community 译作“社区”，这种译法最初是由费孝通提出的。根据罗伯特 · 帕克 (Robert Park) 的著作内容，该译法强调了其中的地域属性（Ding，2008），同时也接近于滕尼斯关于邻里共同体（neighbourhood community）的地域概念。费孝通（1992/1947）后来进一步阐释，中国个人和社会群体之间的权力关系极其微妙，而这种微妙的关系正是中国“差序格局”和“熟人社会”的产物。它源于一个由人际关系和熟人组成的、且不断动态变化的广泛网络，该网络会对共同体中个人的社会资本、地位和体验予以界定。社会关系的结构可以解释为以每个人自己为中心的同心圆，而每两个同心圆之间的距离和交集则象征着具体和真实的关系——包括个人和国家之间的关系——而且每种关系都符合儒家的伦理原则。[3] 这种解释与抽象的社会关系或空间的观点相反——主张以个人为出发点、具象的社会关系或空间。因此，概念上的差异（如集体或共同体之间的差异），无论是在理论还是在实际层面均不明显，因为从个体的角度来看，其对政治和社会制度的体验是具有连续性的。

在集体化时期，中国试图通过单位实现社会治理的制度化，并希望以“铁饭碗”形式的终生社会保障换取职工的忠诚，从而降低个人社交网络的重要性。然而，伴随着“单位人”的消亡，和新的社区体制下“社会人”的出现（Hurst，2009），个体“熟人社会”回归——或者说它从未消失。因此，中国的制度关系可以说是在“社会化治理”（socialised governance）过程中形成的（Woodman，2016），并且始终受制于共同的社会规范（social norms），地方政府管理在很大程度上以“软实力”的方式实施，而非完全依靠法治手段。所以，通常与共同体这个概念密切相关的自治、自我管理和民主进程在中国会有不同的实现方式，从而形成不同的制度。作为街道办事处的一个下属行政单位，中国城市地区“强制划定的”社区无论在物质、社会还是行政方面，均能够同时代表一个特定的区域及其居民；而社区的自治和民主进程则需要遵从于中央和地方政府制定的政治目标（Heberer & Göbel，2011）。尽管社会关系网络具有以个人为出发点的属性，但这些网络是严格置于集体主体性和共同社会规范的界限内的。

相比之下，西方思想则较为强调个体化和共同体之间的辩证关系。当个体利益和公共利益之间发生冲突时，冲突的调和则需要持续的理性化和自愿服从——这一过程具有政治性，且发生在公共空间内。也就说，个体的主体性和权利是一个人在社会中拥有身份和占据一席之地的基础。但其主体性和权利同时也要受到社会契约，以及约定俗成的道德规范与社会制度的限制。因此，费孝通（1992/1947）对中国的“差序格局”和西方的“团体格局”进行了区分；在团体格局中，社会和社会团体较为制度化且界限明确，团体内的所有个体都是平等的——拥有相同的关系、享有相同的权利，并遵守相同的道德体系。在这种社会形式中，维系实质人际关系的重要性次于对社会契约和组织的维系。后者有更高的自主性，也更加抽象，同时也使得共同体的意义更接近社会制度的层面，从而不那么具象化或者空间化。

鉴于这些制度的形成和差异，欧洲的公共空间并不意味着集体空间，而是指一个意在民主交流的政治空间，并代表着一项“城市权”（Harvey，2008）。因此，它既是一个物理空间，也是一个概念、制度空间。相比之下，中国的集体空间则一直是具象的——它就是人们日常使用、活动和交流的具体场所；通过这些场所，个体之间，以及个体与集体之间的联系便会在此过程中日渐加强。公共空间和集体空间的差异也体现在空间的所有方式中。集体空间属于一个集体，也就是围绕其生活工作的一群人（例如，家庭、村集体或单位），并且是个体社会关系的直接空间化；而公共空间则由代表社会的公共机构（通常是国家）拥有和管理。无论从地域意义还是社会意义的角度看，集体空间都是具象的，而公共空间则是抽象的。这种抽象化的特点使得公共空间更易于实现同质化和商业化，并使其在社会层面上更具象征性而非功能性。因此，中国基于活动的集体空间为理解共享空间的含义提供了另一种方式，因为集体空间总是服务于完全可识别的群体及其开展的具体活动。可以说，集体空间是重要的社会空间遗产和现实，其重要性与公共空间相当。

集体形制的历史预判了我们如今所目睹的一些变化。例如，核心家庭作为一种社会和空间规划常态的重要性有所下降，以及家庭结构日趋多样化。事实上，家庭生活已不再是住房规划中的核心概念。在此方面，集体形制可以说是建立家庭以外社会照护网络、整合工作—生活—教育的一种早期尝试。这样的尝试现在正在发达经济体制下以新的方式被推广。因此，集体形制为集体和共同体赋予了中国特有的含义，并为当前城市设计实践提供了一种重要的背景框架。

本书介绍了一系列新的分析框架，以便研究集体形制的演变历史、构成、影响，及其对当代讨论的价值。

在《改革开放前的中国农村基层治理》一文中，贺雪峰论述了人民公社时期以及 20 世纪 90 年代的中国农村治理实践。他认为，人民公社与“权力的文化网络”（cultural nexus of power）（Duara，1988）对于了解乡村治理至关重要。其中，人民公社作为坚实基层体制的一个典型案例，在乡村自治和国家监督之间取得了平衡，而这种平衡正是成功治理中国乡村的必要条件。

肖作鹏、刘天宝、柴彦威和张梦珂在《集体视角下中国单位制度的空间原型与运作模式再探》一文中，对曾在历史上占据主导地位的单位制度，以及资源分配、生产和再生产对其制度功能和运行的重要性进行了分析。他们提出了一种基于“本质相似”而非“形式相似”的单位研究新范式，并将单位模式和提供社会福利和公共产品的“企业办社会”模式进行了对比，提出单位模式是后者适应具有中国特色的计划经济环境和集体社会制度环境的演变。

最后，谭刚毅在《三线建设的建成环境、空间意志与遗产价值》一文中，对因中国于 1964 年至 1978 年间开展中西部三线建设（国防战略的一部分）所形成的大规模集体形制进行了研究。谭刚毅的分析是基于三线建设（尤其是在单位时期）所依据的社会主义教条、经济发展情况和空间设计之间的互补关系，并回顾了形成中国“民族风格”和现代建筑的城市形态、建筑类型、建造方法及标准化。这些既是社会主义建设时期的经典案例，同时也是重要的现代遗产。

社区建设：从管理到治理

世界各国政府均在大力支持共同体建设和共同体主导型发展，意图让基层组织、第三产业和自由市场参与到社会服务和秩序的私有化进程中。“通过共同体进行政府管理”（government through community）已经成为一个广泛目标，而共同体建设则是新的空间化政府管理的一部分（Rose，1999；Bray，2008）。随着经济改革的推进，以及对新治理形式的需求，这一议题在中国已经出现，因此也在很大程度上被视为一个行政管理议题。尽管如此，新的“社区转向”（community turn）将社区、人和场所这三个关键概念结合在一起；这三者已成为政策的核心关注点，并经常在“社区建设”“以人为本”和“因地制宜”等语境下被提及。虽然社区框架的引入促进了社会组织的发展，但正如许多人所料，这些社会组织并不是公民社会民主化和政治自治的体现，而是具有非政治化倾向并由国家主导的，且其主要目的在于执行行政和社会工作（Ngeow，2012）。因此，中国的社区建设、自治和非营利组织的宗旨并非创建独立于国家之外的社会组织或企业，而是创建能与党和国家合作，并受其监督的社会和公民积极行动主义（social and civil activism）（Kuhn，2018）。

由于单位制度改革，国有企业从 1984 年起便不再承担为职工及其家属提供全面福利服务的责任。这一社会政策的变化对城市产生了根本性影响，导致了工作、生活和休闲空间的分离，社会流动性的增强，但同时也造成了社会分隔、阶层分化和住房商品化等一系列问题。以往，城市几乎不需要进行整体空间规划，而是依靠以单位为代表的自主规划单元，在既有的标准化住房和街区规划的基础上进行调整，实现细胞式、去中心化的扩张模式（Leaf & Hou，2006）。然而，为了服务新的城市环境，中国迫切需要基础设施建设和国家投入，这就需要进行大量的建设和空间规划工作，而规划师也在 1978 年后再次成为一项正式职业。与此同时，这种转型也意味着地方政府不得不承担起大量的福利责任（几乎与从计划经济向市场经济的转型幅度成正比），包括提供住房，而这种福利以前只提供给有工作单位的人。正因如此，中国共产党比以往更需要直接和深入地扎根于公民的日常生活中。在影响深远的城市变革进程中（包括大规模拆迁和再建工作），以国企为基础的单位制度及其城市治理模式逐渐被社区和小区制度所取代，新的自治形式也随之产生。当代小区的字面意思是一个“小的区域”，它通常是指一个封闭的住宅区，而这一概念从历史上看是源自苏联的“微型社区”（microdistrict），其以集体居住为导向的规划模式能够提供住房和综合社会服务，从而满足居民的日常需求（Alekseyeva，2019）（图 1.5）。通常情况下，几个小区组成一个社区，在政策层面是指居住性的邻里共同体，由居民委员会管理，也是最低级别的行政机构（尽管它并不被视作正式的政府机构）。

1986 年，民政部出台在全国范围内推行城市社区服务的提案，正式开始了对新的小区模式及作为其构成要素的住房的实验探索。在此过程中，第一版《城市居住区规划设计标准》应运而生，并于 1994 年正式施行。该标准汇编了“科学合理的”规划设计原则，以及新居住街区应满足的设施、服务和技术方面的各项要求（Ding，2008；Bray，2016）。在小区这个空间和行政框架内，国家就如何在空间上分配社区服务和设施这一关键问

图 1.5 武汉市新洲区石骨山村村民傍晚时分在自家门前的场景（2016）

题进行尝试和检验。例如，社区会设立自己的（社区）服务中心，为其居民提供一系列的社会和行政服务。因此，社区建设便自然而然地成为基层自治和正式政府管理之间的合作基础。

为了服务新的社会经济环境、满足治理需求，中国提出了多项应对举措，例如社区建设、“社会主义新农村”项目、乡村改革，以及所谓的“老旧”社区（通常只有几十年历史，但却面临严重的规划和维护问题）城市改造项目。在应对当前发展压力的同时，这些举措亦需考虑到以往政府政策所产生的持续影响。在这些举措中可以看到以社区为对象的并行的社会主义构想和空间设计，以及设计“社会主义空间”的持续过程（Bray，2005）。特别是小区继续践行集体性的空间化；只不过，这一过程在现在的社区价值观下有所改述，采用“社会凝聚力”“睦邻关系”“安全感”和“归属感”等语汇（Bray，2008）。因此，类似于集体单位时期的是，自治、国家代理（state representation）、社会服务，及其领地化（territorialisation）和空间化在小区中依旧相互关联，而且城市社区的界定标准仍然基于其承载的多种权利，以及其所提供社会服务、照护和基础设施的质量。

以社区为基础的新行政和规划系统是自上而下的，然而实施工作是借助试点项目的持续实验来推进的。这些试点项目在地方政府层面探索新的空间、社会和政治管理方式，旨在创建新的行政管理单位、基层组织、街区以及各类社区。这一探索过程中，城市设计发挥着重要作用，小区模式在地方的调整体现了对中央政策的解读。户口（对控制劳动力流动起到重要作用的户籍制度）、单位、街道办事处和居委会这几项管控日常生活的社会主义制度之间的关系正在发生着改变与重新校准，以便于找到新社区合适的规模，从而实现有效管理与自治（Shieh & Friedmann，2008）。当然，中国各个地区也出现了不同的解决方案。总体上来说，实验是以居民的日常功能需求和社会福利需求为导向的。行政管理方面的考量尤其重视空间转译，例如，居住组团的规模与居委会辖区人口（1,000—3,000 人）相适应，居住区则与街道办事处辖区人口（30,000—50,000 人）相适应；与此同时，常规人口规模也在随着时间推移而变化，且中国各地都有所不同（Bray，2016）。因此，治理空间化的实验正在我们眼前展开。

20 世纪 90 年代中期，中国开始实行“社区建设”政策，意图在邻里街区层面构建新的全国性的行政管理和社会福利制度。该政策的具体目标是促进居民参与基层街区治理和公共服务供给，以减轻政府负担（在计划经济时期单位体制下，是否有居民参与行政管理和规划工作并不清楚）。该政策通过多项措施，为街道办事处（中国城市体系里最低级别的直接行政代理）的工作提供直接支持；其中的具体措施包括，鼓励社区与训练有素的社会工作者积极合作（特别是通过专业化的居委会），以便履行新的社会福利责任。居委会较之前获得了更多的资源和权力，并在 1989 年颁布的《中华人民共和国城市居委会组织法》中被定义为“基层群众性自治组织”。在居委会中，当地选举产生的居民代表、社区志愿“积极分子”、指定的党代表以及专业社会工作者（由国家支付工资以取代非专业志愿者）等，以“参与式科层化”（participative bureaucratisation）的方式协同工作（Audin，2015）。居委会为居民服务，但对街道办事处负责；在日常工作中，居委会则依赖社会性治理中的人际关系，以调解社区中国家直接代理与基层自治机构之间的张力（Woodman，2016）。虽然小区在居委会的管辖范围内，但许多小区也会聘请物业管理公司对小区内共享区域加以维护；如果是商品房小区，通常还会设立一个业主委员会。这使得不同社区参与者之间的权力关系日益复杂化，从而引发冲突。

本书这一部分讨论了相关历史情况，以及在治理、社区建设和自治推进进程中出现的新制度形式和实践。具体而言，这部分内容对不同形式的社会治理、行动主义（activism），以及社区参与和城市基层治理展开了分析。

在《住房商品化与国家治理的回归：中国治理方式的变迁》一文中，吴缚龙探讨了在经济改革和住房商品化环境下，小区管理和治理的新需求是如何产生的。然而，由于居委会缺乏独立的收入来源，同时未能针对其自身服务与管理工作开创出一个合理的市场，因此政府被迫施行专业化的小区治理，并重返其在住房商品化期间撤离的城市社区。与此同时，私有化、新的产权和社区服务的政府职责之间的冲突造成了一系列问题，其源于国家更多地参与小区的实际治理工作、社区管理的成本效益，以及自愿参与的动员工作等。这些仍然是当前社区自治中存在的主要问题。

接下来的三篇文章基于程婧如、王德福、张雪霖和我于 2018 年在北京、上海和武汉开展的实地调研，对“老旧”社区日常城市治理工作中的治理空间化情况进行了详细分析。

王德福在《转型中的新源西里：一个后单位社区的社会生活与社区治理》一文中论述了单位制度向社区制度的转变。他以新源西里社区为例，认为社区应被理解为鲜活的有机体；家庭生活、社区生活和社会生活则在社区及其周边街区内相交叠。此外，他进一步分析了有效社区治理的多项挑战。

程婧如在《构联关系、集体空间、社区规划：中国城市社区的日常性基础结构》一文中比较了上海和武汉的社区体制，重点关注小区的社会治理和空间组织之间的关系。她进一步研究了这种社会—空间相互作用是如何将小区及其建成环境构建成一种集体社会空间的；在这个空间中，城市治理需要依靠基于社区的人际关系网络，一方面推行社会规范，另一方面有利于维系社区内的社会照护网络（network of care）。此外，她还进一步探讨了 2018 年新兴的社区规划体系，研究了其在应对老旧社区基础设施更新需求的同时，如何促进城市社区的居民参与与自治。

在《城市社区空间的治理组织及其关系机制：武汉市洪山区关山街葛光社区调研报告》一文中，张雪霖探讨了武汉城市社区治理与社区建设的政策背景，及其日常挑战。她重点分析了居委会、业主委员会和物业管理公司之间的多重合作关系，包括政治、制度、经济和人际关系层面。她进一步讨论了这些合作关系的有效性和挑战；讨论背景既涉及日常性的政治任务和社区事务管理，也涉及更广泛意义上的基层治理现代化。

在《城市基层治理中的问题、分析和策略》一文中，蒲亚鹏从实践者和地方政府的角度阐述了城市基层治理工作中存在的问题。通过一系列的格言警句及相关阐释，蒲亚鹏述及了多项社会治理问题，并提出了一系列实践性的对策。他提倡合理化与专业化的治理、法治以及基于“情感治理”（affective governance）的社会价值观。

在这部分的最后一篇文章《一个社区的成长：翠竹园社区营造解析》中，吴楠介绍了南京当前的社区营造工作，并指出了新的基层社会组织在协同推进社区营造中所发挥的重要作用。其中，由他创始的翠竹园社区互助会便是一个良好典范——展示了如何基于共同利益、社会主义核心价值观和领导力，让居民参与公共事务和社会活动，以实现共同利益。此外，吴楠还根据自身经验，概述了社区营造所面临的挑战，以及应遵循的指导原则。

社区规划：从规划到设计

随着发展重点的转移，大尺度城市开发项目逐步减少，同时规划也渐渐转变为小尺度设计。因此，空间设计师越来越多地参与城市设计也就并非偶然了。这种设计尺度的变化带来了更加灵活且更具参与性的设计方法，以适应和推动社区建设议程和社区参与者的多元化。这种全新规划与设计格局产生的标志就是，政府减弱了通过大型设计院对城市空间规划与建筑的控制，同时私人设计院数量不断增加。

2011 年，中国在制定“十二五”规划中提出了全国社区服务体系框架。相较于现有的从中央到街道一级的严格总体规划体系，一种新的小尺度规划途径应运而生，与正在开展的社区建设工作紧密相关，即社区规划。社区规划师由地方政府任命，他们通常都是空间设计领域的专业人士和学者（许多学者同时也是空间设计实践者，并在高校设计院任职），但有时也会是一些社区利益相关者。社区规划师这个新职业的任务就是协助社区改善共享资产、基础设施和资源，并在这些方面承担更大的责任，从而将社区建设政策转化为现实。为此，他的一个重要目标就是提升建成环境的设计和质量。新的社区设计指南，例如武汉轻工建筑设计有限公司编制的《武汉市社区规划工作机制与设计技术导则》（2018 年），详细拟定了一个联合社区方案所涉及的政策背景、利益相关者参与情况和决策过程。通过这种方式，社区规划明确了一种新的、具有中国特有的城市设计方法；其中，空间规划和社会规划紧密相关。

城市设计这门相对较新的学科最早于 20 世纪 60 年代在美国和欧洲出

现，当时是为了应对不同的城市状况和设计问题。1953 年，约瑟夫·塞特（Josep Lluís Sert）在做一场主题为“城市设计”的演讲时，首次提出城市设计是一个公共概念，并称其是“城市规划、建筑和景观建筑的结合；是在营造一个整体性的环境”，以便于在城市中培养和保持“公民文化”（Mumford，2006）。这在一定程度上回应了以功能主义为导向的现代主义运动中规划理论的欠缺；该套理论被普遍认为缺乏人性化的设计尺度，而且对公众的关注度也有所欠缺。

中国规划部门在 20 世纪 90 年代中期才引入了城市设计及相关的“公共”（public）和“场所”（place）概念，而彼时人们的关注重点也才开始从规划转向设计。设计的重要性之所以会不断提升，是因为人们对设计指南和规划流程有了新的需求，即将居住社区的需求整合到大型开发项目中。然而，外来的城市设计实践在中国有些水土不服，例如，场所、地方社区和尺度等概念对其而言相对陌生。在大尺度城市发展项目、国有地方设计机构占主导地位，且公众参与和公民社会发展程度不足这样的大背景下，西方的设计模式并不总能行得通（Loew，2013）。因此，直到最近，城市设计的主要工作内容仍是为单个的房地产开发项目梳理场地，从而服务于大尺度的规划目标。

设计师对建筑、规划和景观建筑与社会、经济和政治目标之间的关系理解不充分，暴露出传统视角的局限性。由于开展城市设计涉及众多“外界环境”，包括日益多元化的挑战和利益相关者，因此便需要对城市治理、城市社会学、社会政策和其他空间规划形式进行更好的整合，进而跨越既定的学科、方法和文化界限。所以，了解物理环境，并积累经济、社会、政治、环境、人类行为或城市体验相关的知识，对于实现城市设计目标至关重要。对小尺度城市社区设计关注程度的日益增高正是对新式跨学科合作必要性的认可，同时这也为中国形成参与式城市设计实践的大环境提供了支持。

本书这一部分讨论并介绍了近年来在社区规划的直接背景下发展起来的一些新式空间设计方法。

这一章节的第一篇文章为唐燕的《从整治“开墙打洞”到“街道与社区更新”：北京城市治理模式转型》。这篇文章讨论了一种新的多尺度城市设计方法是如何通过整合一系列设计指南（城市设计指南、城区指南以及街道/社区设计指南），将城市中的主要管理尺度和空间尺度结合在一起，进而解释了大尺度的技术型规划如何逐步转变为以社区为中心的设计。这标志着，自上而下的城市管理模式正被另一种城市治理模式所取代；在这个新的城市治理模式下，政府积极邀请当地居民参与空间设计过程，与其进行协商并征得其同意。针对“开墙打洞”整治行动的案例研究探讨了这一新议程如何解决违章行为、实行法治以及市场供给的社区服务或休闲设施之间的矛盾，这需要新的治理对策和对社区及其改造的投入。

无样建筑工作室的冯路在《对于社区更新的几点反思》一文中，以他身为社区规划师的经验，以及在上海“缤纷社区”项目的工作经历为出发点，提出社区改造应当成为社区建设的组成部分，即不仅要注重改善物理环境，还要打造新的空间网络并调整空间使用权，进而重塑人、社区及其场所之间的关系。

在《边界定义与内容协作：城市社区更新设计方法思考》一文中，张淼概述了超级建筑事务所为应对社区空间改造所制定的六种战略设计方法。与中国此前较为常见的规划方法不同，超级建筑事务所在开展所有项目之前，都会对其所在社区及社区的社会空间需求进行详细研究，最后再提出高度相关的设计对策，关注用户、利益相关者和场所的特殊性。这一方法旨在创建新的社区更新实践形式，将空间规划、社会设计和参与式设计有机结合。

在《基于社会—空间生产的社区规划：“新清河实验”》一文中，刘佳燕分析了开展社区参与工作的挑战和目标。在“空间生产”（production of space）概念和中国具体国情的框架下，刘佳燕提出了新型社区规划所需的目标、手段和方法；这种规划具有社会性、包容性和公平性，而且有助于开展社区自治和跨学科合作，并建立长期伙伴关系。其目的是通过平衡的社会—空间生产关系，塑造新的社区主体性，从而促进实践合作和环境改善、支持参与其中的社会组织，并在社区内实现更高的统一性。

结语

作为中国现代性和现代化进程中不可或缺的组成部分，集体空间与形制、主体性与社会规范深刻影响了中国城市设计议题的形成与发展，且以后也会继续如此。具体而言，它们为了解个人和社会群体之间，以及特定居民、场所、所有权和使用之间的不稳定关系提供了帮助，并提出了如何

图 1.6　（左）北京市新源西里社区（2018）

图 1.7　（右）北京新源西里社区服务中心后面的室外活动区（2018）

管理或治理的问题。从集体形制和历史中衍生出来的集体空间是不同于公共空间的社会空间（图 1.6）。了解这点对于开展城市设计和社区规划实践而言尤为重要，因为城市设计和社区规划的关键任务是构建服务于共享、或（更准确地说）差异化的“集体”用途的空间，以推动社会关系与权力的形成（图 1.7）。

正如本书所述，中国当前面临的社区建设和社区规划问题应被视为社会主义或社会—空间“空间生产”的组成部分，从而构建新的集体性。之所以如此，还要追溯到中国特有的空间化治理实验历史；其中，社会和空间的规划模式和政府管理及治理手段这两者之间的关系十分紧密。除了为当今的中国城乡格局奠定了基础外，集体形制的影响至今仍然触目可及，尤其是对正在开展的社区建设和规划而言更是如此。因此，今天的社区可被视为当代的一种集体形制，而且它还会与此前的各种集体形制一样，继续由明确的地域划分，以及行政管理和社区成员社会福利服务等相关问题来界定。这也提出了新的问题，即社区应如何更好地适应人口变化、社会需求变化以及文化多元化。

尽管挑战重重，但中国持续的社会关系空间化和治理进程也为空间设计和城市设计提供了诸多有益思路。我们可以看到社区中的适应性，及由此产生的治理结构和集体空间类型。随着利益相关方和责任的组合变得愈发多样化，社区被赋予了必要的政治与社会合法性，以及代表性。基层治理和社会组织的“专业化”或许可以为支持、维护和发展社区，以及公众参与决策过程提供必要的专业知识与技能。当然，这也可能会导致冲突加剧。正如本书中许多文章所证明的那样，解决冲突和获取不同形式的支持是社会治理工作的重中之重，而熟人社会与法治社会之间的矛盾也在日常社区生活中体现出来。

社区规划师这个全新职业的出现进一步证明了，有效的社区主导型发展离不开专业的知识、跨学科 / 多方利益相关者的合作，以及长期的共同目标。在与社区、专业顾问和政府机构开展合作方面拥有丰富经验的人士，尤其是空间设计师，能够在社区建设中发挥重要作用。城市设计和一般性的社区治理工作必须同时兼顾空间社会环境、实践和政策等多个方面。历史变迁导致了城市小区和社区体制在当前占有主导地位，从而进一步强化了社区规划是个不断变化的社会空间问题，需要多尺度、跨学科的新方法，将诸多城市利益相关方、学科和实践者整合到同一个设计过程中。这个整合过程正是我们可以在中国观察到的，也是这本书所讨论的。

注释

1. 译者注：在对 collective forms 已有的探讨中（如，槙文彦），其物理形态是关注的重点。因此，在这类讨论里，collective forms 被译作“集体形式”。
2. 译者注：community 在滕尼斯的讨论语境里，依其著述的中译惯例译为“共同体”；在其他中文语境里，按费孝通 20 世纪 30 年代提出的译法，译作“社区”。在讨论当代城市治理时，“社区”特指城市行政管理单元。
3. 费孝通在解释“差序格局”时将其比喻为石头扔进水里激起的涟漪。这与格奥尔格 · 齐美尔 (Georg Simmel) （1955 年）的“群体关系网” (web of group-affiliations) 理论有所联系。齐美尔把这种关系网描述为由每个社会群体形成的同心圆肌理，与不同群体的关系便能确定个体的社会机会和性格。

参考文献

Alekseyeva A (2019). Everyday Soviet Utopias: Planning, Design and the Aesthetics of Developed Socialism. London: Routledge.

ATA Architectural Design (2018). Technical Guidelines of Working Mechanism and Design for Community Planning in Wuhan.

Audin J (2015). Governing Through the Neighbourhood Community (Shequ) in China: An Ethnography of the Participative Bureaucratisation of Residents' Committees in Beijing (trans: Throssell K). Revue Française de Science Politique (English Edition). 65(1):1–26.

Bray D (2005). Social Space and Governance in Urban China: The Danwei System from Origins to Reform. Stanford: Stanford University Press.

Bray D (2008). Designing to Govern: Space and Power in Two Wuhan Communities. Built Environment, The Transition of Chinese Cities. 34(4):392–407.

Bray D (2013). Urban Planning Goes Rural: Conceptualising the "New Village". China Perspectives. 3(95):53–62.

Bray D (2016). Rethinking and Remaking China's Built Environments: Spatial Planning and the Reinscription of Everyday Life. In: Bray D, Jeffreys E (eds) New Mentalities of Government in China. London: Routledge, 74–96.

Brint S (2001). Gemeinschaft Revisited: A Critique and Reconstruction of the Community Concept. Sociological Theory. 19(1):1–23.

Ding Y (2008). Community Building in China: Issues and Directions. Social Sciences in China. 29(1):152–159.

Duara P (1988). Culture, Power, and the State: Rural North China, 1900-1942. Stanford, Calif.: Stanford University Press.

Dutton M (1992). Policing and Punishment in China: From Patriarchy to "The People". Cambridge: Cambridge University Press.

Fan L (2016). Spatialization of the Collective Logic and Dialectics of Urban Forms in the Chinese City of the 1950s. In: Lee CCM (ed) Common Frameworks: Rethinking the Developmental City in China (Harvard Design Studies). Cambridge, MA: Harvard University Press, 42–55.

Fei X (1992). From the Soil: The Foundations of Chinese Society (trans. Hamilton GG, Zheng W). Berkeley: University of California Press. (Originally published 1947 in Chinese).

Feng H, Squires V (2019). Integration of Rural and Urban Society in China and Implications for Urbanization, Infrastructure, Land and Labor in the New Era. South Asian Journal of Social Studies and Economics, 2(3):1–13.

Foucault M (2007). Security, Territory, Population: Lectures at the Collège de France, 1977–1978 (trans: Burchell G). Basingstoke: Palgrave Macmillan.

Friedmann J (2005). China's Urban Transition. Minneapolis: University of Minnesota Press.

Gaubatz P (2008). New Public Space in Urban China. China Perspectives, 4:72–83.

Habermas J (1989). The Structural Transformation of the Public Sphere: An Inquiry into a Category of Bourgeois Society (trans: Burger T). Cambridge: Polity. (Originally published in 1962 in German).

Harris J, White V (2018). A Dictionary of Social Work and Social Care (2 ed.). Oxford: Oxford University Press.

Harvey D (2008). The Right to the City. New Left Review. 53:23–40.

Hassenpflug D (2012). The Urban Code of China. Basel: Birkhäuser.

Heberer T, Göbel C (2011) The Politics of Community Building in Urban China. London: Routledge.

Hoa L (1981) Rconstruire la Chine: Trente ans d'urbnisme, 1949–1979.

Huang P C C (1993). "Public Sphere"/"Civil Society" in China?: The Third Realm between State and Society. Modern China, 19(2):216–240.

Hurst W (2009). The Chinese Worker after Socialism. Cambridge: Cambridge University Press.

Jacoby S (2019). Collective Forms and Collective Spaces: A Discussion of Urban Design Thinking and Practice Based on Research in Chinese Cities. China City Planning Review, 28(4):10–17.

Jeffreys E, Sigley G (2009). Governmentality, Governance and China. In: Jeffreys E (ed) China's Governmentalities: Governing Change, Changing Government. London: Routledge, 1–23.

Kuhn B (2018) Changing Spaces for Civil Society Organisations in China. Open Journal of Political Science, 8:467–494.

Leaf M, Hou L (2006). Urban Planning in China: The Resurrection of Professional Planning in the Post-Mao Era. China Information. 20(3):553–585.

Lu D (2006). Remaking Chinese Urban Form: Modernity, Scarcity and Space, 1949–2005. London: Routledge.

Lu F (1989). The Danwei: A Unique Form of Social Organization. Chinese Social Science, 1:71–88.

Lü J, Rowe P G, Zhang J (2001). Modern Urban Housing in China, 1840-2000. Munich: Prestel.

Loew S (ed) (2013). "China" Issue. Urban Design Group Journal, 127.

MacIver R (1917). Community, a Sociological Study: Being an Attempt to Set Out the Nature and Fundamental Laws of Social Life. London: Macmillan.

Maki F (1964). Investigations in Collective Form. St. Louis: School of Architecture, Washington University.

Mumford E (2006). The Emergence of Urban Design in the Breakup of CIAM. Harvard Design Magazine 24:10–20.

National Bureau of Statistics of China (2019). China Statistical Yearbook 2018. China Statistics Press.

Ngeow C B (2012). Civil Society with Chinese Characteristics?: An Examination of China's Urban Homeowners' Committees and Movements. Problems of Post-Communism, 59(6):50–63.

Rose, N. (1999). Powers of Freedom: Reframing Political Thought. Cambridge: Cambridge University Press.

Rowe P G, Forsyth A, Kan H Y (2016). China's Urban Communities: Concepts, Contexts, and Well-Being. Basel: Birkhäuser.

Shaw V N (1996). Social Control in China: A Study of Chinese Work Units. London: Praeger.

Shieh L, Friedmann J (2008). Restructuring Urban Governance. City, 12(2):183–195.

Sonne W (2003). Representing the State: Capital City Planning in the Early Twentieth Century. Munich: Prestel.

Tönnies F (2002). Community and Society = Gemeinschaft und Gesellschaft (trans. Loomis CP). Mineola, NY: Dover Publications.

Walder A G (1986). Communist Neo-Traditionalism: Work and Authority in Chinese Industry. Berkeley: University of California Press.

Woodman S (2016). Local Politics, Local Citizenship? Socialized Governance in Contemporary China. The China Quarterly, 226:342–362.

Xie Y, Lai Q, Wu X (2009) Danwei and Social Inequality in Contemporary Urban China. Research in the Sociology of Work, 19:283–306.

Xu M, Yang Z (2009). Design History of China's Gated Cities and Neighbourhoods: Prototype and Evolution. Urban Design International, 14(2):99–117.

You J (1998). China's Enterprise Reform: Changing State/Society Relations After Mao. London: Routledge.

Zhu J (2009). Architecture of Modern China: A Historical Critique. London: Routledge.

02 / 中国集体形制：从人民公社和单位大院到当代小区的建筑学分析

萨姆·雅各比（Sam Jacoby），程婧如
英国皇家艺术学院建筑学院

自 20 世纪 50 年代开始，中国开始以农村人民公社和城市单位制度为代表的全面集体化运动。人民公社和单位是将生产、再生产和管理空间统一的集体空间与形制。1978 年改革开放后，中国需要新的社会空间发展形式来满足不断变化的生活方式、管理或治理需求，以及解决城市快速发展的问题，这最终催生了当代社区制度和小区模式。通过历史背景综述与典型案例的建筑学分析，本文介绍了三种社会主义空间类型，即人民公社、单位大院和当代小区。它们塑造了中国社会、经济和空间的历史与现实。

本文对人民公社、单位和小区制度集体空间与形制的历史和建筑分析旨在为本书后续章节的讨论引入铺垫和背景。虽然毛泽东时代的规划模式从 20 世纪 50 年代到 20 世纪 90 年代主导着空间发展，但却很少被研究。部分原因是缺乏那个时代的官方规划档案；同时，随着大量单位大院场地变为宝贵的城市发展用地，无数的历史印迹被拆毁，取而代之的是高密度的建筑群。另一原因是，人民公社和城市单位被广泛视为代表着陈旧的生活方式，而公众尚未对现代建筑遗产的价值形成认知与共识。因此，这篇综述也是为了为这个时代提供重要的建筑存档。

人民公社

中华人民共和国于 1949 年成立时有 5.4 亿多人口，其中近 90% 生活在农村地区。因此，这个新生社会主义国家的迫切任务是在全国范围内进行大规模现代化建设（国家统计局，1982）。为此，国家于 1950 年 6 月 30 日颁布了《土地改革法》，旨在“废除地主阶级封建剥削的土地所有制，实行农民土地所有制，藉以解放农村生产力，发展农业生产，为新中国的工业化开辟道路”。（图 2.1，图 2.2）随后，在 1951 年 12 月通过的《关

图 2.1 （左）“发地照”海报（1948）
来源：chineseposters.net

图 2.2 （右）“全国土地改革已基本完成”海报，1952 年
来源：chineseposters.net

于农业生产互助合作的决议（草案）》中，中央政府提出了三种农业合作模式：季节性互助组、常年互助组和农业生产合作社。该决议要求地方政府立即协助发展上述农业合作模式。到 1952 年年底，土地改革基本完成，初级农业合作社数量激增，农民自愿将新获得的土地交由合作社集体管理。在随后数年中，这种合作模式逐步扩大，从而形成多个高级农业合作社，并最终促成了人民公社的成立。

1958 年 8 月 29 日，《中共中央关于在农村建立人民公社问题的决议》的发布，标志着作为“大跃进”运动的一部分，人民公社运动在中国的正式开启。到 1958 年底，共建立了 23,530 个人民公社，涵盖 99% 以上的农村家户（约 1.2 亿人口），这意味着当时约 85% 的中国人口加入了农村公社（国家统计局，1982）。毛主席对人民公社的最初设想是提高生产力，缩小城乡差距。换言之，人民公社旨在实现城市乡村化和农村城市化。然而，农业在支持城市工业化的重压之下很快陷入困境，并促使国家之后将发展重心转向城市。1978 年，在公社制度实施 20 年后，人民公社总数增至 52,781 个，分别涵盖了农村人口和全国总人口的 95% 和 84%（国家统计局，1982）。农业去集体化是中国改革开放的重要部分。公社制度最终在 1984 年被废除，农村实行政社分离，并推进撤社建乡的基层管理体制改革。[1]

人民公社制度建立了一个新的社会经济基层单位，对地方政府行政和公社管理负责，协调工业、农业、财政、贸易、教育、军事和公共服务。各类生产活动、劳动力和福利供给都通过三级组织来管理。最基层的一级为生产队，主要负责农业生产，通常不到 200 人。有多重功能的公共食堂便能满足这一组织层级的公共活动需求。再上一级是由若干生产队组成的生产大队，人数在 1,000 至 2,000 人之间。这一级通常设有小型工厂，并提供幼儿园和小学等基本公共设施。最高一级为人民公社，是由多个生产大队组成的拥有 10,000 至 80,000 人的生产与行政集体。人民公社负责大规模农业生产，以及部分工业生产。这一级配备更高等级的公共设施，包括医院和中学。土地所有权和行政权力均集中在公社一级，其行政职能类似于当代乡镇。因此，公社是一个大规模的、模块化的农村发展和组织单元。

人民公社有几个先例。最著名的是苏联集体农庄（kolkhoz），其于 1928 年在约瑟夫 · 斯大林（Joseph Stalin）时期，经由推行农业集体化和大规模土地改革发展形成。1940 年在其的鼎盛时期，苏联共有 23.69 万个集体农场，占全国农业播种面积的 78.2%。与此相似，以色列的基布兹（kibbutz）也是一个影响深远的范例。成立于 1909 年的基布兹，已经由最初的农业集体变得非常多元化，如今分别占以色列工业和农业产值的 9% 和 40%。或许，由实业家和社会改革家罗伯特 · 欧文（Robert Owen） 在美国印第安纳州建立的乌托邦式社区“新协和村”（New Harmony），以及夏尔 · 傅立叶（Charles Fourier）在 19 世纪早期设想的法伦斯泰尔（phalanstère），亦可被认为是将生产和再生产空间结合在一起的先例。卢端芳认为，中国公社的规划也受到了邻里单元概念和苏联式微型社区的影响（Lu, 2006）。 除此之外，施坚雅（G. William Skinner）对中国农村区域尺度的研究，提出了公社制度与中国传统和转型时期的中心 、中间和基层集镇 （central, intermediate, and standard market towns）三级体系之间的联系（Skinner, 1965）。

在《中共社会：家庭与村庄》(*Chinese Communist Society: The Family and the Village*) 中，杨庆堃 (C. K. Yang) 提供了在公社制度正式建立前过渡时期的社会制度和乡村组织变化的首批记录之一（Yang, 1959）。他的社会学研究以田野调查和当时的报刊资料为基础，考察了中华人民共和国成立后第一个十年发生的社会变化以及这些变化是如何被公社运动加速的。

公社模式施行后，在 20 世纪 60 至 70 年代引起了西方社会的广泛关注（Shapiro，1958；Cheng， 1959；Hudson et al.，1959；Hughes，1960；People’s Republic of China Ministry of Agriculture，1960；

Strong，1960；Tang，1961；Chow，1961；Robinson，1964；Crook & Crook，1966；Chen，1969；Galston & Savage，1973；Wu，1975；Chu & Tien，1975）。在这一时期，关于中国公社日常乡村生活的记述被广泛发表，素材多取自外国人的旅行游记、采访和政府宣传刊物。例如，戈登·贝内特（Gordon Bennett）在《华东：中国人民公社的故事》（*Huadong: The Story of a Chinese People's Commune*）中结合了多位访问过华东地区的人民公社的作者叙述。近年来，随着人们对中国历史和社会研究方面兴趣的不断提高，辛逸和贺雪峰等学者回顾了公社制度在帮助国家发展社会经济中的重要作用（辛逸，2001；贺雪峰，2007）。

在与空间设计直接相关的讨论里面，中国的人民公社作为一种模式，是区域规划领域批判性讨论的重要组成部分。例如，艾伦·吉尔伯特（Alan Gilbert）在《城市、贫困和发展：第三世界的城市化》（*Cities, Poverty, and Development: Urbanization in the Third World*）中讨论了中国的人民公社作为替代资本主义发展模式的可能性（Gilbert，1982）。具体而言，区域尺度的规划设计难点在于如何组织和集中居民点，以便实现人民公社的目标并对其进行空间规划。《建筑学报》等建筑与规划领域的重要出版物刊发了试点公社的设计方案和思考，特别是在 1958 年至 1960 年人民公社成立初期，发布次数最为集中。

案例 1：广东省广州市番禺人民公社沙圩居民点（部分建于 1958 年）

《建筑学报》1959 年报道了首批公社试点项目之一的番禺人民公社（华南工学院建筑系，1959）。番禺位于珠江三角洲沙田区，由三个自然村组成。番禺人民公社包括 1,787 户，共计 6,232 人。

在沙圩居民点的总体规划中，四个楼群面向山丘，由一条主干道连通，农业用地位于南面（图 2.3，图 2.4）。不同的住宅建筑类型是基于两种基本的户型及其变体的组合。住宅单元分三室和四室两种（图 2.5，图 2.6），均设有厨房和浴室，并且未规划作为家庭住宅。每栋建筑配有共用的盥洗室和卫生间。这样的空间配置表明，其住户单元是通过集体的工作关系来确定的（图 2.7）。因此，每个楼群都配有不成比例的大量共享的公共设施。

番禺这一案例体现了用私人居住空间或家庭私密空间来置换公共设施的设计思路，强化了共同工作、学习和生活的集体主义生活方式。

图 2.3　番禺人民公社沙圩居民点土地利用规划（1958）
来源：华南工学院建筑系，1959

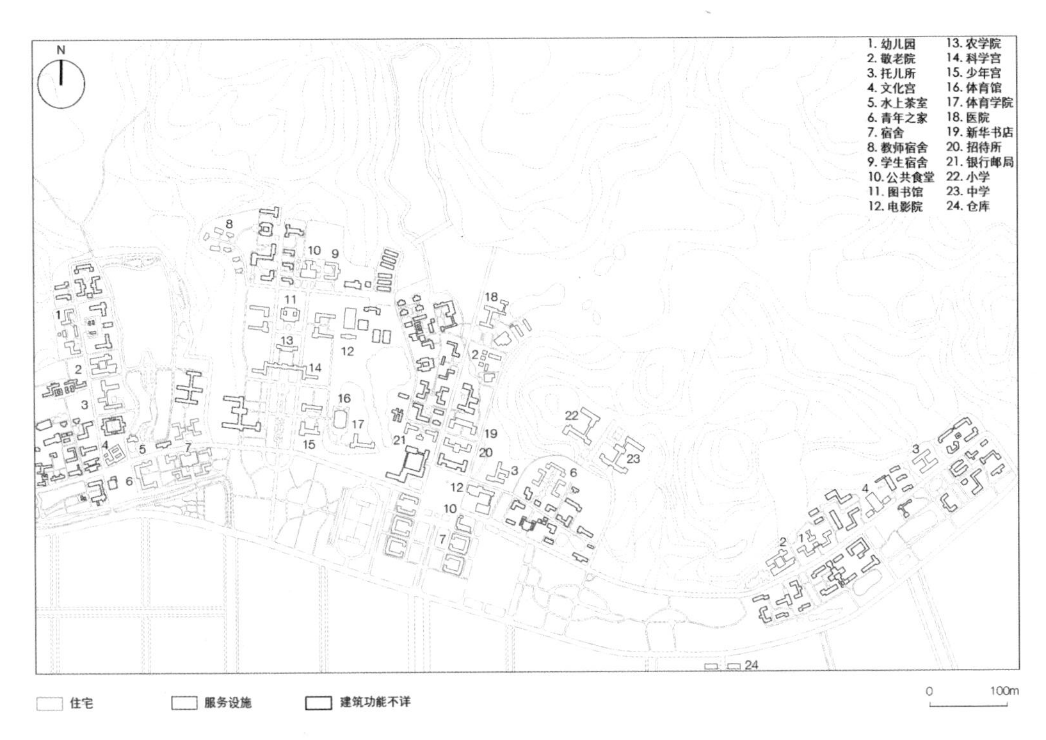

图 2.4 番禺人民公社沙圩居民点土地利用规划（详图）(1958)
来源：华南工学院建筑系，1959；程婧如重绘

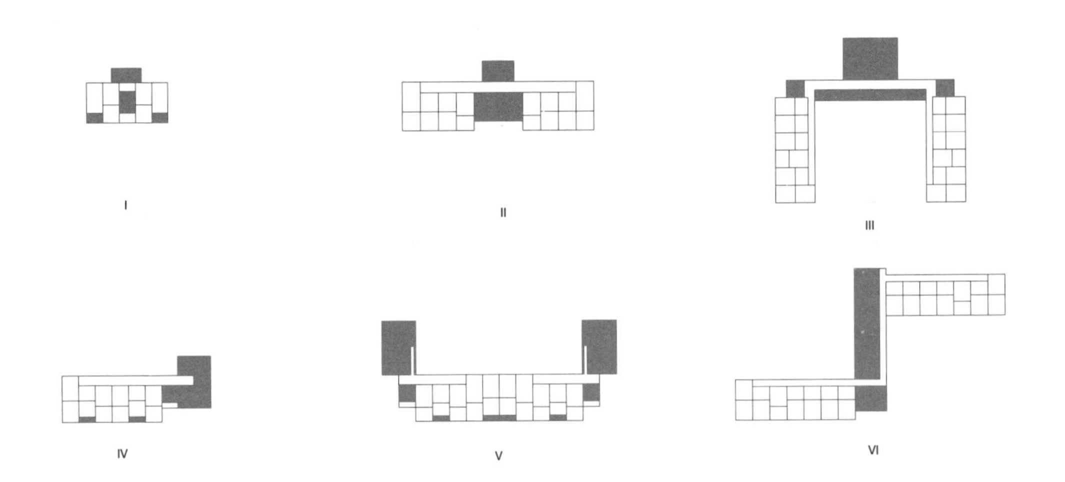

图 2.5 番禺人民公社住房类型 (1958)
来源：华南工学院建筑系，1959；程婧如重绘

图 2.6　番禺人民公社居住单元类型（1958）
来源：华南工学院建筑系，1959；程婧如重绘

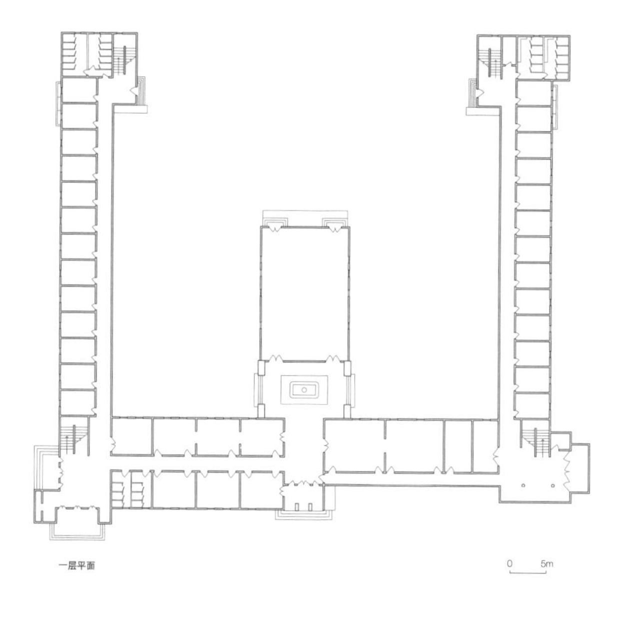

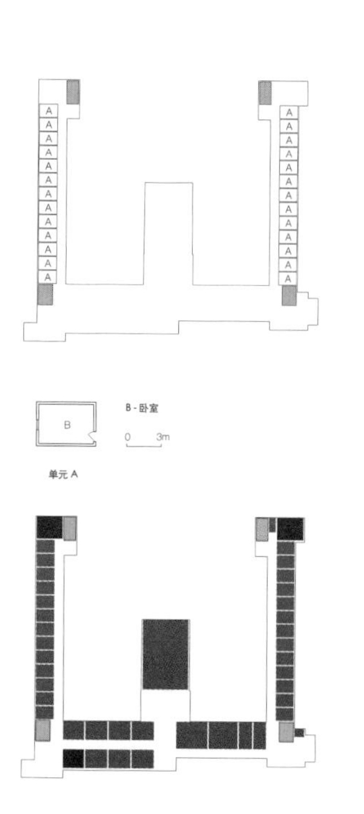

图 2.7　番禺人民公社“青年之家”
来源：华南工学院建筑系，1959；程婧如重绘

案例 2：湖北省武汉市凤凰人民公社石骨山大队（建于 1973—1974 年）

石骨山村中央居民点建于 20 世纪 70 年代初，是 1958 年成立的凤凰人民公社的八个生产大队之一。当时，石骨山的居民从周围的四个自然村迁入这一新建的中央居民点。但在公社制度废除后，许多居民已经返回最初的自然村居住（图 2.8）。作为当时的省级试点项目，石骨山大队中心居民点是少数现今仍保存相对完好的公社居民点之一（图 2.9），且在某种程度上仍作为一个村庄存在（图 2.10）。

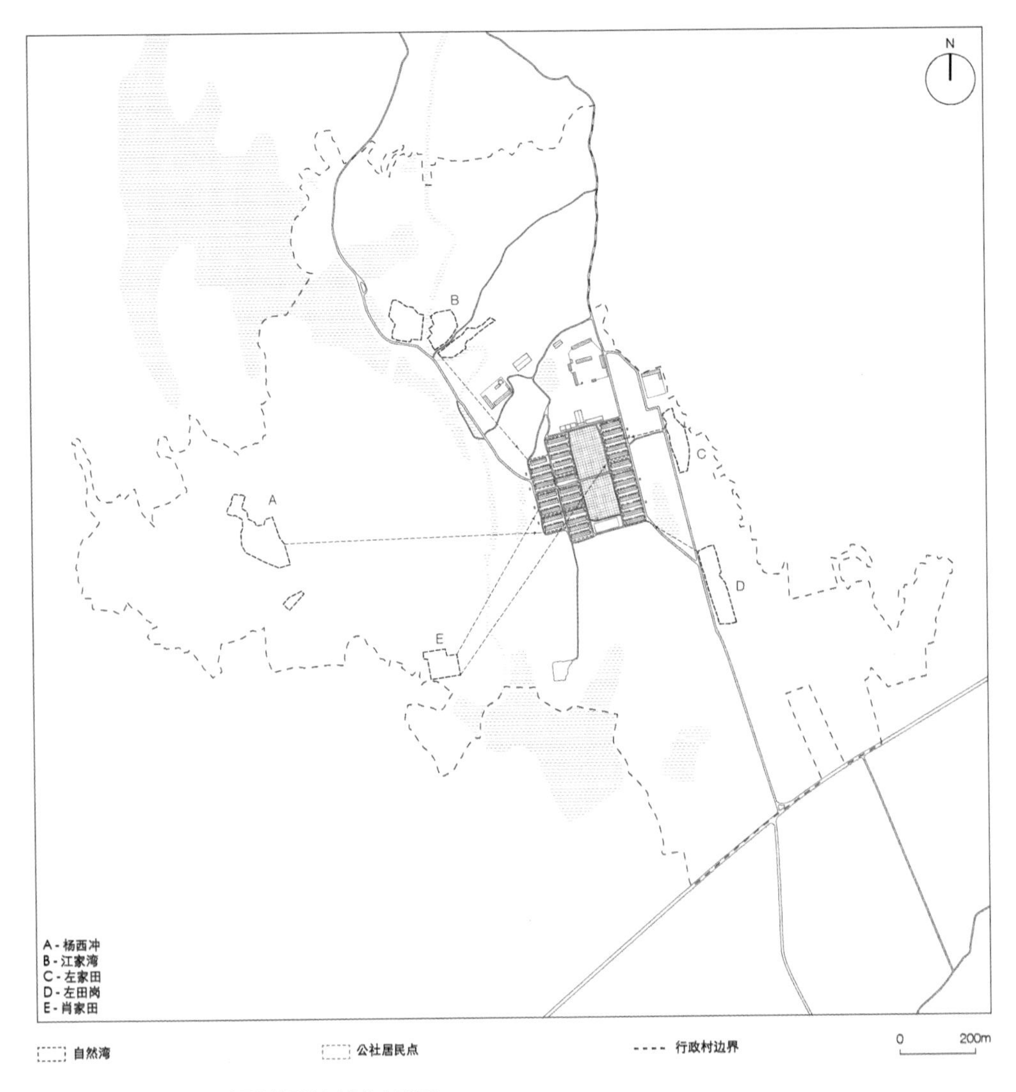

图 2.8 20 世纪 70 年代凤凰人民公社石骨山大队的人口流动
来源：程婧如基于石骨山村长提供的信息绘制

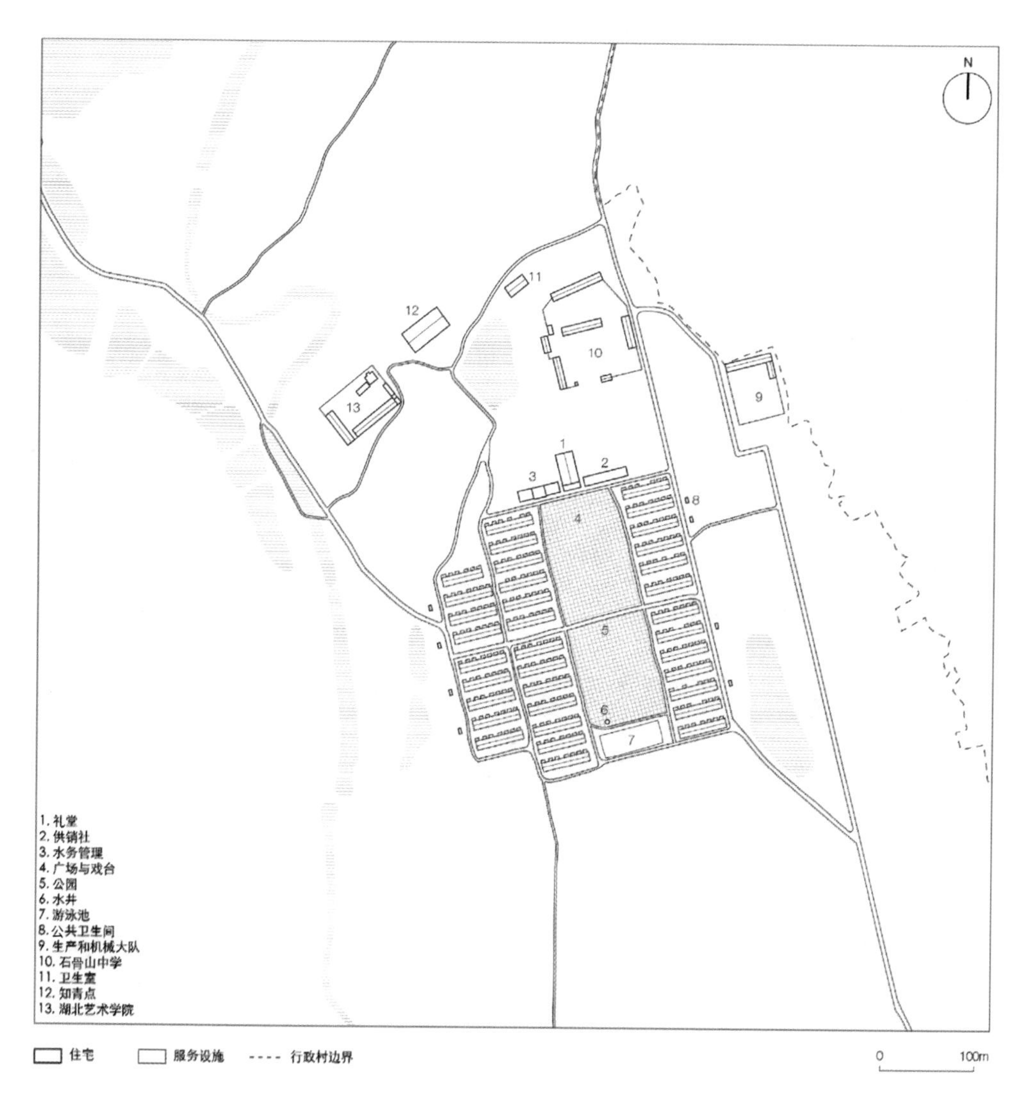

图 2.9 20 世纪 70 年代凤凰人民公社石骨山大队总平面图（重建）
来源：程婧如绘制

该居民点位于一座平坦的坡地上，大致位于四周自然村的中心。居民点有一个带有公共职能属性的中轴线，其最北端是公社礼堂，附近曾有一所艺术学院。中轴线两侧则分布着多排平行排列的单层住宅建筑。

该住宅建筑的空间组织以一个单元模块为基础，即由纵向排列的客厅、储藏室和厨房组成的“核心筒”。但在这样模块化的空间组织之下，仍有不规则的居住单元（图 2.11，图 2.12）。这是因为，这个模块化系统可通过在核心筒的左侧或右侧添加卧室来满足不同规模家庭的需求。居住单元的变体取决于每个家庭孩子的年龄和性别，以及家中有多少代人在共用一个单元。因此，石

图 2.10 石骨山村鸟瞰（2017）
来源：英国建筑联盟学院 2016—2017 年度武汉访校

图 2.11 石骨山大队公社住房的正立面和背立面拼贴
来源：英国建筑联盟学院 2016—2017 年度武汉访校

骨山大队的住房格局在某种程度上仍是由家庭及其规模决定的，这与番禺公社的情况有着根本区别。

上述人民公社早期和晚期案例之间的差异，表明集体化已从激进的集体主义阶段转变到适应现有社会结构和维护家庭单元的调整阶段。更重要的是，它们表明了对由家庭、生产和治理所定义的社会关系的重新调整。

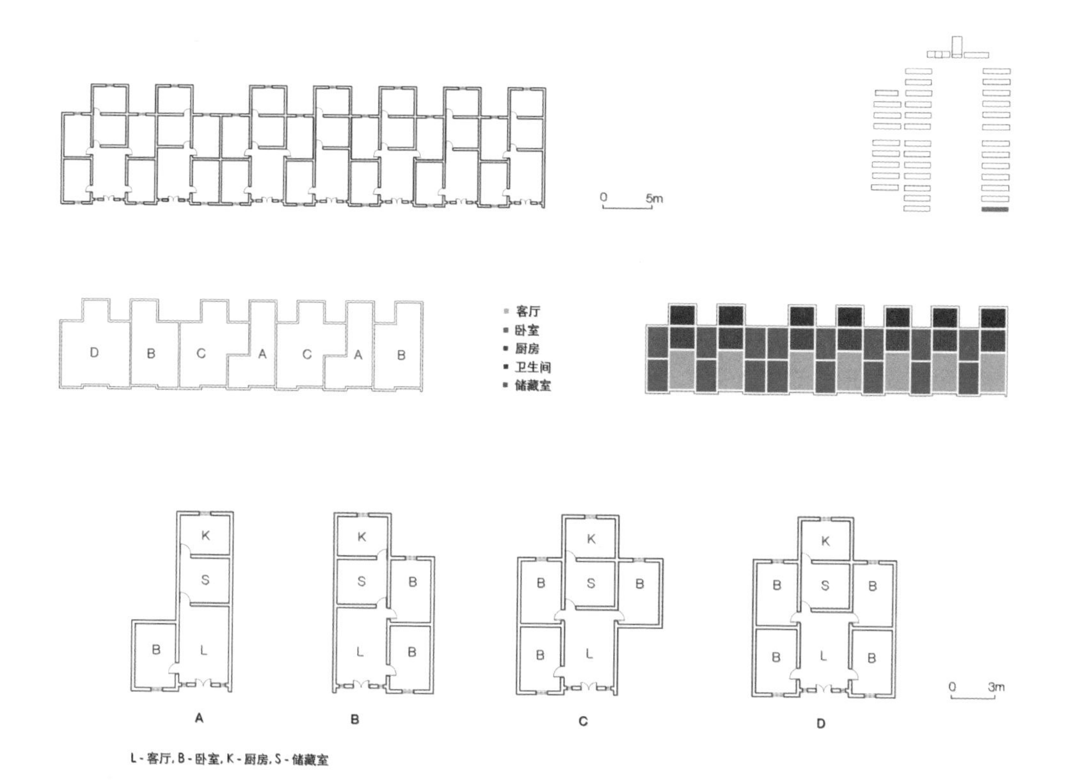

图 2.12 石骨山大队公社住房单元模块与组合方式
来源：住宅原始平面图由华中科技大学提供；
英国建筑联盟学院 2016—2017 年度武汉访校和程婧如重绘

单位大院

从 20 世纪 50 年代到 90 年代，单位模式主导了中国工业城市的发展。其部分源起于 1920 年至 1940 年间发生的共产主义工人运动（Perry，1997）。在 20 世纪 30 年代的上海，中国银行创造了一种新的企业生活，成为雇主和雇员之间家长式关系的一个重要先例，后来成为典型的单位关系（Yeh，1997）。1958 年，正值人口集体化和劳动力流动管制时期，在户籍制度的加持下，单位制度加强了由职工籍贯或工作场所来组织劳动力的方式，这在一定程度上取代了阶级属性。关于中国计划经济下城乡劳动力的分布，1957 年有 3,101 万“职工”和 20,566 万“农村集体和个体劳动者”，分别占全国劳动力的 13% 和 86.5%；到 1978 年，二者分别变更至 23.8% 和 76.1%，即 9,499 万“职工”和 30,342 万“农村集体和个体劳动力者”。[2]

单位通常是一个具有自治性质的封闭大院，作为一个包罗万象的城市单元，其性质为各类机关、事业、国有企业单位，包括工厂、医院和大学等。单位为所有职工提供全面的生活、工作和公共设施服务，包括食堂、公共澡堂、幼儿园、诊所和礼堂等。单位不仅为所有职工提供职业培训和生活服务，同时也会组织文化体育活动。以上各类因素的加成，最终形成了职工的集体主体性（collective subjectivity）。单位承担着全方位的经济、行政和社会福利职能，包括提供就业、住房、医疗保健、儿童保育、福利和养老金等多种形式的社会保障。因此，这样的集体化发展不仅涉及物理基础设施和建成环境的标准化，还涉及社会经济环境的规划和实现，而社会经济环境则是通过全面提供共享设施，以及为生产服务的工业建筑和为职工生活服务的住房来实现的。

在这一背景下，城市的建筑设计和规划服务于兼具工作与居住功能的集体。设计思考很大程度上受到标准化和计划经济的影响，由此催生了邻里尺度的规划单元，集住房、就业、医疗保健、儿童保育、社会服务、教育、文化和体育等服务于一体。这类大型规划单元的复制即形成了同质且可扩张的城市区域，其组成部分互不相连且独立自治（autonomous）。然而需要注意的是，单位的规模差异极大。与科拉伦斯 · 佩里的“邻里单元”和苏联式“微型社区”的规划模型不同，单位的邻里尺度是可变的，主要取决于它所容纳的机关、企事业单位的规模。因此，单位所包含的公共或商业功能的大小取决于其财力情况，这使得单位成为一种灵活的行政模式。

随着农村人民公社的蓬勃发展，城市人民公社也开始在大跃进时期出现。然而，大多数所谓的“城市公社”仅仅是昙花一现，不过是对行政机构进行重组或将现有政府机构更名。建于 1958 年的福绥境公社大楼（也被称为“共产主义大厦”），是北京仅有的三座公社大楼之一（图 2.13）。福绥境的住房和所有服务设施均被浓缩于一栋 8 层楼的建筑内，其中包括幼儿园、便利店、理发店、活动室和一个可同时容纳数百人的公共食堂。当时，申请成为该公社居民需经过严格的遴选（宋传信，2010）。福绥境大楼是中国集体化巅峰的表现。

20 世纪 50 至 70 年代，由国家直接资助或通过单位间接资助的工人新村形成了另一种住房模式。如果说单位的核心是工作与生活的关系，那么工人新村则更接近社会住宅的概念。正如“村”这个名字所暗示的，它在空间上倾向于创造一个既如田园般和谐，又卫生而现代的生活环境（李颖春，2017）。1951 年至 1977 年间建于当时上海郊区的曹杨新村便是一个典型（汪定曾，1956）（图 2.14）。然而，这种住房类型可以追溯到中华民国时期（1912—1949）的“模范村”。“模范村”为工人阶级提供住房，旨在将其塑造为一个“完整的人”，它同样也受到 20 世纪 20 年代初“新村运动”的影响（梁智勇，2018）。

一大批社会科学家，如怀默霆（Martin King Whyte）和白威廉（William L. Parish）、吕晓波和裴宜理（Elizabeth Perry）、周翼虎和杨晓民、马克 · 弗雷泽（Mark W. Frazier）、李汉林和卞历南（Morris L. Bian）等均开展过关于单位起源、其制度化过程以及其社会和经济影响的学术研究（Whyte & Parish，1984；Lü & Perry，1997；周翼虎 ,杨晓民，2002；Frazier，2002；李汉林，2004；Bian，2005）。但是这些著作均忽视了空间设计对单位发挥其功能的重要意义。不过，薄大伟（David Bray）的著作《单位的前世今生：中国城市的社会空间与治理》（Bray，2005）是个例外。该书在对单位历史全面分析的同时，也对其社会空间性质进行了大量且具批判性的研究。

关于单位的建筑研究，卢端芳的《重塑中国城市形制》（*Remaking Chinese Urban Form*）值得一提，这是一部关于当代中国城市形态及其历史（包括单位和人民公社）的研究著作（Lu，2006）。由吕俊华、彼得 · 罗（Peter G. Rowe）和张杰合编的《中国现代城市住宅 1840—2000》（*Modern Urban Housing in China, 1840—2000*）对现代住宅进行了更详细的建筑学分析，主要着眼于 1949 年至 1978 年的单位住房和政策，及其依托的经济和政治背景（Zhang and Wang，2001）。

图 2.13　（左）北京福绥境城市公社
来源：英国建筑联盟学院 2015 年北京访校

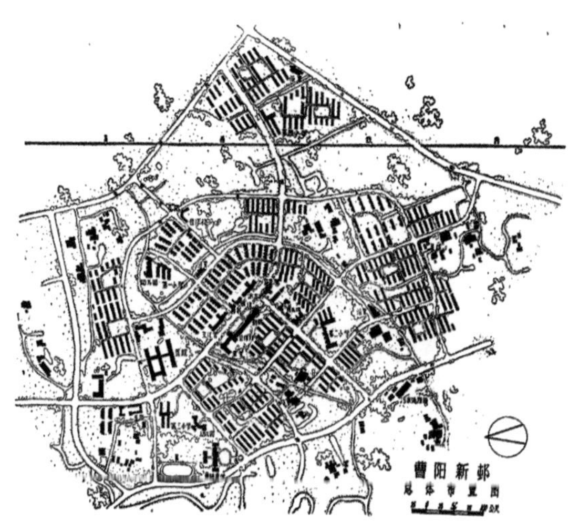

图 2.14　（右）上海曹杨新村总平面图 (1956)
来源：汪定曾， 1956

近年来，单位及其建筑形制的历史和起源日益受到学者、专家和政界人士的关注。在单位大院被大规模拆迁的时代背景下，城市现代遗产保存与城市更新息息相关。例如，米歇尔 · 波尼诺（Michele Bonino）和菲利波 · 德 · 皮耶里（Filippo de Pieri）就在《北京单位：当代城市的工业遗产》（*Beijing Danwei: Industrial Heritage in the Contemporary City*）中，从工业遗产和城市实验的角度审视了北京单位的前世今生（Bonino & De Pieri，2015）。

然而，关于单位的研究仍然存在一些重大知识空白。现有的研究往往未能采取跨学科和历史性的研究方法，从而未能解释以单位为代表的集体形制历史如何与当代社区发展或可持续社区建设产生联系。此外，对于历史日益悠久的单位建筑，及其所代表的现代社会主义工业遗产，也缺乏基本的建筑和城市分析。

单位创造了高效的标准化住房和城市街区，能够灵活适应各类共享制度与功能的需要。就此意义而言，这种模式适应力很强，在应对变化的同时又不会丧失基于既定住宅单元和社区模型而形成的组织结构。这种模式目前最大的问题是可容纳的人口密度过低，且此类街区在设计时考量的交通模式以行人步行为主，因而车辆流线普遍存在问题。但事实上，如果与伦敦同类地区相比较，中国单位街区的人口密度依然较高。而且伦敦的联排住宅缺乏灵活性，导致其难以实现高密度，亦难以如单位一般安设公共基础设施，形成空间结构清晰的社区也就无从谈起了。

案例 1：武汉钢铁集团公司，湖北武汉（20 世纪 50 年代至今）

武汉钢铁集团公司（以下简称武钢）是中国第一个五年计划（1953—1957）期间苏联援助的 156 个项目之一。武钢于 1958 年投入运营，位于武汉市青山区，占据了当时武汉市相当一部分的城区面积（图 2.15，图 2.16）。鉴于此，武钢必须承担相应的行政管理和社会服务职能，例如，设立自己的卫生、房产和教育部门，以及提供各类文化和公共设施。因此，武钢的公共设施分布极广。由于武钢的大尺度空间，它在提供各个部门和职能所需的基础设施方面采用了城市的组织形式，住房、食堂、公共服务、便利设施（包括一家百货商店）、公共澡堂、公共交通、运动场、剧院、医院以及各类教育机构等，无所不包（图 2.17）。然而，武钢所提供的全面社会福利和公共服务，很容易因其字面意思让人产生误解。事实上，这些服务并非完全面向公众，而是专门

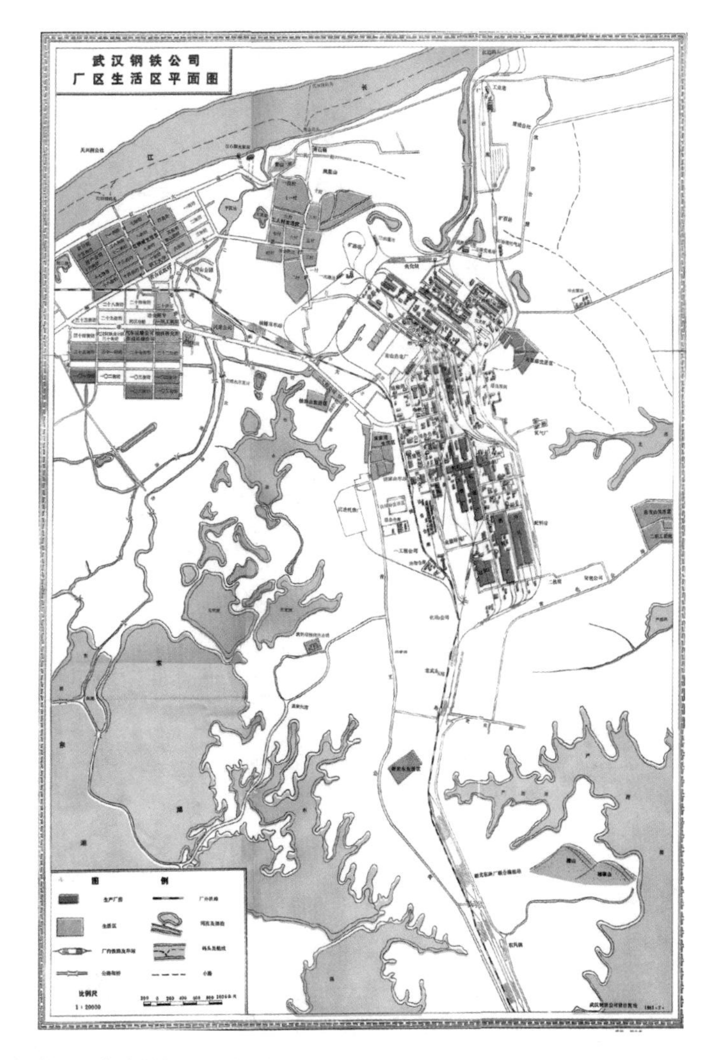

图 2.15 武汉钢铁集团公司（武钢）总平面图（1983）
来源：《武钢志：1952—1981 年》，第 I 卷第 1 部分

为单位职工提供的。

武钢住宅区以中层为主，由一个个重复的封闭街区组成，且具有一定的郊区特征（suburban）和半自主性质（semi-autonomous）（图 2.18—图 2.23）。由苏联建筑师设计的武钢八街坊和九街坊采用了三种开放院落布局类型。住宅区总体的轴向格局形成了一个以非住宅功能为主的轴线，以连接不同的街区。而典型住宅建筑的布局采用自主式（autonomous）的组织原则，呈环绕式面朝大型的开放院落。由于每个街区都被院墙围住，它们实际上创造了一种由众多重复但缺乏互动的细胞式（cellular）城市肌理。尽管如此，此模式展示了

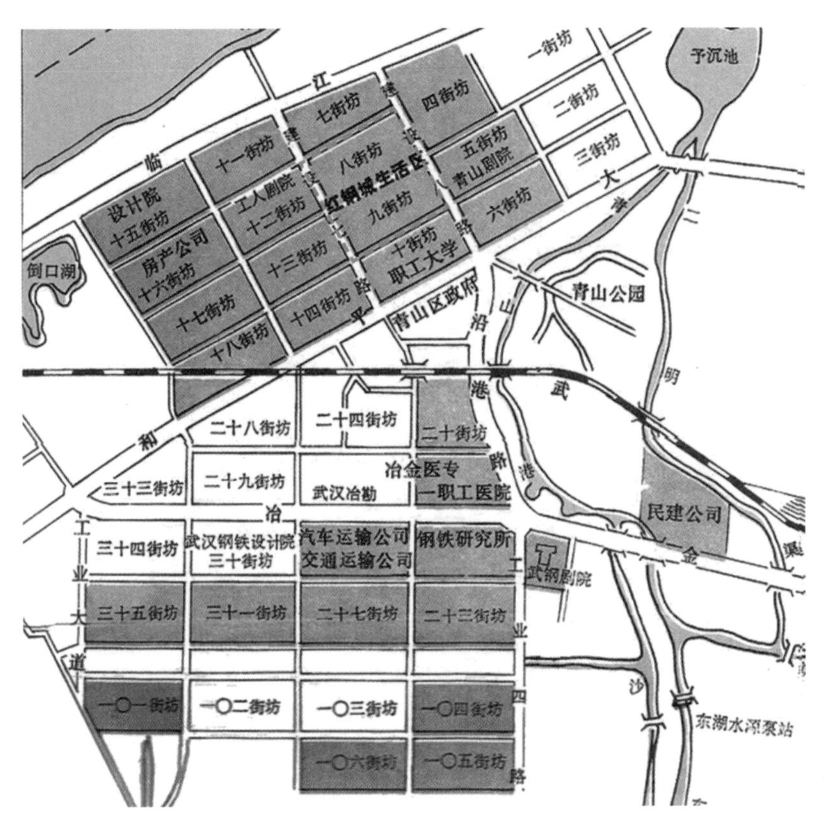

图 2.16 武钢八街坊和九街坊（1983）
来源：《武钢志：1952—1981 年》，第 I 卷第 1 部分

图 2.17 20 世纪 80 年代的武钢单位服务设施：食堂（a）、中学（b）、职工大学（c）和职工通勤车（d）
来源：《武钢志：1952—1981 年》，第 I 卷第 1 部分

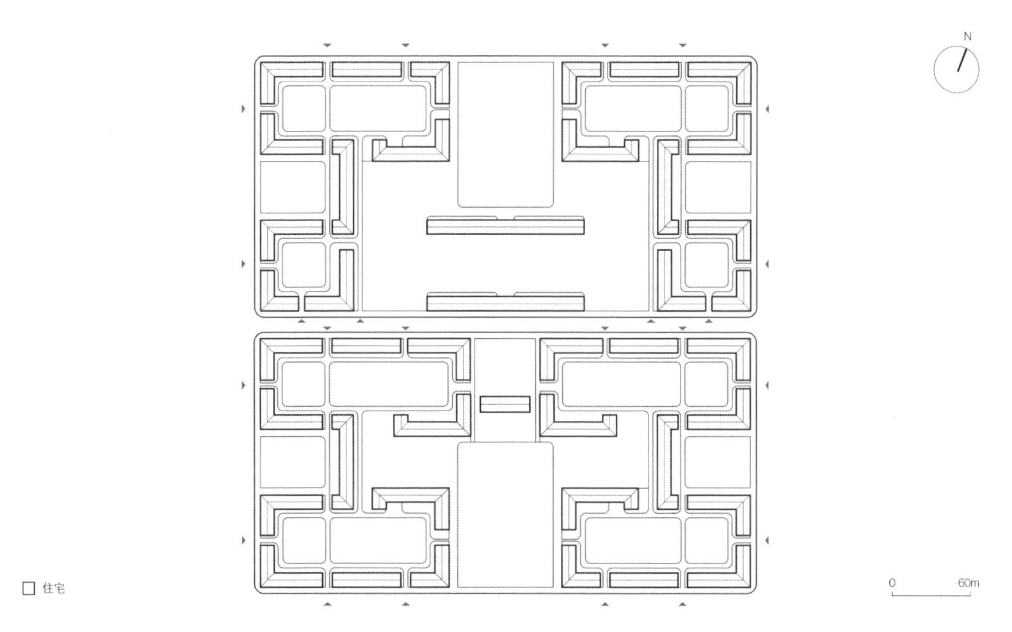

图 2.18　20 世纪 50 年代武钢八街坊和九街坊总平面图（重建）
来源：英国建筑联盟学院 2016—2017 年度武汉访校

图 2.19　20 世纪 00 年代武钢住宅区鸟瞰
来源：《武钢志：1952—1981 年》，第 I 卷第 1 部分

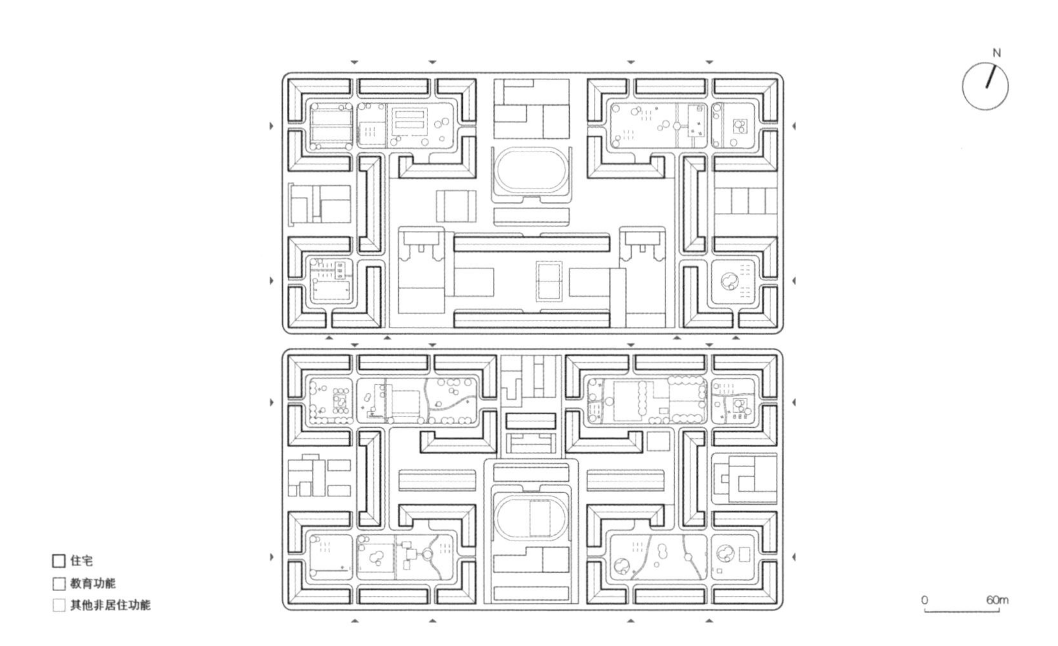

图 2.20 2016 年武钢八街坊和九街坊总平面图
来源：英国建筑联盟学院 2016—2017 年度武汉访校

图 2.21 2016 年武钢八街坊和九街坊鸟瞰
来源：英国建筑联盟学院 2016—2017 年度武汉访校

图 2.22　1955 年苏联专家于武汉合影
来源：武钢博物馆

图 2.23　2017 年拆迁过程中的武钢街道立面
来源：英国建筑联盟学院 2016—2017 年度武汉访校

一种灵活的组织方式，每个街区可根据其形式和功能上的不同需求生成变体。

在这类街区内部，看似开放的公共城市空间实际是集体空间（collective spaces），并不对公开放，而是仅服务于居住在其周围的有明确身份界定的住户群体。就此意义而言，城市并非由公共基础设施彼此连通而成，而是由半公半私的空间组织而成。这类街区的住宅采用标准化的模式，由 5 种建筑类型和 9 个单元户型组成（图 2.24—图 2.26），遵循明确的住房空间标准（housing space standard）。武钢住房的标准化与中国整体单位住宅的标准化居住单元类型的发展趋势大体一致（Rowe et al., 2016）。

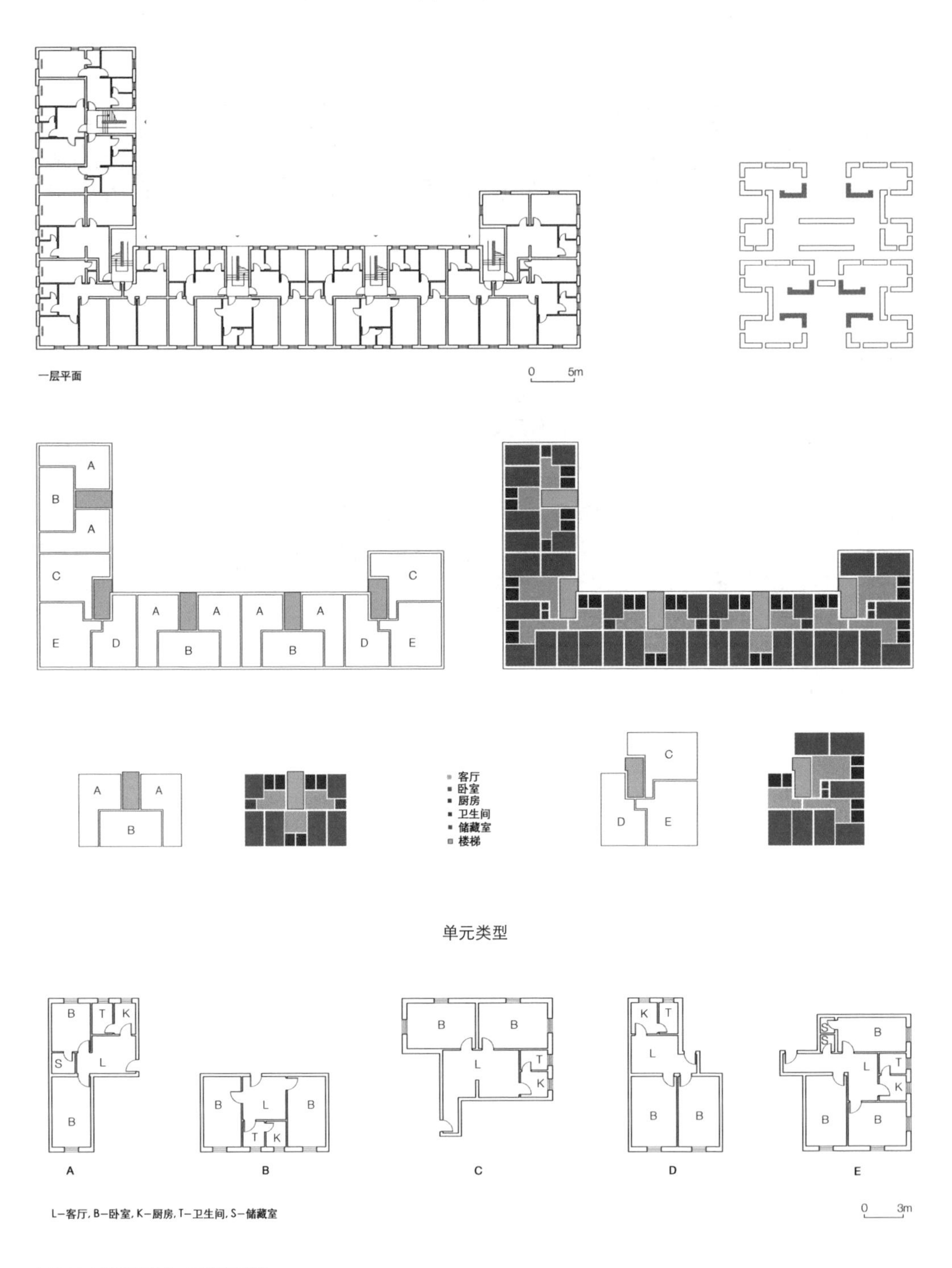

图 2.24 居住建筑类型一及其单元类型
来源：英国建筑联盟学院 2016—2017 年度武汉访校

居住建筑类型二

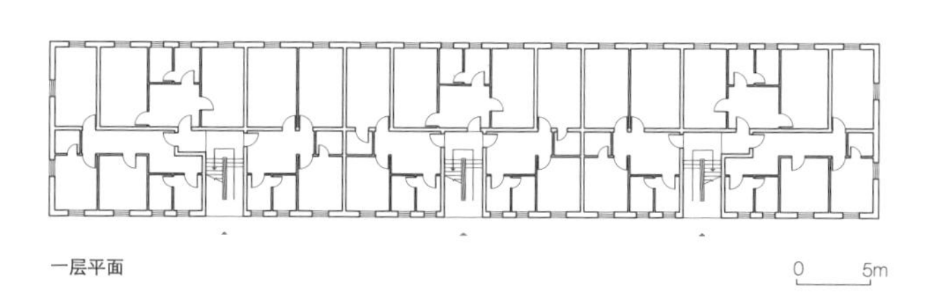

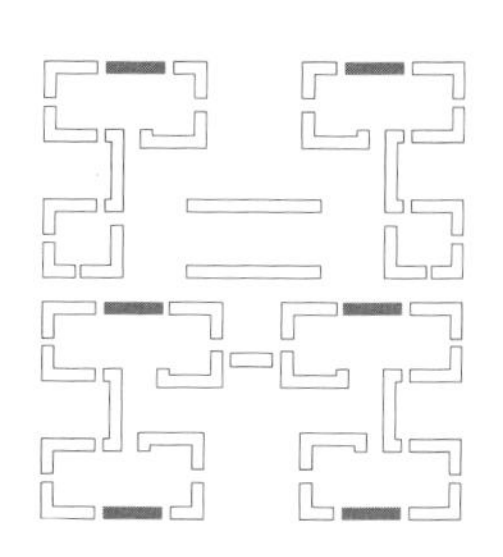

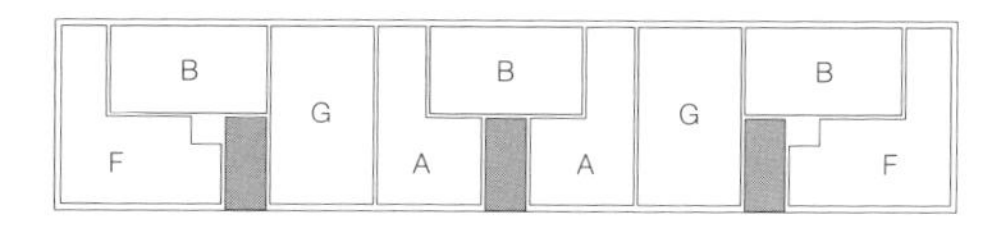

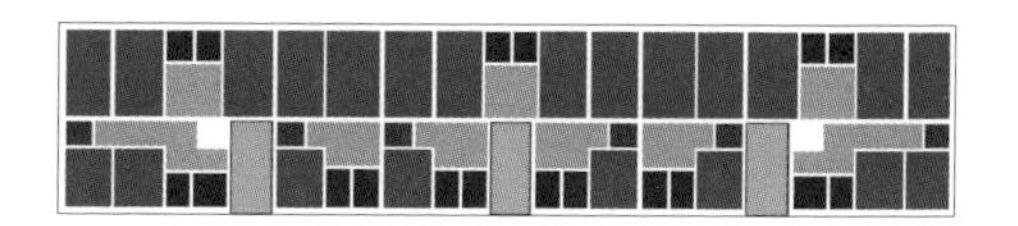

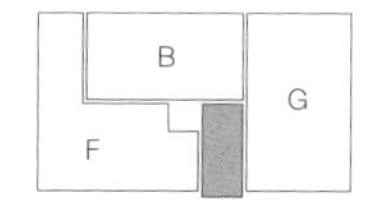

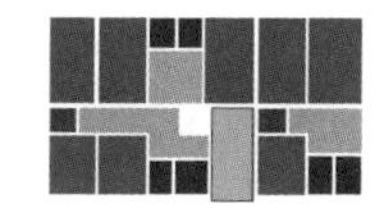

■ 客厅
■ 卧室
■ 厨房
■ 卫生间
■ 储藏室
■ 楼梯

单元类型

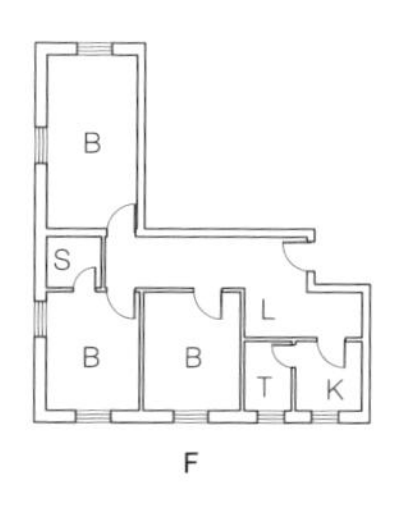

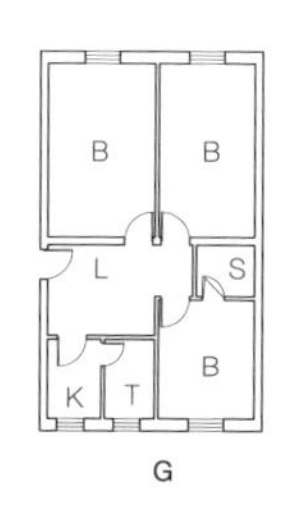

L—客厅, B—卧室, K—厨房, T—卫生间, S—储藏室　0　3m

图 2.25　居住建筑类型二及其单元类型
来源：英国建筑联盟学院 2016—2017 年度武汉访校

居住建筑类型三

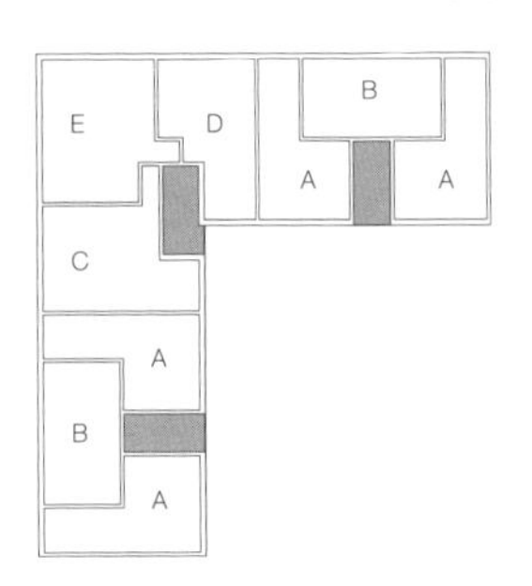

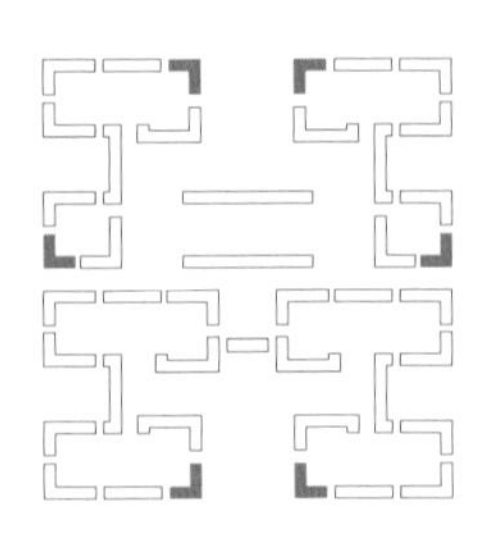

居住建筑类型四

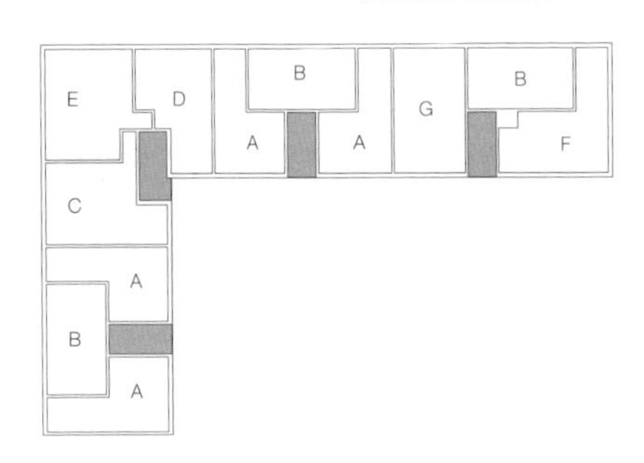

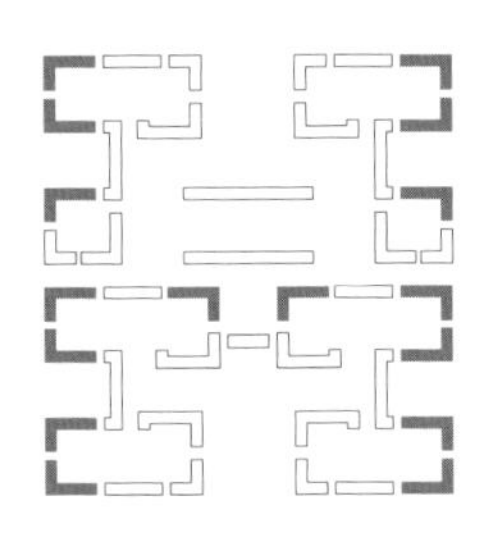

居住建筑类型五

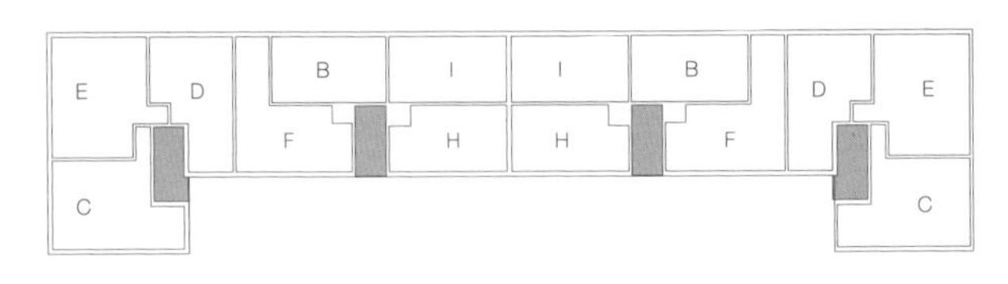

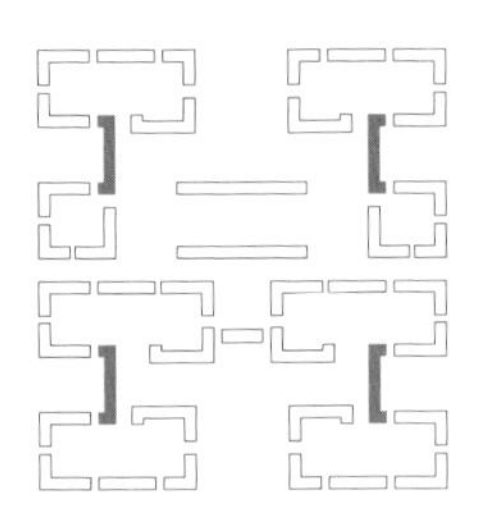

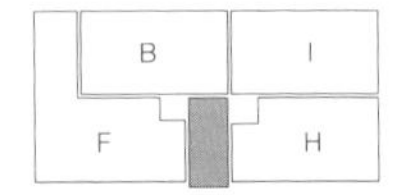

单元类型

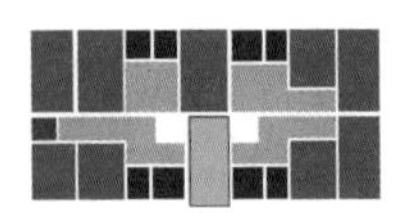

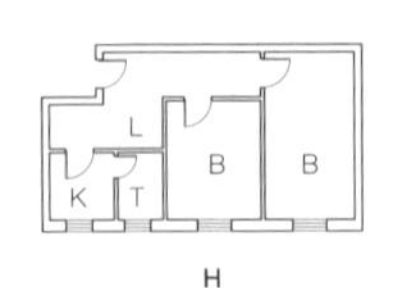

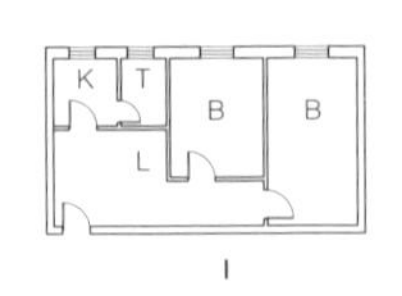

L—客厅，B—卧室，K—厨房，T—卫生间，S—储藏室

0 3m

图 2.26 居住建筑类型三、四、五及其单元类型
来源：英国建筑联盟学院 2016—2017 年度武汉访校

案例 2：哈尔滨量具刃具厂，黑龙江省哈尔滨市（20 世纪 50 年代）

哈尔滨量具刃具厂位于哈尔滨市香坊区，是 20 世纪 50 年代苏联援助中国的 156 个项目中所建的六个工厂之一，1952 年由当时东北工业建筑设计院在苏联专家的指导下设计（图 2.27）。1999 年至 2003 年，在全国国企改革的浪潮下，哈尔滨量具刃具厂进行了重大改组，成为现在的哈尔滨量具刃具集团有限责任公司（简称“哈量集团”）。

哈尔滨量具刃具厂是一个典型的单位，由一个生产（工业）区和相邻的住宅区组成，有礼堂、俱乐部、医院和小学等公共设施（图 2.28，图 2.29）。其住宅区围绕开放院落组织，由各类居住建筑以半封闭的方式围合而成，与武钢住宅区的组织方式非常相似。现今，厂区部分大体未变，但大部分建于 20 世纪 50 年代的住宅已拆除并由私人开发商重新开发。唯有民生路的一个住宅单元被保留了下来，除立面被翻新以外其他基本保持不变（图 2.30—图 2.36）。

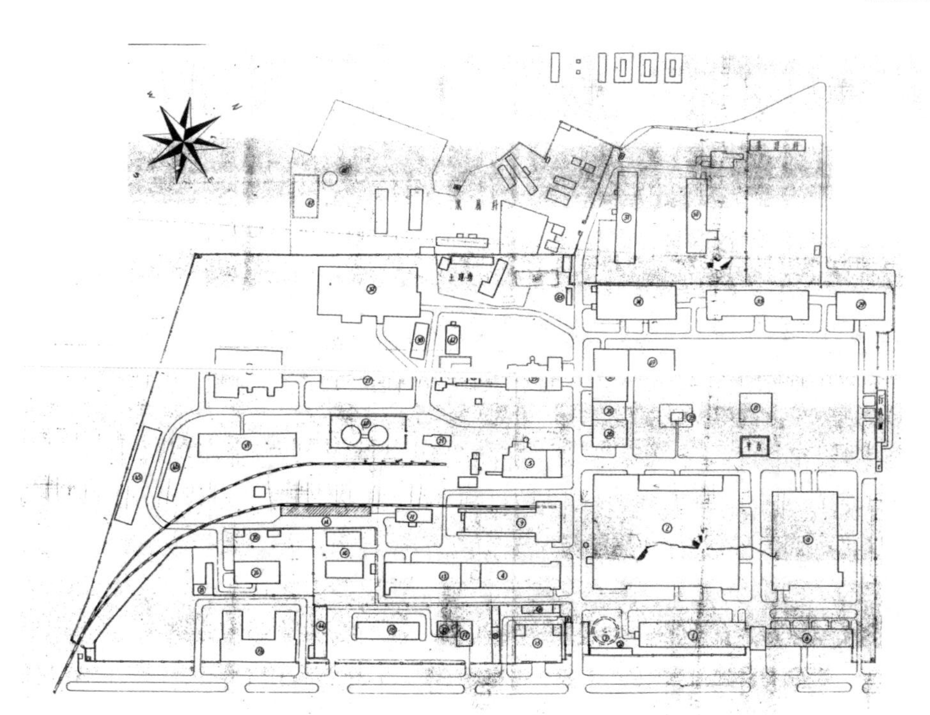

图 2.27 哈尔滨量具刃具厂（生产区）总平面图（1956）
来源：哈尔滨量具刃具厂；王禹惟提供

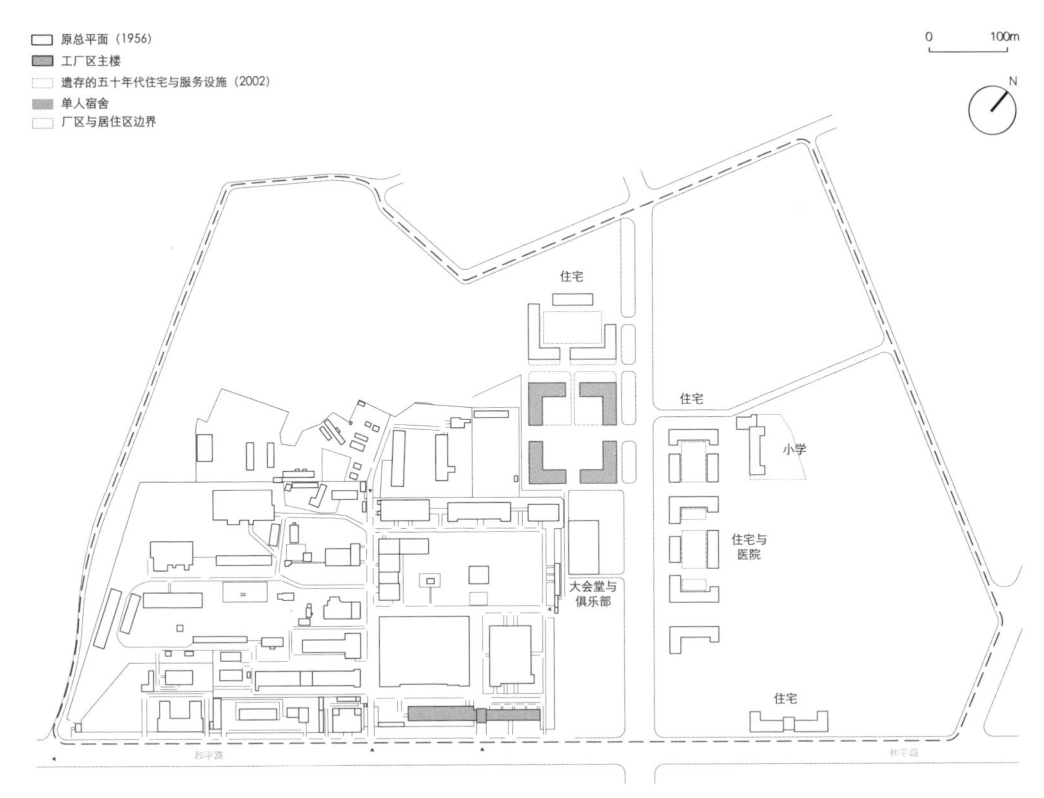

图 2.28 哈尔滨量具刃具厂重建平面图，包含 1956 年的生产区以及 2002 年仍遗存的住房和服务设施
来源：基于王禹惟提供的信息，由程婧如绘制

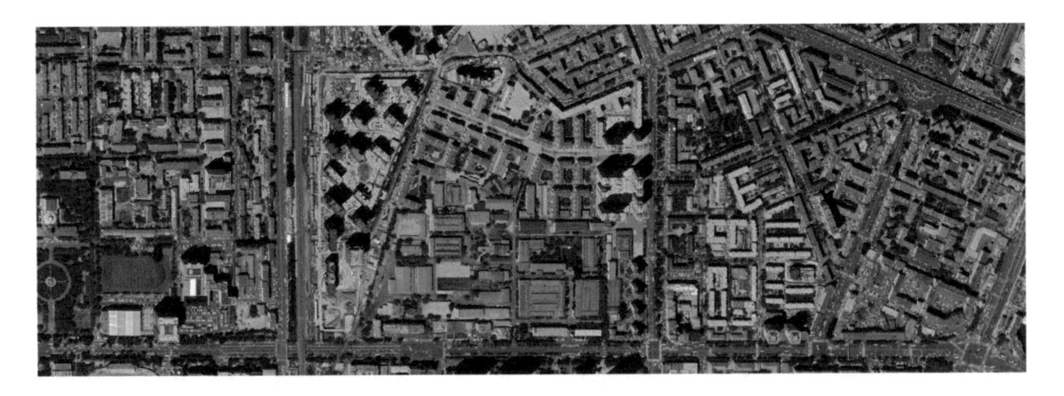

图 2.29 2018 年哈尔滨量具刃具厂生产和居住区
来源：谷歌地球

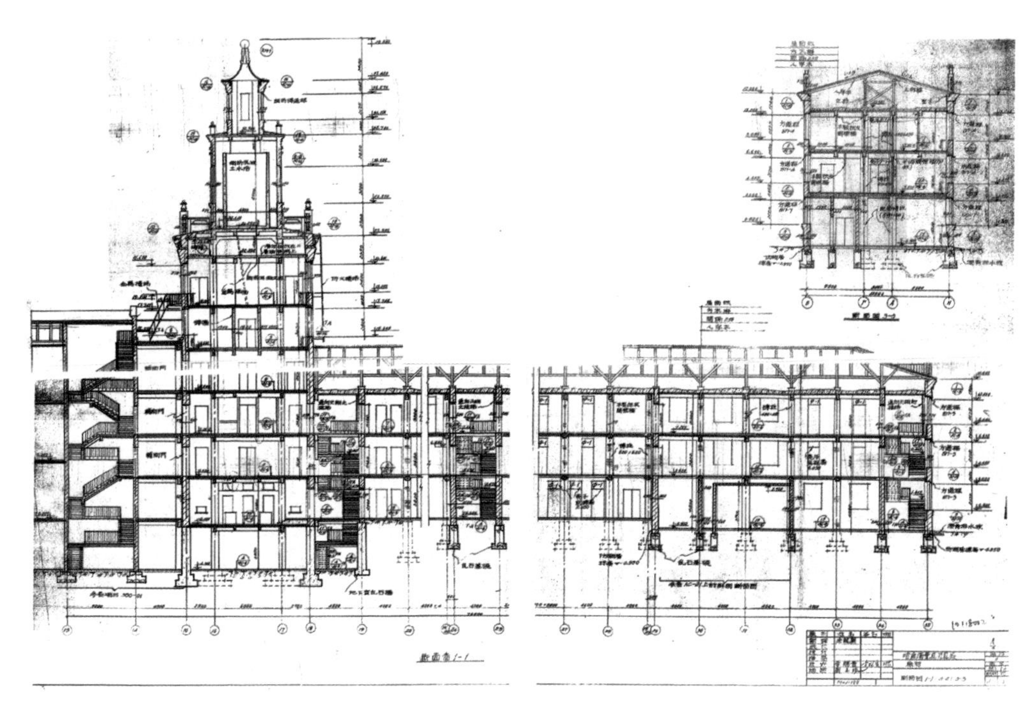

图 2.30 生产区主楼纵剖面图（1956）
来源：王禹惟提供

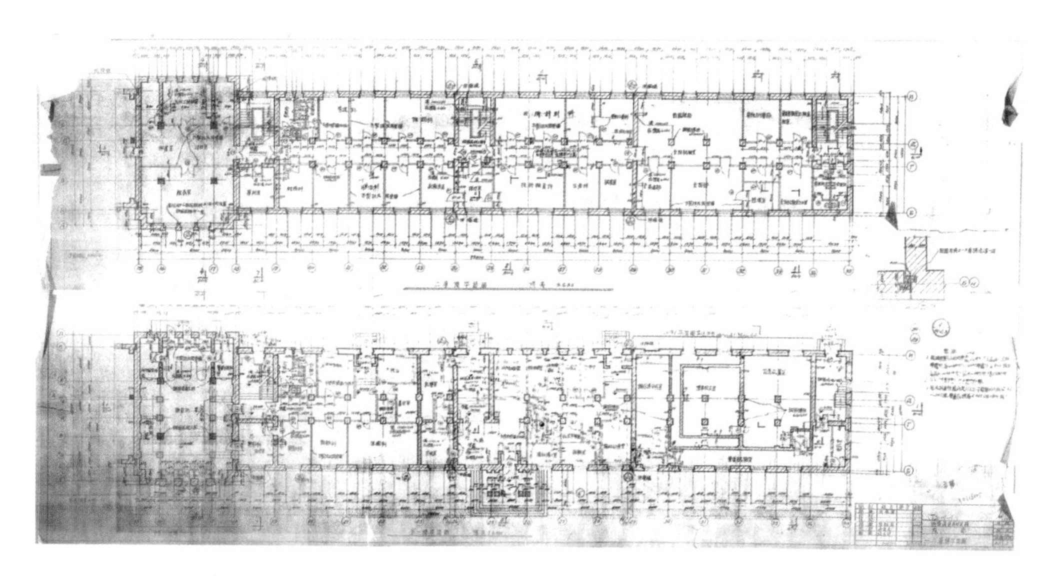

图 2.31 生产区主楼一层和二层平面图（1956）
来源：王禹惟提供

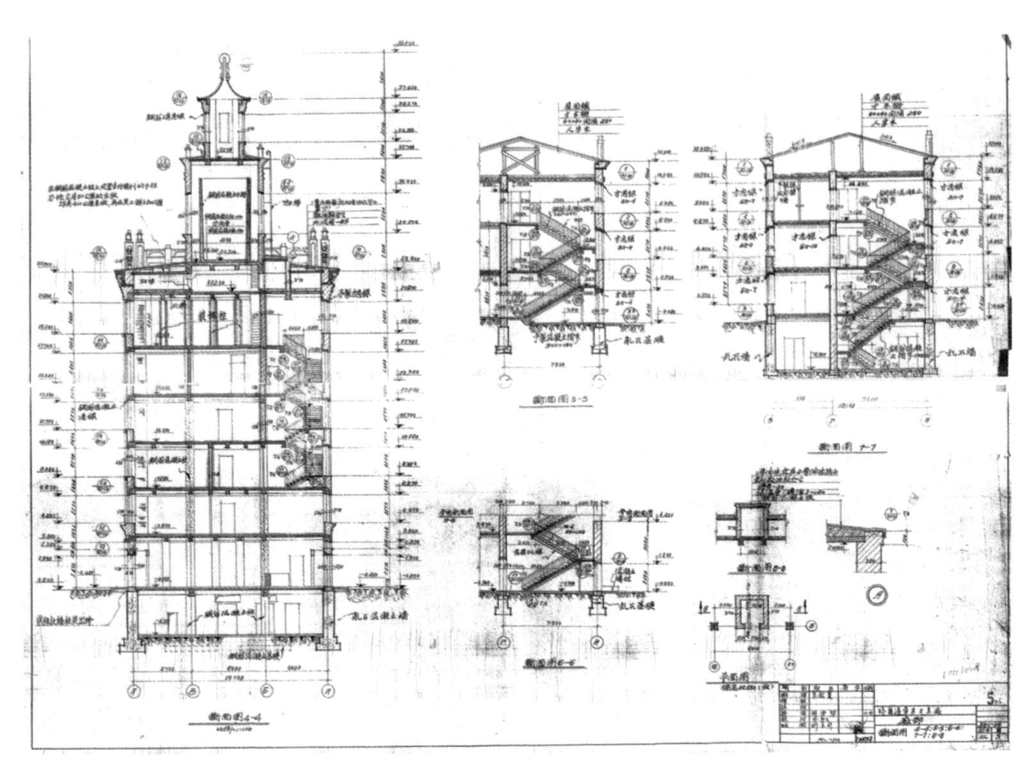

图 2.32 生产区主楼横剖面图（1956）
来源：王禹惟提供

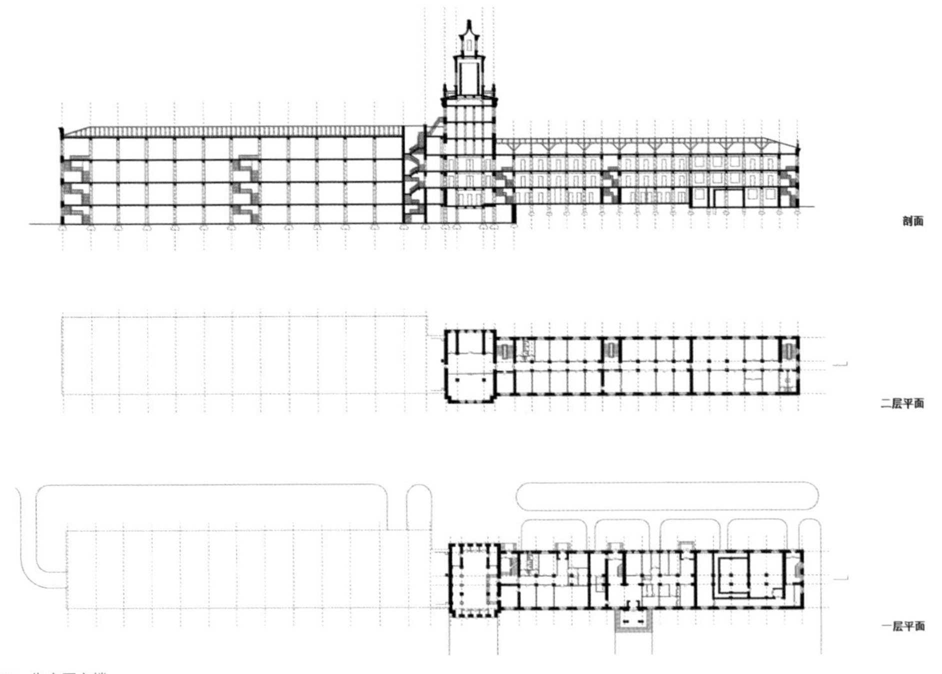

图 2.33 生产区主楼
来源：劳尔 · 阿维拉 · 罗约（Raül Avilla Royo）绘制

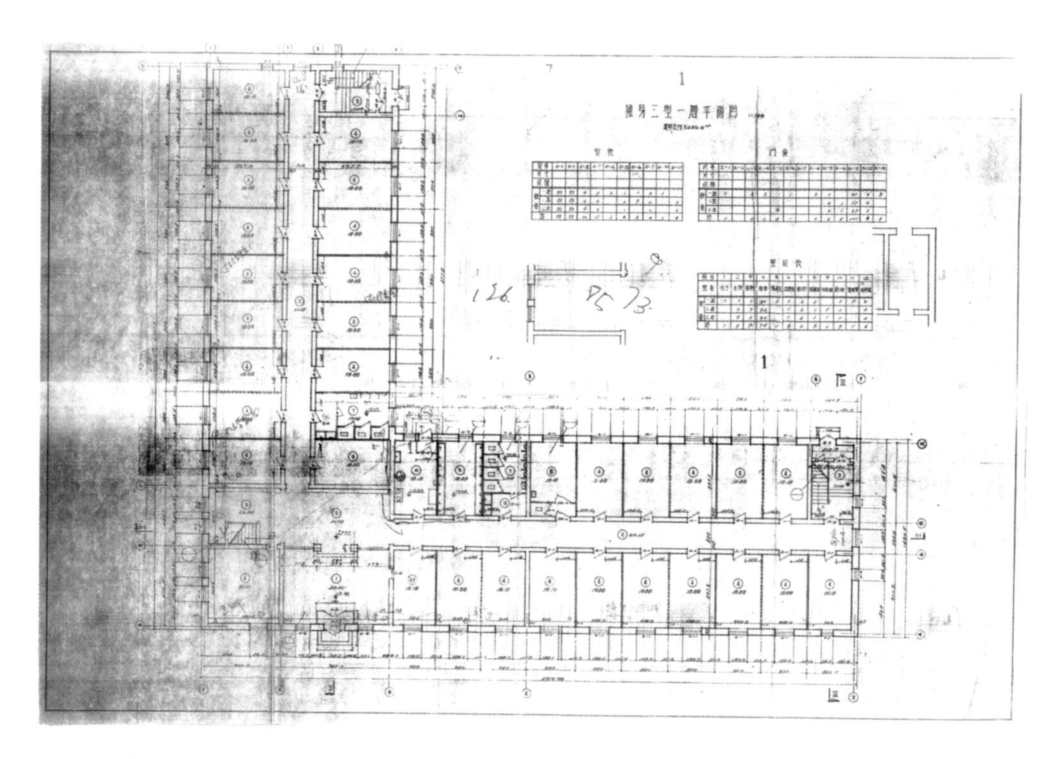

图 2.34　单人宿舍一层平面图（1956）
来源：王禹惟提供

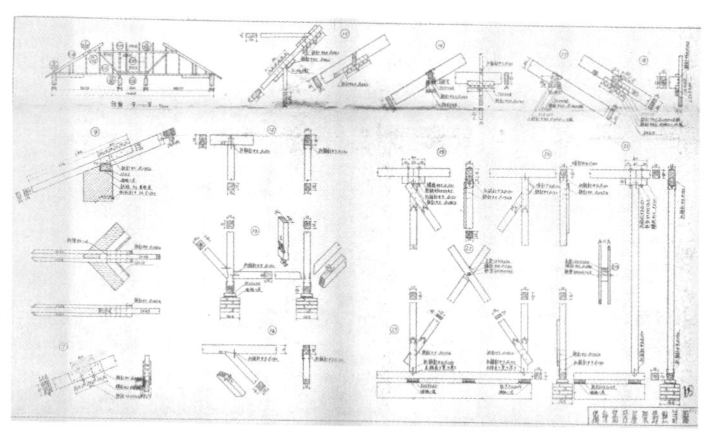

a. 独身宿舍屋架节点详图

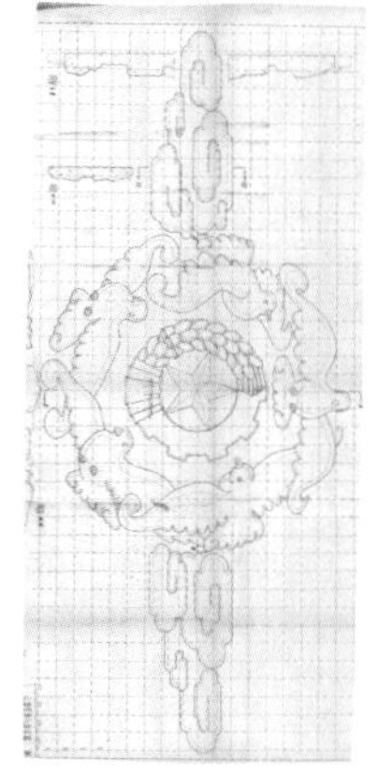

b. 山墙花纹装饰详图

图 2.35　宿舍建筑详图（1956）
来源：王禹惟提供

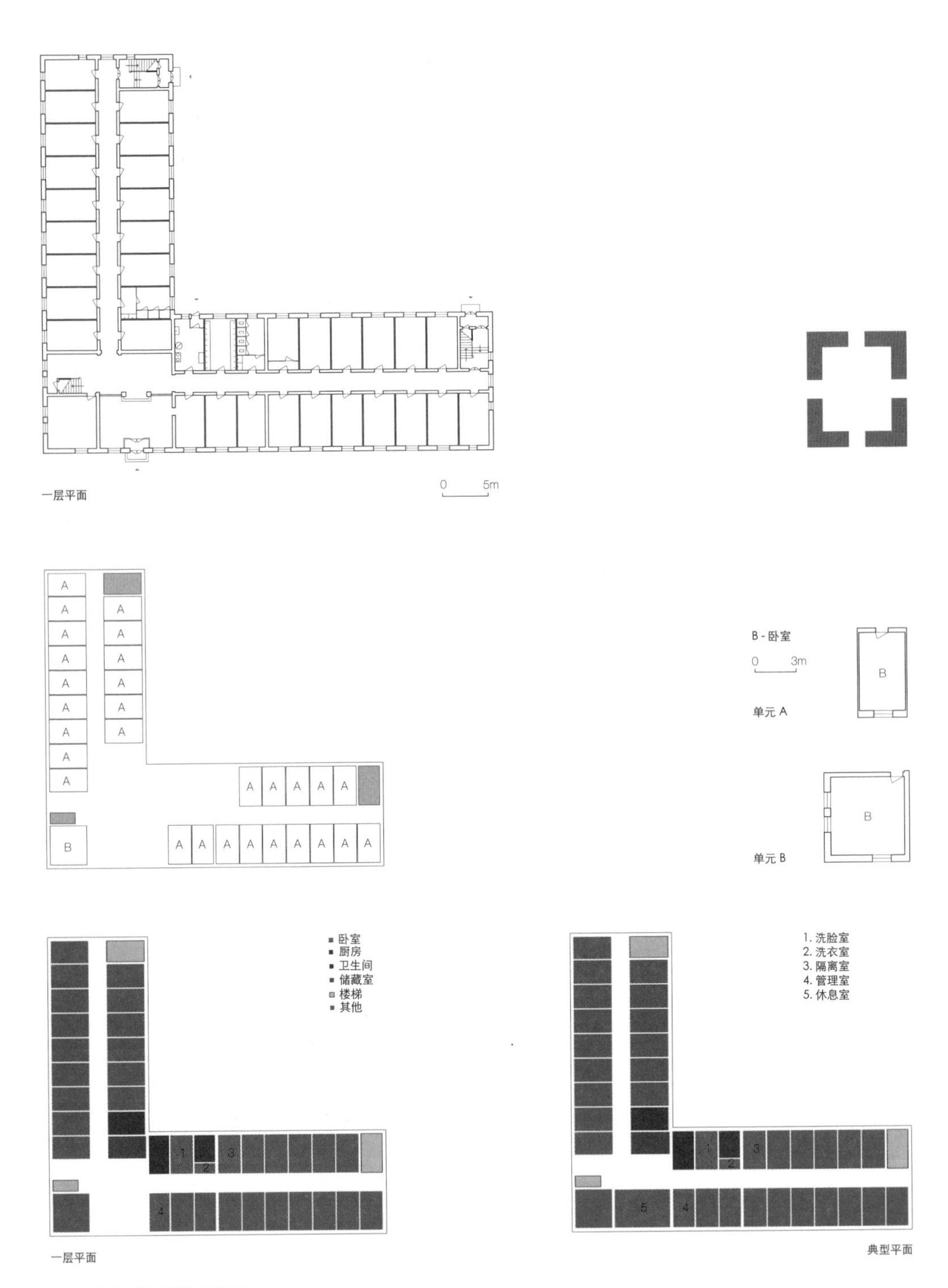

图 2.36 单人宿舍布局及平面分析
来源：程婧如绘制

案例 3：华中科技大学，湖北省武汉市（20 世纪 50 年代至今）

位于武汉市洪山区的华中科技大学（原称“华中工学院”）始建于 1952 年，是一所工程研究类院校。尽管校区所在地现在是武汉最发达和繁忙的城区之一，但它在建成之初却是远离市中心，且公共交通不便。时至今日，华中科技大学仍然保持了单位自给自足的特性，以及其功能和组织结构方面的特征。

1953 年由苏联顾问协助设计的校园总体规划，采用网格式布局，建筑以中层板楼为主（图 2.37—图 2.39）。在该校园规划中，可以看到基本的功能分区理念，教学区大体上近城市主干道，而师生生活区则更偏校园深处，贴近喻家山脚下。学生和教师的住房是标准化的，由各种单元类型组成（图 2.40，图 2.41）。校园内还有全方位的服务设施，包括食堂、医院、幼儿园、小学、礼堂、体育馆、银行、邮局、师生俱乐部以及工厂。六十余年间校园人口密度明显增加，但校园整体上仍然保持了最初的空间和组织格局。

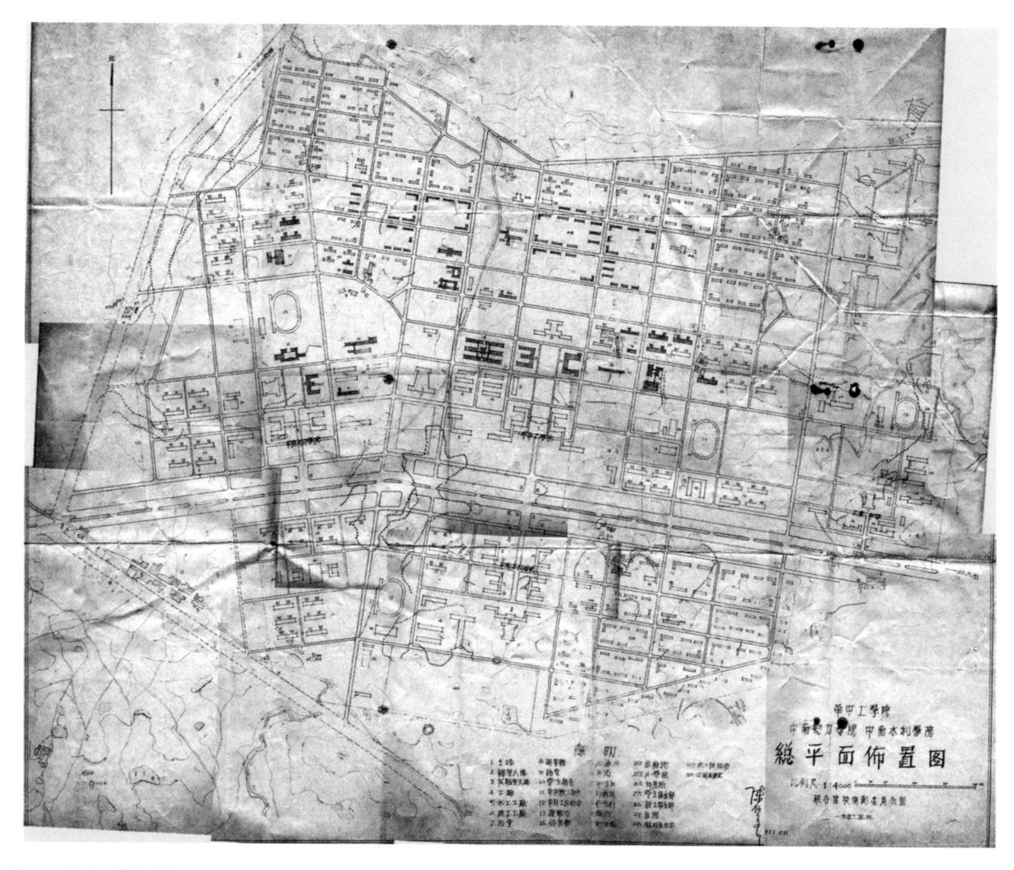

图 2.37　华中工学院主校区总平面图（1953）
来源：谭刚毅提供

图 2.38 华中工学院主校区历史照片
来源：谭刚毅提供

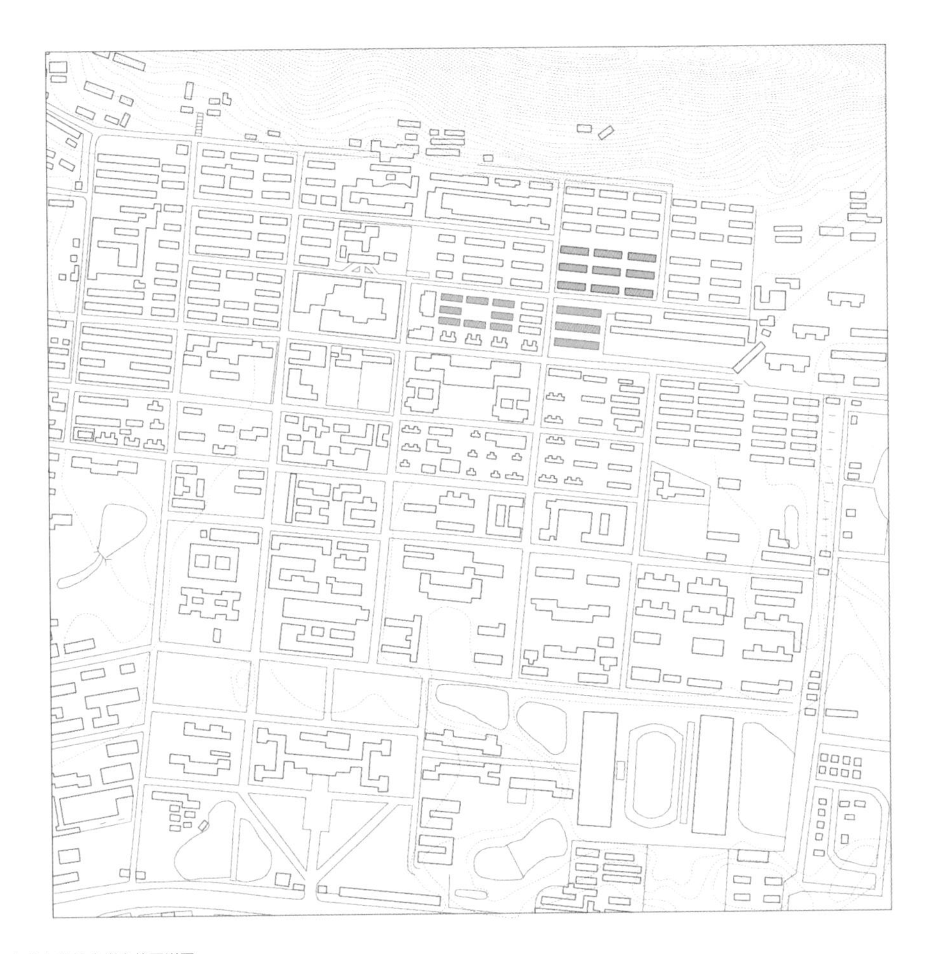

图 2.39 2017 年华中科技大学主校区详图
来源：英国建筑联盟学院 2016—2017 年度武汉访校

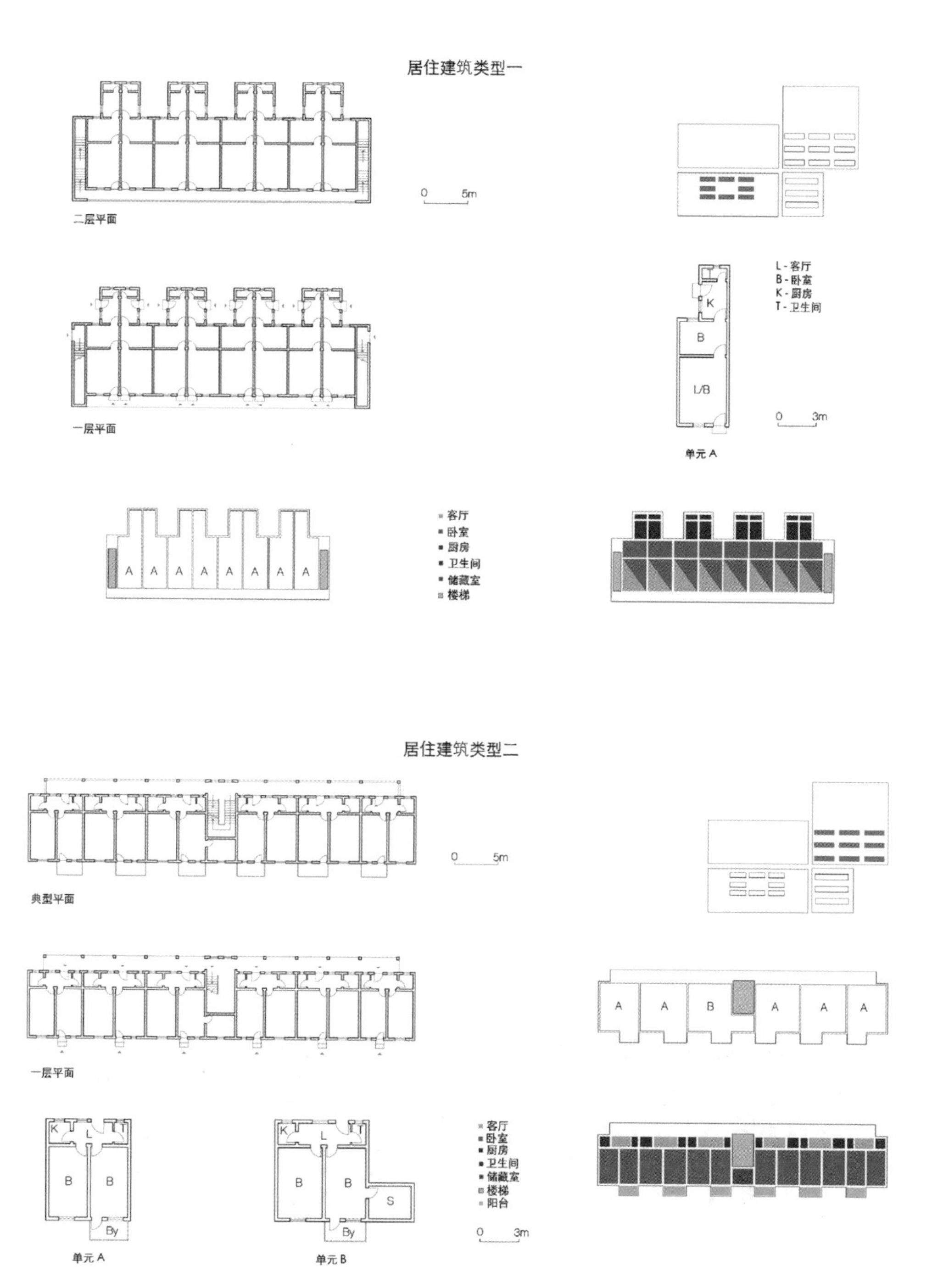

图 2.40 居住建筑和单元类型
来源：英国建筑联盟学院 2016—2017 年度武汉访校

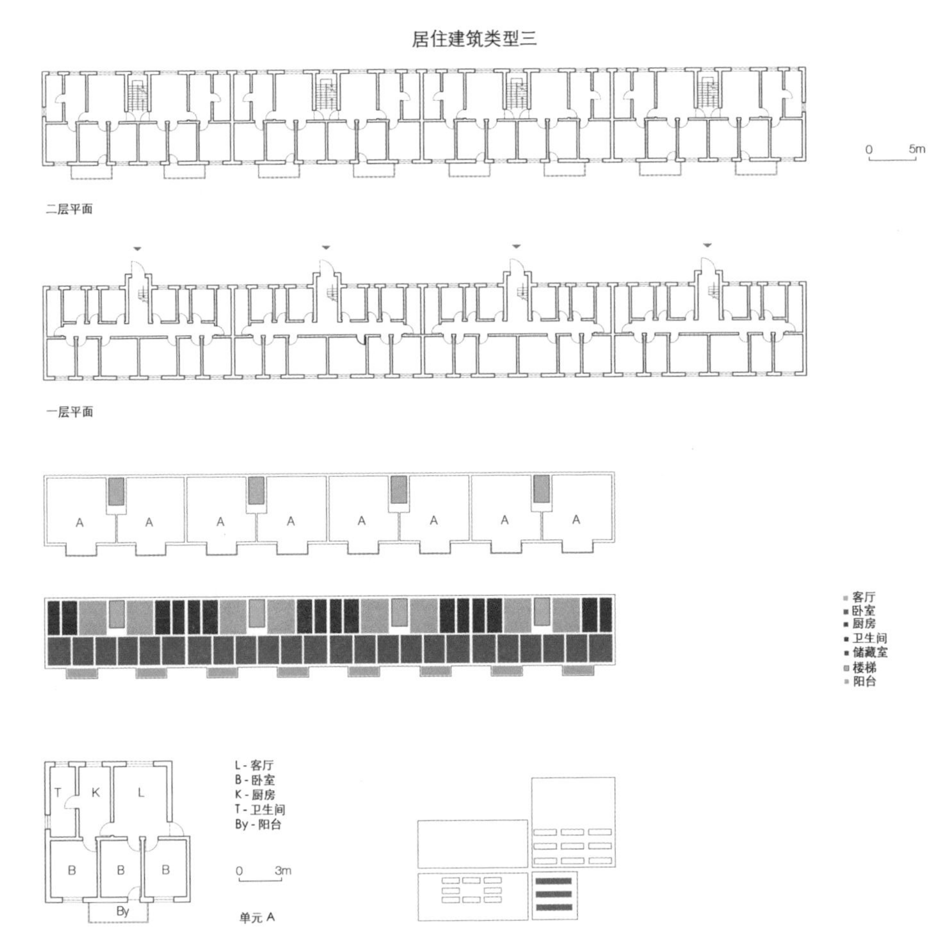

图 2.40 居住建筑和单元类型（续）
来源：英国建筑联盟学院 2016—2017 年度武汉访校

图 2.41 居住建筑类型——街道立面（2017）
来源：程婧如摄

当代小区

在中国，当代社区首先是一个为居民提供专属社会服务的行政空间或管理单位。在国家社区建设的政策框架下，当代社区的概念于 1987 年开始形成，并逐渐成为城市基层行政管理工作的重要组成部分，其中小区作为一个新的邻里单位应运而生。换言之，当代城市社区和社区主导的邻里街区发展模式其实与人民公社和单位等历史性的集体形制渊源颇深。自 1978 年开始，由于改革开放的施行和工业制造业的衰落，国有企业在 20 世纪 80 年代不必再承担提供社会福利的责任，因此新的城市政策和治理措施必须出台。城市治理最基础的单元，即集体化时代的单位，如今经历调整后重新适应了社区的区域范围和行政管理尺度。与此同时，在源自单位时期的住宅区里，城市街区、社会空间及基层治理这三个层次的单元在小区这一尺度得以重新整合。因此，新的小区，无论是否封闭，都绝非仅仅是自 1979 年以来由住房商品化导致的房地产投机的结果，而是社会空间结构作用的产物，至今对住房供给和公共服务起到调控管制作用。从这个角度而言，当代小区始终是保证社会流动性和提供社会保障的关键。虽然国家依旧直接参与小区治理与公共产品供给，但是这些服务的分配和获取方式已发生了根本性变化。这些变化与户籍制度改革相呼应，以适应人口的自由流动。换言之，地方性、社会空间、自治、国家代理 (state representation) 以及社会或公共服务在小区中密切交互，并最终定义了社区（图 2.42—图 2.44）。

随着中国住房日益走向市场化和私有化，与单位住宅相比，当代城市小区的模式更加多元化，能够适应不同的人口结构和产权类型。除了部分完全私有或商品房小区外，一部分小区目前仍然由某个特定的单位所有和使用；还有一些小区，是单位为了将职工从价值更高的城市用地迁走而建，以对这些土地进行重新开发而获取更大的利润。

我们的四个案例研究包括武汉葛光社区（图 2.45—图 2.48）和妙三社区（图 2.49—图 2.52）、北京新源西里社区（图 2.53—图 2.56）和上海虹梅小区（图 2.57—图 2.60）。前三个案例涉及前单位居民和外来业主，而第四个案例涉及搬迁居民和外来业主。尽管在所有权和人口结构上存在差异，所有的小区仍然能够从空间角度定义一个清晰可辨的社区及所属居民。因此，小区内部通常根据其特定的所有权模式来确定不同的服务提供方式。例如，在单位主导的小区中，公共产品的供给依然是单位的职责，至少在

图 2.42 葛光社区（服务中心视野）（2018）
来源：高亦卓摄

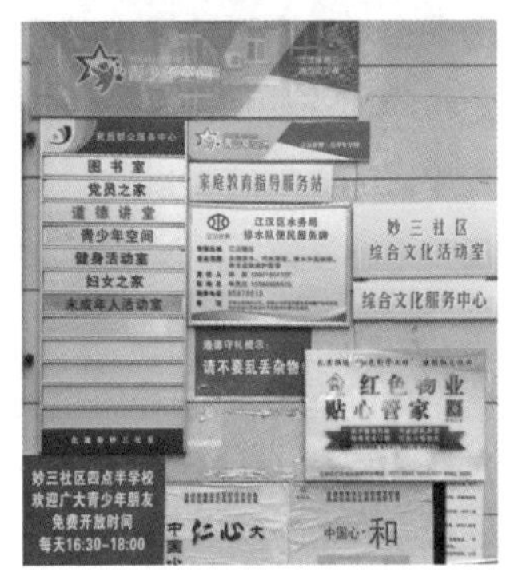

图 2.43 （左）虹梅社区居民活动室（2018）
来源：程婧如摄

图 2.44 （右）妙三社区服务中心入口处各类铭牌（2018）
来源：程婧如摄

某些方面如此。然而，在私人业主小区里，物业服务和基础设施多由开发商和 / 或物业管理公司提供，其服务范围通常更大，且质量更好。在单位、开发商和物业公司均不存在的情况下，国家会介入小区以提供如上服务，但其高昂的成本和大尺度的运作模式对公共产品的供给和城市的治理是一项巨大的挑战。

就中国典型常规的城市治理结构而言，存在一个层级结构，从城市一级（如有 1090 万人的二线 / 准一线城市武汉）延伸到区一级（如有 100 余万人的洪山区），再延伸到街道一级（如有 28.3 万人的关山街道），最终至更为基础的社区级。社区既是基层自治组织，也是政府行使其职能和深入群众的重要组成部分。社区通常包括若干小区，这些小区承担着不同级别的行政管理责任。虽然社区治理因城市而异，但都有居委会这一关键行政机构，在这里党和社区的代理相交叠。除居委会之外，大多数小区都有物业管理公司，负责共享或公共的区域和设施的管理和维护；如果是商品房小区，通常还设有业主委员会。在社区治理结构中，党代表、社区代表、选举和聘用的居委会成员，以及社区志愿者（也称为积极分子）携手合作，共同提供社会服务。这种管理结构促成了国家的参与，而且在一定程度上为社区主导的发展提供了制度基础，但有时也成为冲突的主要根源。

彼得 · 罗 (Peter G. Rowe)、安 · 福赛斯 （Ann Forsyth）和简夏仪（Har Ye Kan）在《中国城市社区》（*China's Urban Communities*）中对中国不同的社区类型进行了分析。通过对一线和二线城市的 25 个邻里街区案例的研究，追溯了从商朝到改革开放后中国几千年间社区概念的谱系（Rowe et al.，2016）。然而，由于分类主要基于社区的建成形式，如“平行街区布局”“高层开发”“花园城市街区”和“传统形式”等，该讨论仅仅局限于对建成形式的描述。而薄大伟（David Bray）通过讨论社会认同、劳工关系和管理、住房开发和城市空间实践，以及对这些过程的“复杂性和偶然性”（complexity and contingency）的分析，记述了一部集体模型和社会变革的历史，展现了单位向小区和社区转型的过程（Bray，2005）。这一经常被讨论的转型阶段也在中国住房发展的研究著作中得到体现，如吕俊华和邵磊对中国改革开放后的住房供应从单位福利形式向商品化方式的转变进行了研究（Lü & Shao，2001）。

自 21 世纪以来，关于中国当代社区及其建成环境的讨论日益增多，这与当下由大尺度规划向小尺度城市更新设计的转型以及“社区规划”这一新规划类别的建立有关。赵蔚和赵民在对中国这一转变趋势的早期分析中讨论了社会学和城市规划是如何对社区这一研究对象进行不同阐述的，进而解释了传统城市规划和社区规划之间的主要区别（赵蔚，赵民，2002）。2013 年，《规划师》发表了一期专刊，重点讨论当时尚未正式建立的社区规划体系。专刊主要从理论层面论述了社区建设、社区规划以及社区规划师在中国社会和政治背景下的作用，以及从全球视角审视社区规划的发展。随着社区规划工作逐渐付诸实践，围绕试点项目和新实践方法的讨论日益增多，如刘思思和徐磊青提出的以行动为导向的社区规划师工作框架（刘思思，徐磊青，2018）。

案例研究：

1. 湖北省武汉市葛光社区（建于 1994 年、1996 年、1998 年和 2003 年）
2. 湖北省武汉市妙三社区（建于 20 世纪 80 年代初和 2000 年）
3. 北京新源西里社区（建于 20 世纪 80 年代初）
4. 上海钦北居委会（建于 1996 年）

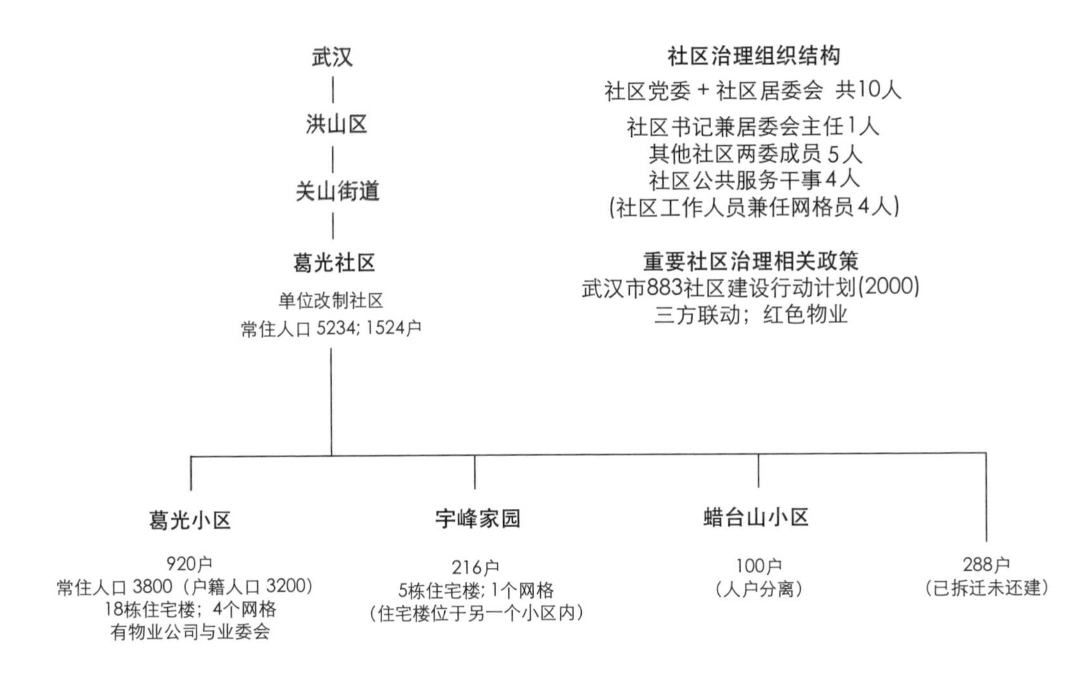

图 2.45 武汉葛光社区行政架构（2018）
来源：程婧如绘制

图 2.46 武汉葛光社区（2018）
来源：谷歌地球

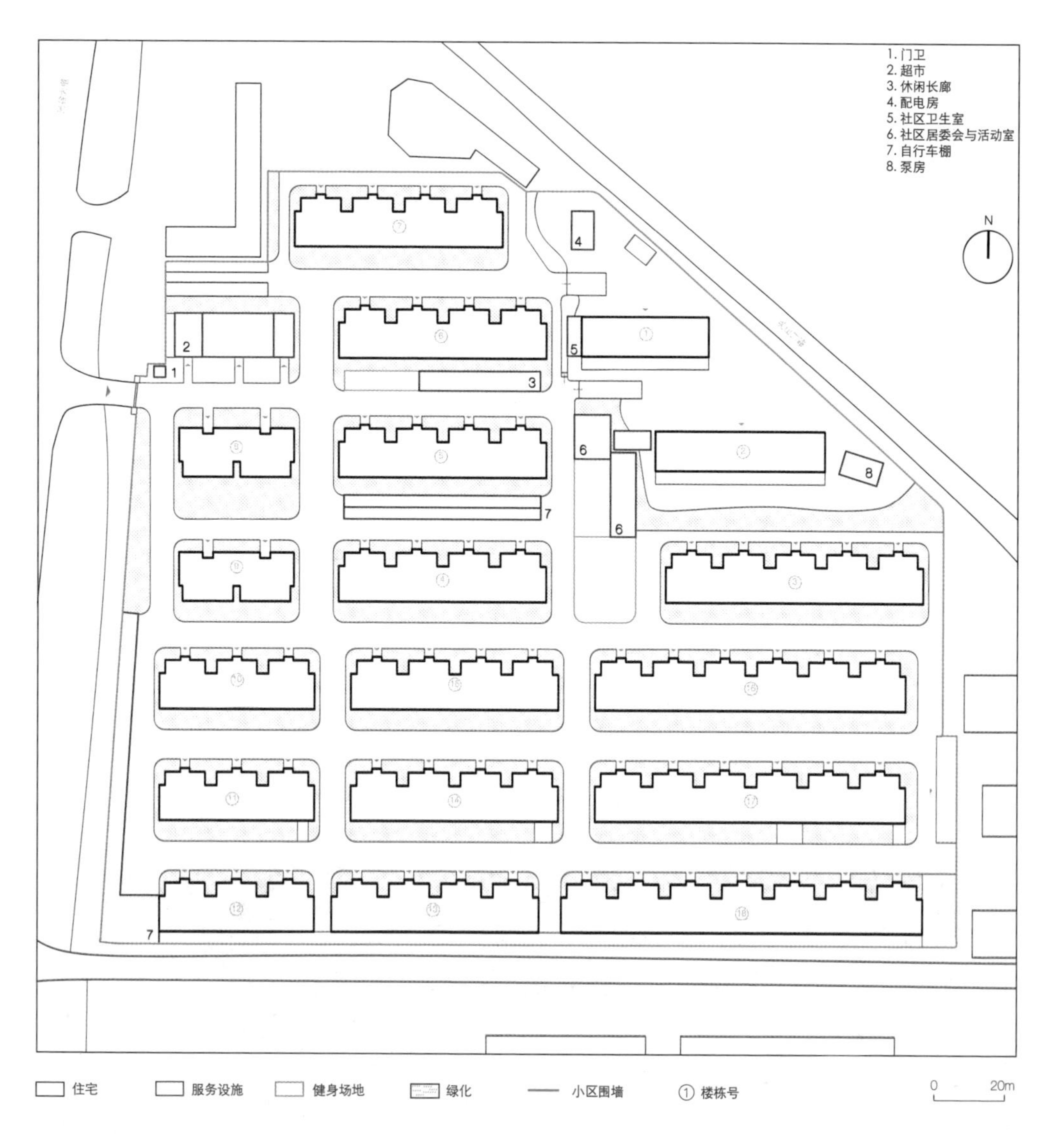

图 2.47 葛光小区总平面图（2018）
来源：曹筱袤、周韵诗、高亦卓和程婧如校勘绘制

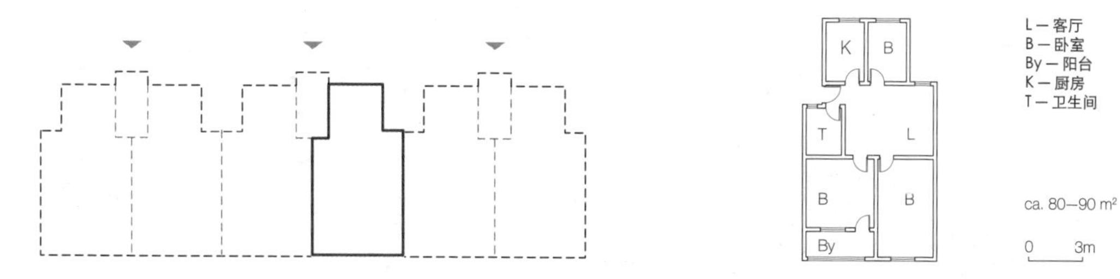

图 2.48 葛光小区典型居住单元
来源：程婧如绘制

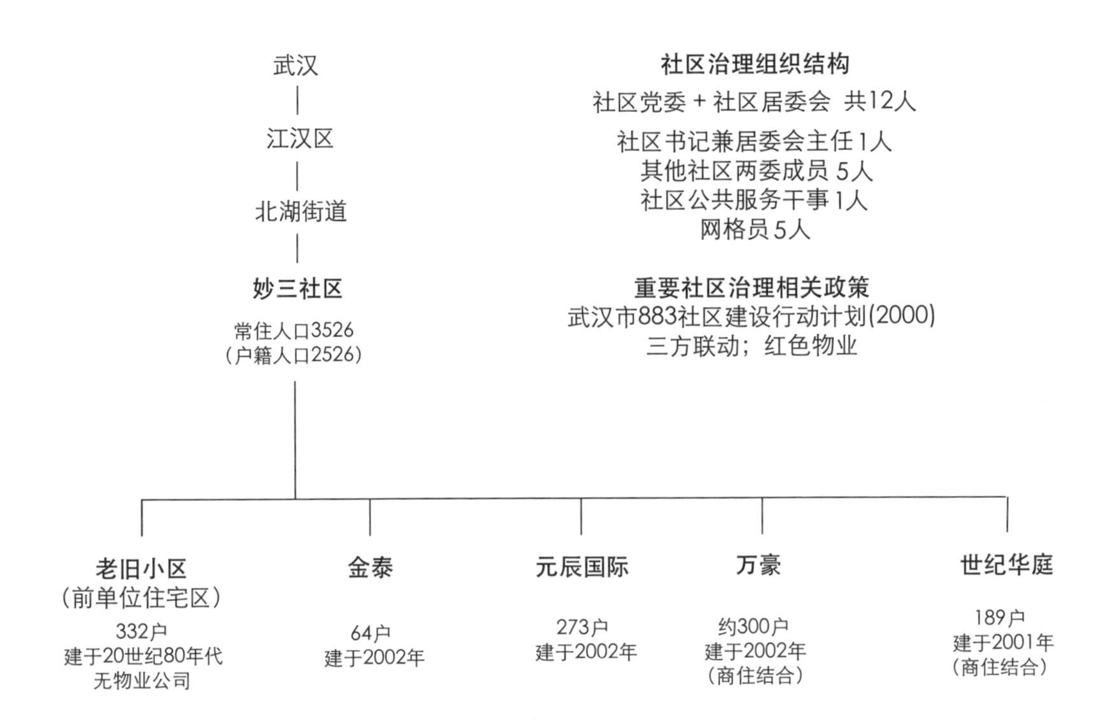

图 2.49 武汉妙三社区行政架构（2018 年）
来源：程婧如绘制

图 2.50 武汉妙三社区，2018 年
来源：谷歌地球

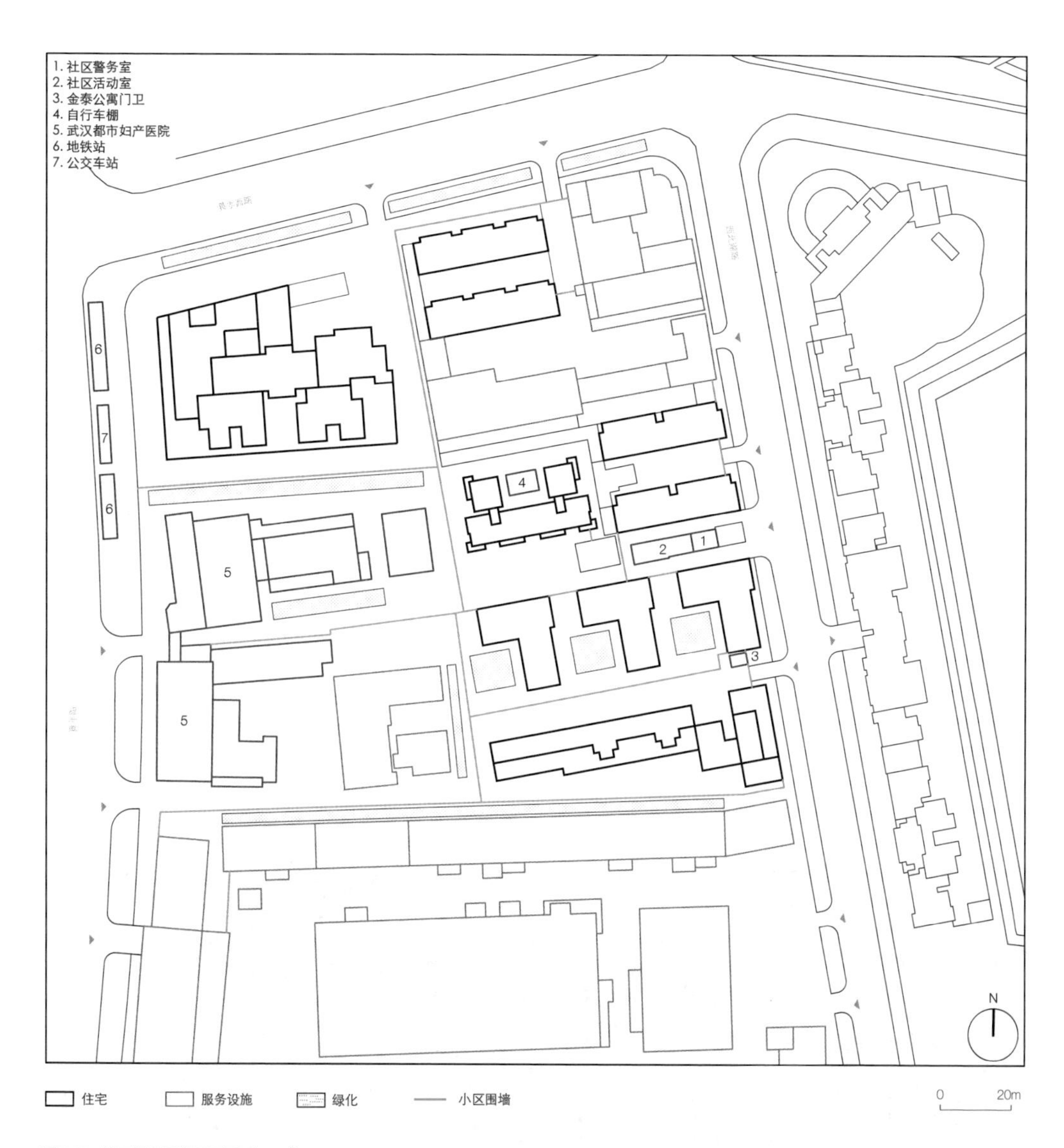

图 2.51 妙三旧小区总平面图（2018）
来源：曹筱袤、程婧如校勘绘制

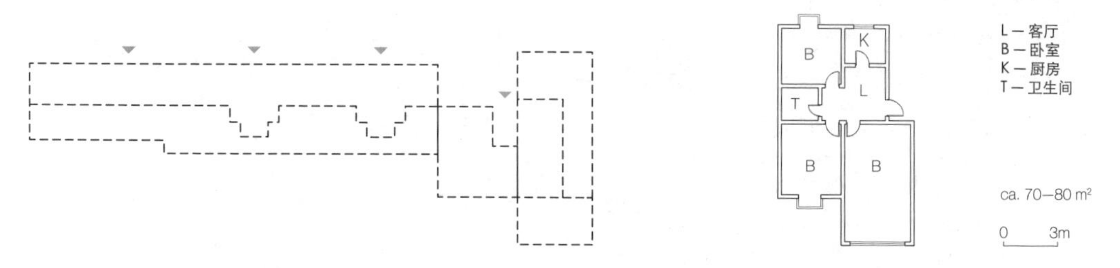

图 2.52 妙三旧小区典型居住单元
来源：程婧如绘制

北京

朝阳区

左家庄街道

新源西里社区

单位改制社区
2047户
常住人口 5100
(户籍人口 3820)
老年居民比例约 30%

23栋住宅楼；建于20世纪80年代初期
出租率约 35%
产权相关方超过10个
无业委会；物业公司超过16个

中街小区 **东街小区**

社区治理组织结构

社区党委
+ 社区居委会
+社区服务站 共11人

社区书记兼居委会主任
兼服务站站长1人
以上组织副职 3 人
其他社区工作者 7人
(网格员由区一级指派管理)

重要社区治理相关政策

全要素小区

图 2.53 北京新源西里社区行政架构（2018）
来源：程婧如绘制

图 2.54 北京新源西里社区，2018 年
来源：谷歌地球

0 100m

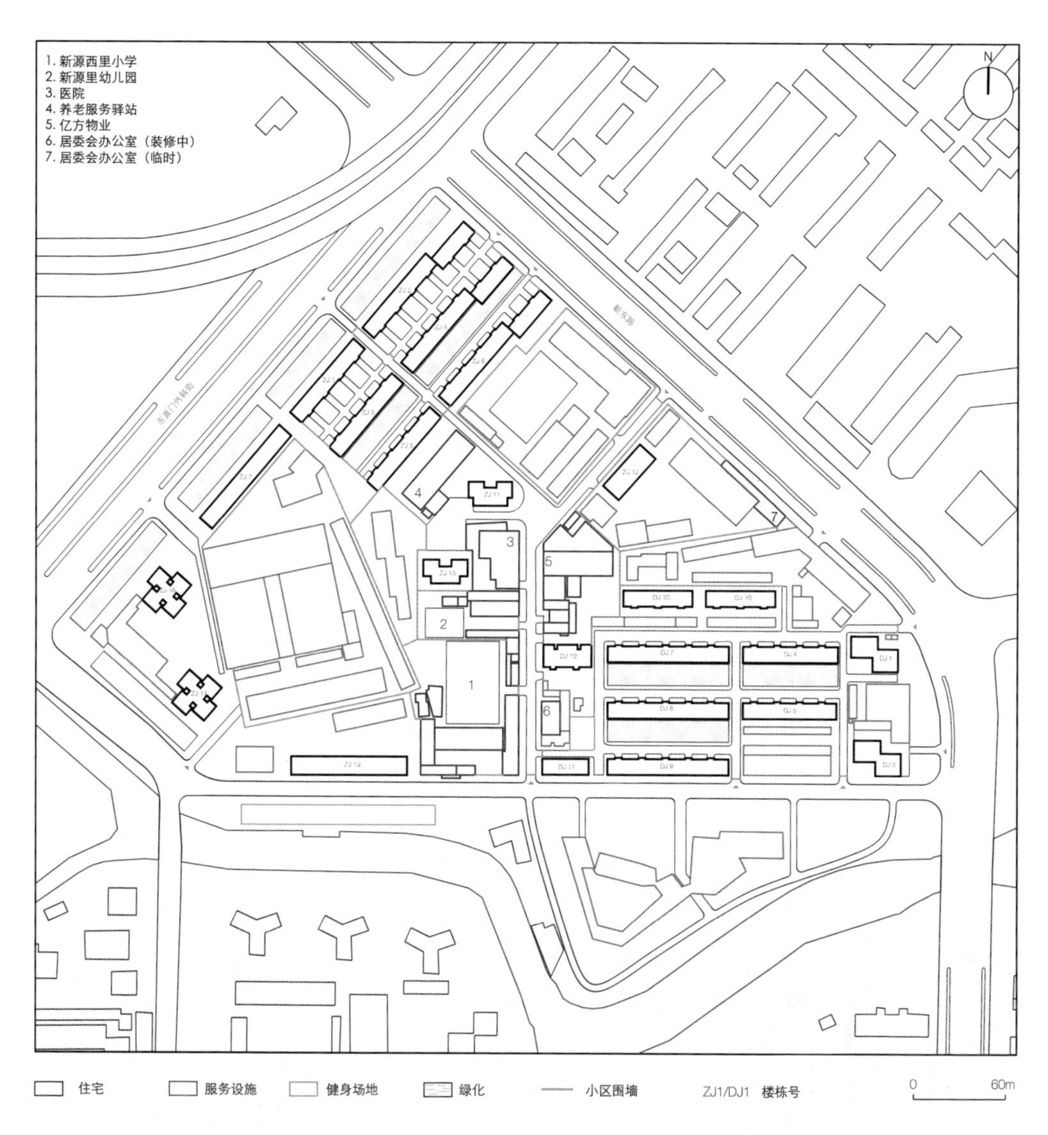

图 2.55 新源西里社区总平面图（2018）
来源：由超级建筑事务所提供底图，陈鹏宇、程婧如校勘绘制

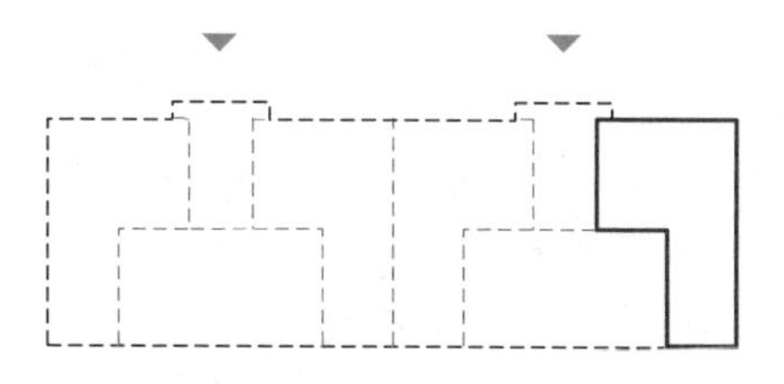

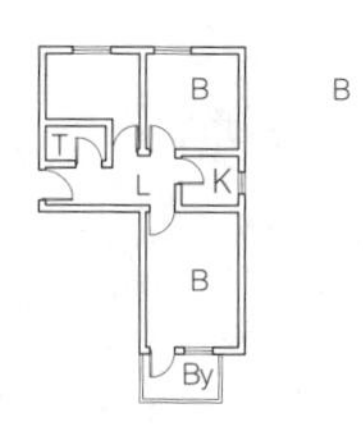

图 2.56 新源西里社区典型居住单元
来源：程婧如绘制

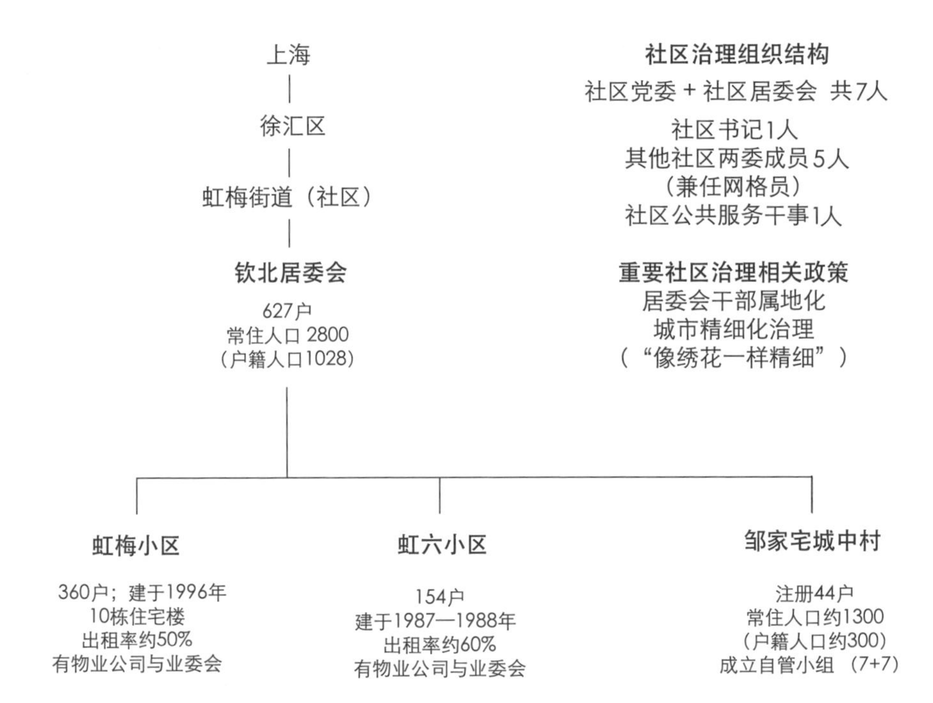

图 2.57 上海市钦北居委会行政架构（2018）
来源：程婧如绘制

图 2.58 上海钦北居委会下属小区（2018）
来源：谷歌地球

图 2.59 虹梅小区总平面图（2018）
来源：张润泽、程婧如校勘绘制

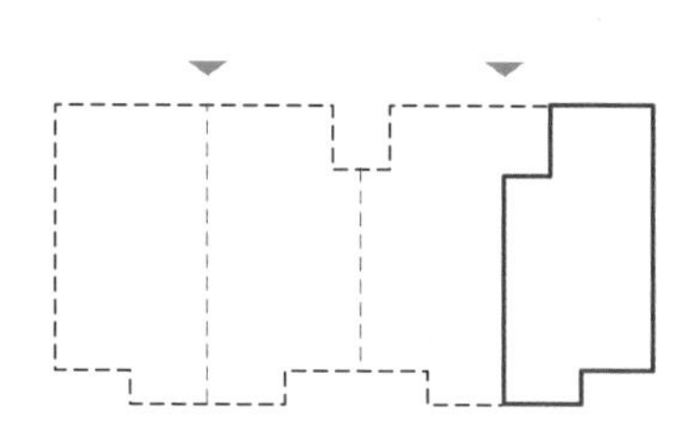

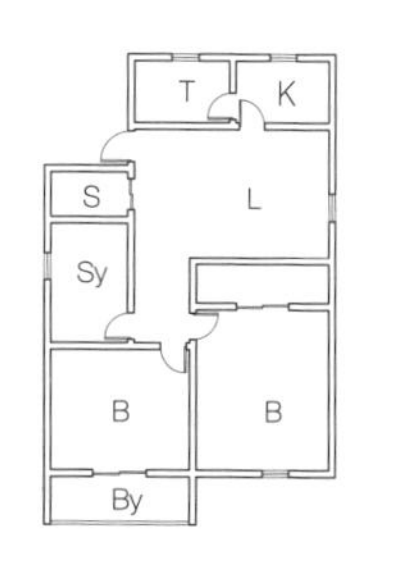

图 2.60 虹梅小区典型居住单元
来源：程婧如绘制

总结比较

通过对这些建筑案例，及其由单元 (unit) 至单元群 (unit cluster)、建筑单体 (building) 和城市街区 (urban block) 的模块化组织形式的对比分析，相似性和差异性得以被呈现出来（图 2.61）。首先，在石骨山的公社住宅案例中，其模块性 (modularity) 源于一个大的中央空间（客厅）和两侧的小房间（卧室）的组合，这在一定程度上传承了中国传统建筑细胞式 (cellular) 的空间组织形式。然而，由于每个居住单元的卧室是酌情根据家庭规模及其需求分配的，于是造成了不规则单元的产生并使之与邻近单元连环相扣，因此每个“细胞”之间的关系 (cell-to-cell relationship) 又是非传统的。而在番禺公社沙圩居民点的案例中，住宅单元的设计不考虑各个家庭的具体需求，完全取决于集体居住模式，并遵循单一复制的原则以确保空间的高效性。然而，在以上两例中，我们都能从建筑的整体布局分辨出中央空间辅以双侧翼的组织方式。这表明，建筑和居住单位尺度的模块性都被用以强化住宅的社会属性。

相比之下，在哈尔滨量具刃具厂的案例中，城市单位住房在共享的中央空间和属于个体的相邻空间之间没有体现出明显的空间层级。其建筑设计更多地着眼于提高空间使用效率，以形成一个更大的邻里整体。在武汉钢铁公司的案例中，街区布局的重要性表现得尤为明显，清晰地展示了一种苏联风格的城市街区布局。在这种布局中，建筑单体通过组合定义了一系列层次分明的共享（公共）空间。在这两例中，模块性被应用于居住单元和建筑单体尺度，以便创建可有效重复的标准平面。

与此形成对比的是，华中科技大学的住房以及当代小区的住宅设计展示了一种更偏技术导向和环保导向的建筑组织方式。所有的建筑都采用平行布局，以便获得最佳采光。这些住宅区均被围墙和大门隔开，所以与城市形态 (urban morphology) 的联系并不紧密。在这样的城市形态下，“公共空间”和景观的重要性有所降低。另外，从房间到建筑单体尺度的各种构成要素重复性极高。单位和小区住房在平面布局方面的一个明显区别在于，当代小区单元面积逐步增加的同时每个交通核所连接的单元数量在不断减少，其目的是提高居住单元的私密性并使共享面积最小化。因此，从住房及其周边环境设计思路的变化中，可以观察到，住房设计已经从一种日益集体化但允许空间多元变化的模式转变为一种逐步私有化和重复性的模式。

致谢

北京、上海和武汉的城市社区和小区研究由英国社会科学院（British Academy）基金项目“集体形制：中国街区转型、治理空间化和新型社区”资助，项目主持萨姆 · 雅各比。英国建筑联盟学院 2016—2017 年度武汉访校由萨姆 · 雅各比和程婧如联合主持，并得到华中科技大学建筑与城市规划学院副院长、建筑系主任谭刚毅教授的鼎力支持。我们对所有协助人民公社和单位大院案例研究的导师和工作坊参与者表示诚挚的感谢。导师：曹筱袤、王禹惟、劳尔 · 阿维拉 · 罗约（Raül Avilla Royo）、瓦莱里奥 · 马萨罗（Valerio Massaro）、陈芊、艾登、汤诗旷、袁榕蔚、宋雅婷。

注释

1. 1983 年 1 月 2 日，中央政府发布《当前农村经济政策的若干问题》（http://www.reformdata.org/1983/0102/7467.shtml）。
2. 需注意，这里“职工”指“在全民所有制和城镇集体所有制企业、事业单位以及各级国家机关、人民团体中生产或工作，并由其支付工资的人员（包括在农村人民公社一级管理机构中工作并由国家支付工资的干部）”（详见：国家统计局 . 中国统计年鉴 1981[R]. 北京：中国统计出版社，1982.）。
3. 第一个五年计划于 1953 年开始实施，着重发展重工业。

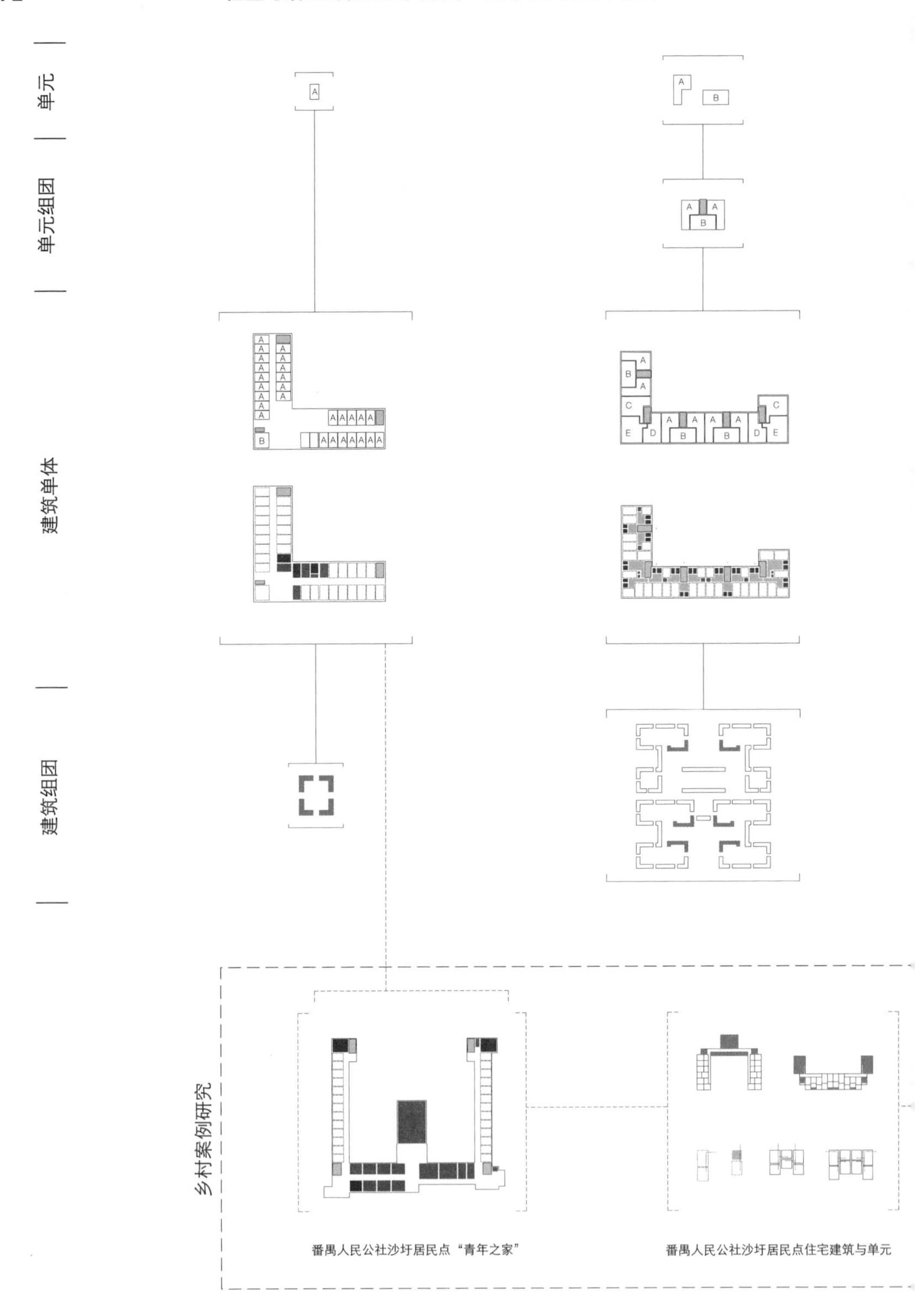

图 2.61 人民公社、单位大院和当代小区案例研究比较矩阵
来源：程婧如绘制

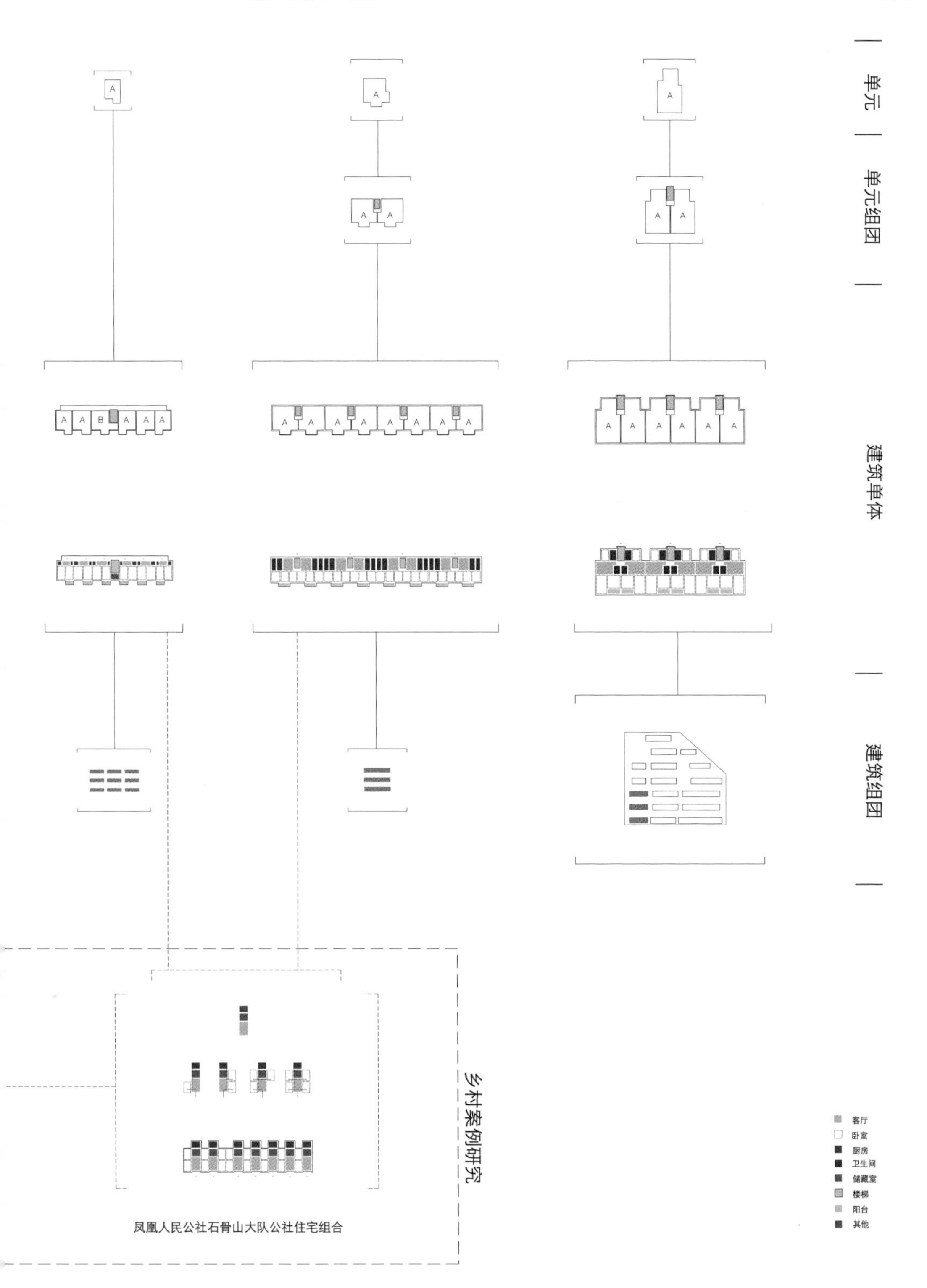
A
A A
A A B A A A
A A A A A A A A
A A A A A A
乡村案例研究
凤凰人民公社石骨山大队公社住宅组合

单元
单元组团
建筑单体
建筑组团

客厅
卧室
厨房
卫生间
储藏室
楼梯
阳台
其他

参考文献

国家统计局 . 中国统计年鉴 1981[R]. 北京：中国统计出版社，1982.

中央人民政府 . 中华人民共和国土地改革法 [R]. 1950.

Lu D (2006). Remaking Chinese Urban Form: Modernity, Scarcity and Space, 1949-2005. London: Routledge.

Skinner W G (1965). Marketing and Social Structure in Rural China: Part III. The Journal of Asian Studies. 24(3), 363–399.

Yang C K (1959). Chinese Communist Society: The Family and the Village. Cambridge, MA: The MIT Press.

Shapiro M (1958). People's Communes in China. Marxism Today, 2 (12) (1958), 353–361.

Cheng C Y (1959). The People"s Commune. Hong Kong: Union Press.

Hudson G F, Sherman A V Zauberman A (1959). The Chinese Communes. London: Soviet Survey.

Hughes R (1960). The Chinese Communes. London: The Bodley Head.

People's Republic of China Ministry of Agriculture. (1960). People's Communes in Pictures. Peking: Foreign Language Press.

Strong A L (1960). The Rise of the People's Commune in China. New York: Marzani and Munsell.

Tang P S H (1961). The Commune System in Mainland China. Washington: Research Institute on the Sino-Soviet Bloc.

Chow C W (1961). Criticism on People"s Communes. Hong Kong: Continental Research Institute.

Robinson J (1964). Notes From China. Oxford: Basil Blackwell.

Crook I, Crook D (1966). The First Years of the Yangyi Commune. London: Routledge & Kegan Paul.

Chen C S (1969). Rural People's Communes in Lien-Chiang: Documents Concerning Communes in Lien-chiang County, Fukien Province, 1962–1963. Stanford, CA: Hoover Institution Press.

Galston A W, Savage J S (1973). Daily Life in People's China: Inside the New China With an American Family that Lived and Worked on a Commune. New York: Thomas Crowell Company.

Wu C (1975). Report from Tungting: A People's Commune on Taihu Lake. Beijing: Foreign Language Press.

Chu L, Tien C Y (1975). Inside a People's Commune: Report From Chiliying. Beijing: Foreign Language Press.

辛逸 . 试论人民公社的历史地位 [J]. 当代中国史研究 , 2001(03): 27-40.

贺雪峰 . 试论 20 世纪中国乡村治理的逻辑 [J]. 中国乡村研究 , 2007: 157–173.

Gilbert A (1982). Urban and Regional Systems: A Suitable Case for Treatment?. In: Gilbert, A. and Gugler, J., eds. Cities, Poverty, and Development: Urbanization in the Third World. ed. Oxford: Oxford UP, 162–197.

华南工学院建筑系（现为华南理工大学建筑学院）. 广东省番禺人民公社沙圩居民点新建个体建筑设计介绍 [J]. 建筑学报 , 1959(02): 3-8.

Perry E J (1997). From Native Place to Workplace: Labor Origins and Outcomes of China's Danwei System. In: Lü, X. and Perry, E. J., eds. Danwei: The Changing Chinese Workplace in Historical and Comparative Perspective. Armonk, NY: M. E. Sharpe, 42-59.

Yeh W H (1997). The Republican Origins of the Danwei: The Case of Shanghai's Bank of China. In: Lü, X. and Perry, E. J., eds. Danwei: The Changing Chinese Workplace in Historical and Comparative Perspective. Armonk, NY: M. E. Sharpe,60-90.

宋传信 . 城市人民公社的兴起与终结—以北京为例 [J]. 当代北京研究 , 2010(04): 43–49.

李颖春 . "新村"——一个建筑历史研究的观察视角 [J]. 时代建筑 , 2017(02): 16–20.

汪定曾 . 上海曹杨新村住宅区的规划设计 [J]. 建筑学报 . 1956(02): 1–15.

梁智勇 . 成为"完整的人"—— 20 世纪初期上海基督教青年会的"模范村"探索 [J]. 新建筑 , 2018(05): 34–37.

Whyte M K, Parish W L (1984). Urban Life in Contemporary China. Chicago; London: University of Chicago Press.
Lü X, Perry E J eds. (1997). Danwei: The Changing Chinese Workplace in Historical and Comparative Perspective. Armonk, NY: M. E. Sharpe.
周翼虎 , 杨晓民 . 中国单位制度 [M]. 北京 : 中国经济出版社，2002.
Frazier M W (2002). The Making of the Chinese Industrial Workplace: State, Revolution and Labour Management. Cambridge: Cambridge University Press.
李汉林 . 中国单位社会 [M]. 上海：上海人民出版社，2004.
Bian M (2005). The Making of the State Enterprise System in Modern China: The Dynamics of Institutional Change. Cambridge, Mass.; London: Harvard University Press.
Bray D (2005). Social Space and Governance in Urban China: The Danwei System from Origins to Reform. Stanford, CA: Stanford University Press.
Zhang J, Wang T (2001). Part Two: Housing Development in the Socialist Planned Economy from 1949 to 1978. In: Lü, J., Rowe, P. G. and Zhang, J., eds. Modern Urban Housing in China, 1840-2000. Munich; London: New York: Prestel.
Bonino M, De Pieri F (2015). Beijing Danwei : Industrial Heritage in the Contemporary City. Berlin: JOVIS Verlag.
Rowe P, Forsyth A, Kan H (2016). China's Urban Communities: Concepts, Contexts, and Well-Being. Berlin, Boston: Birkhäuser.
Lü J, Shao L (2001). Part Three: Housing Development from 1978 to 2000 after China Adopted Reform and Opening-up Policies. In: In: Lü, J., Rowe, P. G. and Zhang, J., eds. Modern Urban Housing in China, 1840-2000. Munich; London: New York: Prestel.
赵蔚 , 赵民 . 从居住区规划到社区规划 [J]. 城市规划学刊 , 2002(06): 68-71.
刘思思 , 徐磊青 . 社区规划师推进下的社区更新及工作框架 [J]. 上海城市规划 , 2018(04): 28-36.

第二部分　集体形制

03 / 改革开放前的中国农村基层治理 [1]

贺雪峰
武汉大学社会学院

毫无疑问，20 世纪中国乡村治理的基本问题，是承接 19 世纪中国回应西方挑战而不得不现代化而来的问题。这个问题展开来说就是国家能否通过政权建设，建立起一个可以深入农村基层社会的组织体系，从而能够从农村有效抽取用于现代化事业的资源。具体可以展开为两个指标，一是组织体系能力，二是抽取资源数量。较强的组织体系能力可以抽取较多的农村资源用于国家现代化的目标。较弱的组织体系能力在强制抽取较多资源时，不仅会造成严重的政权合法性丧失的后果，而且抽取出来的资源被中间层大量消耗，产生如杜赞奇所说的政权内卷化的后果。温铁军认为，20 世纪一百年的工业化几乎都是由政府主导的，都要面对如何从高度分散的小农经济提取剩余的问题，也就是说，“谁能够解决政府与小农之间交易费用高到几乎无法交易的矛盾，谁就成功”。（温铁军，2001）温铁军的意思很明确，国家能够低成本地从农村抽取资源，是实现工业化的前提，否则，国家就不可能有效回应西方的挑战。而除了英美等工业化超前的国家更多依靠新兴资产阶级和市场外，德、日、法等工业化置后的国家，以及今天广大的第三世界国家，工业化一定要靠国家权力强制从农业抽取剩余来实现。

具体地说，为了回应西方挑战，中国不得不向现代的民族—国家转型，并进行国家政权建设。国家政权建设首先需要改变传统国家“无为而治”的状况，进而建立起强有力地向农村延伸的基层组织体系。不过，在缺乏现代技术条件的情况下，试图建立起强有力的抽取农村资源的基层组织体系，绝非易事。强有力的基层组织体系的建立，往往是国家政权建设的成果，而非原因。考量中国的现实国情，一方面是小农数量庞大，高度分散，剩余很少，另一方面则是农民的国民意识并未确立，却囿于一个个传统的村庄和宗族群体之中，当中国是由一个一个以宗族等传统组织为单位的沙子组成的一盘散沙时，国家借以从农村提取资源的基层组织体系，更加难以有效建立起来。如果不从国家与农民关系的方面着手，我们将难以理解近代以来国家政权建设的成效，同时也就难以理解 20 世纪中国乡村治理及其变迁的逻辑。

真正完成国家政权建设，并能够从农村社会有效抽取资源，是新中国成立以后的事情。新中国成立以后不久，在农村建立人民公社，通过政社合一的制度，将农民有效组织了起来，并因此完成了从农村抽取资源进行现代化建设的任务。20 世纪 80 年代开始，中国已经建立了完整的国民经济体系，农村经济占国民经济的比重越来越小，国家越来越不依赖于从农村抽取资源来进行现代化的建设。以承包制为开端的农村体制改革，很快就由经济体制到行政体制。至 1984 年，人民公社解体，乡镇人民政府成立，“乡政村治”的治理架构最终确立，国家将强有力地伸入农村基层的组织体系收缩回去。要深刻理解中国农村的改革，就必须深入讲究晚清以来中国开始现代化进程中从农村抽取资源与农村基层治理体制改变之间的逻辑关系。下面重点讨论改革开放前的两个重要时期的农村基层治理，一是新中国成立前的 20 世纪上半叶的中国乡村治理，二是新中国成立后的人民公社体制。

20 世纪上半叶的乡村治理

20 世纪上半叶，晚清至民国政府面临着同样的从农村社会抽取资源，以完成现代化的任务。从农村基层社会抽取资源的办法，就是扩张国家在农村基层的权力，尤其是通过建立新兴的行政组织，以获取兴建学校、扩大公共事业和用于国家其他现代化目的所需要的资源。

在传统中国社会，国家从农村抽取资源数额相对较少，与之配套，传统国家形成了相应的从农村抽取资源的制度，按杜赞奇的说法，这套制度中最为重要的，是协助国家从农村社会抽取资源的“地方政权并不是由想捞取利益但毫不负责任的赢利型经纪人，而是由社会精英所控制的”（杜赞奇，2002：51），地方社会精英的权威建立在权力的文化网络基础上。权力的文化网络包括不断相互交错影响作用的等级组织和非正式相互关联网。诸如市场、宗族、宗教和水利控制的等级组织以及诸如庇护人与被庇护者、亲戚朋友间的相互关系，构成了施展权力和权威的基础。在文化网络中，乡村精英出于提高社会地位、威望、荣耀并向大众负责的考虑，而

并不是为了追求物质利益而出任乡村领袖。（杜赞奇，2002：3）

仅仅依托传统的权力的文化网络，不足以从农村社会中抽取足够用于现代化建设的资源，于是国家权力在农村基层社会扩张，力图抛开旧有的权力的文化网络，重建新的国家在农村基层的政权体系。但事实上，抛开了旧的权力的文化网络，新建立起来的脱离传统的基层政权虽然从农村抽取资源的数量增加了，但这些从农村抽取出来的资源的相当部分，却被这个抽取资源的体系本身所消耗，而未能为国家财政做出像样的贡献。具体地说，国家为了从农村抽取足够资源，不仅在农村建立了正式的政权机构，而且依靠非正式的机构（典型是培育赢利型经纪）来推行政策，从而出现了国家政权扩张中的严重“内卷化”，“内卷化”的国家政权无能力建立有效的官僚机构从而取缔非正式机构的贪污中饱——后者正是国家政权对乡村社会增加榨取的必然结果。（杜赞奇，2002：51）因为政权的内卷化，使得国家财政收入的增加与地方上的无政府状态同时发生，农村社会的进一步被压榨乃至破产。最终，在取得现代性的成果之前，国家在农村基层合法性破产的严重后果，便吞噬了政权建设的所有成果。

也就是说，在 20 世纪上半叶，乡村治理的逻辑可以从两个方面展开，一是国家关心的从乡村社会抽取较多资源的目标及相应的将国家权力向乡村社会延伸的努力，二是乡村社会如何应对国家要求及如何展开自身的运转逻辑。因为 20 世纪上半叶本身的复杂历史（经历晚清、北洋政府、民国政府、日据时期）和区域差异，所以我们在本文中，只是简要描述 20 世纪上半叶乡村治理的逻辑线索。

在传统社会，一方面国家实行“无为而治”，农民税负不重，同时通过诸如摊丁入亩等改革措施，使得国家可以通过掌握土地来固定收取田赋。农村社会存在的权力的文化网络，使村庄社会容易形生保护型经纪，从而在国家从农村抽取资源与传统社会运转之间达成相对平衡。

进入 20 世纪后，国家试图通过基层政权建设，增加从农村抽取资源的数量。国家在农村建立的基层组织本身，也成为扩大向农村社会抽取资源的理由，一方面是基层组织本身需要有财政支出，一方面是国家往往难以控制基层组织中饱私囊的贪污行为。

为了从农村抽取足够的资源，国家延伸到农村的基层政权在传统的田赋以外，不断创造出新的税种和税源，但基层政权事实上无力向每个农户收取这些费用，简单的办法就是以村庄为单位进行摊派，即所谓的摊款。当国家以村庄为单位来收取摊款时，如果村庄具有强大的内聚力，或村庄内权力的文化网络仍在，则村庄领袖就会较为公正地按习惯向农户分摊款项。

但是，当国家无休止地增加从农村的资源抽取和基层政权越来越多的摊款，使村庄传统的权威领袖难以应对时，他们便退出了村庄政治领域。基层政权为了从村庄有效获取资源，而在村庄中寻找赢利型经纪，尤其是村庄中不受地方约束的“狠人”来充任国家与农民之间的税收经纪人，这样的“狠人”不是依据国家的法律，也不是依据村庄的习惯，而是依据个人利益，依据可以榨取资源的难易程度，来决定如何分派摊款。出自村庄内部的赢利型经纪加速了村庄传统文化网络的衰败，并激化了村庄矛盾，村庄分化加剧，弱势农民生存越来越困难。这样就极大地削弱了国家政权在农村的合法性。

我们可以将 20 世纪上半叶乡村治理的逻辑归纳如下：

1. 国家需要增加从农村社会抽取资源的数量，以回应西方的现代化挑战。

2. 为了有效抽取资源，也为了推进农村现代性事业的建设，国家权力向农村社会延伸，如晚清在农村实行乡镇自治，建立区、乡政府等基层政权。

3. 相对于庞大的分散农户来说，基层政权虽然拥有暴力（警察队等），却很难真正有效地伸入农村社会内部以从农村抽取资源。

4. 基层政权依托原有的村庄保护型经纪来抽取资源，并且按照村庄而非按农户摊派款项。

5. 如果基层政权可以依托既有系统收取更多税费，基层政权就有动力摊派更多款项，无论这些摊款是用于上缴县政府，是用于举办新政，还是用于中饱私囊。

6. 如果建立了有效的行政监察体系和正式的官僚化体制，区乡政府将较多的摊款用于建设新政，而如果只是建立了半官僚化的体系，则基层政权将较多的摊款用于补贴官方收入的不足。

7. 越来越多的以村庄为单位的摊款，使分派摊款的工作越来越不容易完成，村民越来越用各种办法拒绝交纳摊款，使得村庄内有权威的保护型经纪不再愿意担任这个苦差，村庄精英退出村政，村庄地痞占据村庄领导人的位置。村庄地痞借向农民征收摊款以获取个人好处，传统的村庄权力的文化网络被破坏，赢利型经纪进入村庄社会内部。

8．赢利型经纪的进入，使村庄更加缺乏约束基层政权的能力，基层政权通过鼓励赢利型经纪自肥，以从村庄获得更多摊款。村庄内部团结破裂，传统的内聚能力解体，村庄互助减少，村民应对生产生活风险的能力大大减弱，从而村庄更加破败，生产更加萎缩，提供税费退款的能力进一步降低。

9．村民越来越不能忍受基层政权和村庄赢利型经纪的掠夺，基层政权越是利用赢利型经纪压榨村民，政权的合法性因此就越低。

10．政权合法性越低，征收摊款就越不容易，就越是要给村庄赢利型经纪更多好处、更大权利和更多利益，就要用更多的资源去征收摊款，就要花费更多资源去养活从农村抽取资源的这些半官僚的及非政府的庞大群体，政权的内卷化就会越严重。

11．最终，在从农村抽取资源以建设现代事业的好处可以回馈农村之前，农民已经无法忍受农村中的破败和压榨，农民成为革命的力量以反抗这个政权。

通过研究 20 世纪上半叶和改革开放以来两个完全不同时期国家与农民的关系，我们可以发现惊人的相似之处，那就是，当国家从农村社会抽取用于现代化事业的资源时，其所借重的基层组织体系却出现了严重的内卷化，农民负担在快速增加，农村基本的生产生活秩序被快速破坏，而国家从农村中获取的资源只是略有增加。国家只是从农村中抽取了不多的资源，农民却付出了极大的代价，而基层组织借国家抽取资源的压力，形成了强固有力的利益共同体。在强固有力的利 益共同体面前，任何制度都趋于无效。

造成以上结果的原因大致有二，一是国家缺少对基层政权的监控能力，二是国家缺乏与小农进行交易的低成本的制度化手段，而国家缺少对基层行政组织的监控能力的原因，恰恰又是国家缺乏与小农进行低成本交易的制度化手段。

所谓国家缺乏与小农进行交易的制度化手段，是说中国农村，农户数量庞大，农民收入很少，国家几乎不可能与每户小农直接进行税费征收的交易。在传统社会，国家是通过书吏等国家经纪和以乡绅和地主为主导的相对自治的社会中的保护型经纪之间的平衡，来解决国家与农户之间的税赋交易。因为税赋较轻且稳定，配合与之适应的文化象征，国家以较低征收成本将不可免的皇粮国税收上去。但近代以来农村税费的大幅度增加，很快就将传统社会中相对平衡的国家与农民的关系打破，国家不得不借助暴力以及乡村社会内部的力量，采取特殊主义的办法，来获得较多的税费资源。两个时期的差异是，在 20 世纪上半叶，国家在农村建立的政权虽然暴力性较强（警察队用于收税），政权力量却十分松弱，离开村庄内部的力量，基层政权无法直接与小农交易。改革开放以后，国家政权的能力远较 20 世纪上半叶强，但中国社会主义政权的性质却不允许基层政权随便使用暴力，离开暴力的威胁，基层政权就不得不用说好话来获取资源了。

在国家缺乏与小农进行制度化交易手段的情况下，特殊主义就变得十分重要。特殊主义的前提是给基层政权以变通的空间。国家可以下达各种完成税收任务的指标，达标升级的指标乃至农民群体上访数（不能超过多少）的指标、不允许出现恶性事件的指标，却不能具体规定基层政权按照现代税制据实征收的制度，也不要指望如 2003 年农村税费改革后有些省市设收税窗口让农民自愿上门交税，即国家不能规定基层政权只能通过什么办法（说好话？采取强制措施？软硬兼施？上门征收？窗口征收？等等）来征税。

税收尚且如此，用于人民事业人民建的收费（在 20 世纪上半叶同样存在，如建新式学校、地方公共事业），就更是因时因事因地而宜，基层政权要有自主的空间。

一旦基层政权有了自主的变通空间，迫于国家提取资源的压力、自上而下达标升级的压力，以及基层官员获取政绩、谋取好处的动力，乡村利益共同体很快便得以形成，一旦国家对基层政权的监督失控，事情很快就会变得一发不可收拾。

人民公社具有一定合理性

相对来说，人民公社时期，国家从农村抽取大量资源，但基层政权较少腐败，干群关系相对缓和，国家政权没有陷入内卷化的困境之中。究其原因，正与人民公社的组织架构有关。

人民公社的组织架构，除“三级所有，队为基础”以外，还是一个政社合一的单位，通过人民公社政社合一，国家第一次将组织体系延伸到生产队——农村社会的最基层，因为生产队是集体所有制的人民公社的一个层次，国家可以有效掌握全国每个地区农村的实际情况，从而制定一个如毛泽东所说的“全国人民的生活水平每年应当提高一步，但是不能提得太高”的计划（毛泽东，1977：106），有计划地将农业生产增加的资源用于现代化建设事业。同时，国家也有能力通过人民公社向生产队征收公粮，提取用于现代化建设的资源。国家既然可以稳定地从生产队提取用于现代化建设的资源，国家就不会允许乡村之间结成一个上瞒国家、下欺农民的乡村利益共同体，也不会允许基层组织竭泽而渔。正是借助了人民公社制度，中国才成功地完成了国家政权建设的重任，并在自力更生的基础上建立起一个完整的现代国民经济体系，基本上实现了社会主义工业化的目标。

人民公社当然也有问题，尤其是作为其基础的生产小队，既是一个生产单位，又是一个分配单位，集体生产和共同分配，不利于调动农户的个体生产积极性。因此，在中国初步建立现代化的工业体系之后，改革开放之初，国家就通过分田到户，重建了以家庭责任制为基础的小农经济。

也正是因为人民公社时期完成了从农村提取资源建设现代化事业的目标，改革开放以后，国家才可以做到对农民的轻徭薄赋，也才可能在2006 年取消农业税。国家不仅不再从农村提取资源，反而开始规划实施以工哺农、以城带乡的建设社会主义新农村的战略。

结语

决定 20 世纪中国乡村治理状况的基本逻辑，是国家要找到有能力从农村大量抽取资源的组织手段。中国小农数量庞大而农民剩余收入却很少，农村情况十分复杂而国家事实上很难深入村庄的情况下，国家几乎不可能建立制度化程度很高的抽取税费的办法。特殊主义则使国家几乎不能控制基层政权各种正当或不正当地从农村抽取税费的行为，并且因为国家征税的压力，农村基层很快结成一个具有强大自我利益的利益共同体，这个利益共同体大量消耗了从农民那里抽取的资源，从而使国家陷入农民负担大大增加，国家税费收入却增加不多的政权建设内卷化的困境。国家为了完成从农村抽取资源以有效用于现代化事业的目标，就不得不重建一个坚强有力的基层组织体系，这正是人民公社得以产生的原因。

注释

1. 本文节选自《试论二十世纪中国乡村治理的逻辑》，原载于黄宗智主编《中国乡村研究》总第 4 期。

参考文献

杜赞奇．文化、权力与国家 [M]. 南京：江苏人民出版社，2002.
毛泽东．毛泽东选集（第五卷）[M]. 北京：人民出版社，1977.
温铁军．百年中国，一波四折 [J]. 读书，2001,(3): 3-11.

04 / 集体视角下中国单位制度的空间原型与运作模式再探

肖作鹏[1]，刘天宝[2]，柴彦威[3]，张梦珂[4]

引言

单位制度是新中国成立后计划经济体制下最重要的社会资源分配调控制度安排（王沪宁，1995）。这项以国有企业事业单位主体为核心进行资源分配与社会管理的制度，深刻地影响到“国家—集体—个体”的互动（李汉林，1993；李猛等，1996），也让中国城市的空间与社会具有深刻的单位制度烙印。因此，即便单位制度随着市场转型与社会变迁而逐步退出历史舞台，但是 30 多年单位制度实践所沉淀下来的经济、社会、空间与思想遗产仍几乎无处不在地影响我们今天的城市建设与日常生活实践。单位制度因而被称为理解中国城市转型的钥匙（柴彦威，2009）。

在众多单位研究议题中，单位制度的起源与形成是开展相关研究的起点。尽管多个学科一直都在持续探索，但却常因未能清楚说明其制度原型而备受困扰。过往各方研究都在试图找寻单位制度与其他制度的“形似”、同源或同构关系，即寻找与单位制度及其实践相近的制度形态。其中，指向国外的有“新协和村”“法朗吉”等早期空想社会主义实验，日本的“新村主义”（丁桂节，2007；董炳月，2005）；指向国内的有中国的“家族”概念与宗法制度（李路路，2002）等；更近一点的指向是苏联模式的影响，共产党组织集体性的工人运动及劳工政策（Lü & Perry，1997），革命根据地供给制时期的经验（路风，1989）。但是，这种“形似”的理论范型研究只是推测其可能的思想来源或理论同源性，而没有发生学或制度学意义上的直接证据或推理充分表明单位制度的发展深受其影响。

1 哈尔滨工业大学（深圳） 建筑学院
2 辽宁师范大学 海洋经济与可持续发展研究中心
3 北京大学 城市与环境学院
4 瑞士洛桑联邦理工学院人文学院

因此，另一部分研究注重探讨单位制度的逻辑起源，即为什么单位制度会在中国彼时特定的社会经济环境中生长出来。刘建军（2000）使用社会总体性危机及社会经济总量的边际扩张来解释单位制度形成的合理性，田毅鹏与刘杰（2010）将之进一步拓展认为，单位制度根植于国家危机或者新中国成立后深层次的社会改造，卢端芳（Lu，2006）将之导入到空间层面，认为现代化指向下的物质短缺及积累不足形成了以单位为基础的空间策略。尽管这些研究试图从内部着手推理单位制度产生的逻辑起点，却没有很好地抽象出单位制度的起源及其范型折射的核心问题，即单位制度的出现从发生学的逻辑来看要解决的核心问题是什么；这种形成逻辑与制度原型是否仅适用于中国，还是也适用于其他环境。

针对上述谈到的问题，本文拟回归到“企业办社会”的说法，比较各地类似的制度实践，基于空间研究的视角、发生学的逻辑，研究单位制度的空间范型及其在中国的实践演进。

企业办社会：集体生产与集体消费的制度逻辑

“企业办社会”是人们所批判的单位制度的最大弊病之一，但批判之余较少真正有研究从学理上比较细致地研究“单位何以办社会”以及“单位如何办社会”。2011 年美籍历史学者卞历南出版专著认为，“企业办社会”可追溯到清末洋务运动以及抗日战争期间的社会危机。他认为，在社会物资匮乏、市场发展不足、通货膨胀严重以及社会动乱不堪等情况下，国营企业必须要设法提供各项社会公共服务以便组织正常的生产；这些企业供给的社会服务也是一种福利，提供给员工以留住人才并且稳定生产。其次，在如何办社会方面，以军工企业为例，不仅有宿舍与住宅、食堂、澡堂、子弟学校、医院以及消费合作社，还开办了农场以保证诸如猪肉和蔬菜等物资的供应来满足日常生活需要，甚至建立了集体公墓以及火葬场。兵工厂建立封闭性工厂管理社区的做法也扩张到其他行业。很多民族工商业企业，例如张謇的面粉厂与南通城等，也采用了这样的做法以满足工人日常生活。因此，在这些情形下，企业将社会福利（惠工事业）作为一种应然义务而不是慈善事业。

社会公共服务及福利产品由就业单位自己提供的这一特征是形成“企业办社会”集体化形态的重要因素。我们的研究发现，这种模式或多或少、或深或浅地存在于东西方很多社会经济与制度环境当中，如：① 各地工业革命刚开始期间，如工业革命时期英国的模范村（Model Village）、美国西进运动时期的钢铁及矿务公司的公司镇（Company Town）（Green，2010）（图 4.1，图 4.2）、日本明治维新后期工业化期间的社宅（厉基巍等，2010）、中国清末的洋务运动以及民国初期的工业建设的工业村；② 军事战争等特别危机情况下，如中国共产党早期革命根据地时期、中国抗日战争时期迁入大后方的工业建设、国民党败退台湾后建设的眷村（李思超，2021）、以色列建国运动时期的基布兹（Kibbutz）等；③ 公有制经济条件下市场被取消，如苏联推行农业集体化时期的农庄、我国的人民公社制度等；④ 市场失灵时期，如美国加州高科技企业决定自建企业社区以帮助员工应对房地产价格高涨的危机。

这些类似模式存在的社会经济与制度环境有一个共同特点，即市场未能发育、发育不足或者调节失败，必须通过企业或其他非市场型组织以一种集体化、组织化、计划性的方式提供社会服务与福利。这种说法契合了理论层面上的有关公共产品的供给研究。韦伯斯特（Webster，2003）认为，社区本质上是一种公共产品的俱乐部供给的契约，从而形成集体消费（Collective Consumption）。社区及其社区中的实体组织提供公共产品，是介于政府提供非竞争性的基础产品以及市场提供竞争性产品之间的第三条路径。在这里，单位可以理解成本单位社区成员所需公共产品的供给者，正如俱乐部供给，这些产品只是提供给本单位成员使用。从其演化路径来看，这些类单位形式的集体消费模式出现之初可能是因为全社会产品供给不足，而后这种集体化的自我供给的方式就被固定化或自我强化了，形成了单位社会的集体生活。

单位制度与中国的集体社会

新中国成立后，普遍国有化与单位化逐渐消除了市场化的物质供给（具体是社会主义改造），整个社会资源都纳入单位体制的条条块块的体系中去了。单位制度以其功能合一性、生产要素主体之间的非契约关系、资源的不可流动性等方面（路风，1989）塑造了以产品生产和劳动力再生产为核心的共性化生活方式，形成单位与外部的单位体系、单位内部的生产与生活等三个相互关联的循环机制。

(a) 英国伯明翰的模范村

(b) 西班牙 Nuevo Baztán 村

(c) 意大利克雷斯皮工业镇

图 4.1　各地方类似单位大院的空间形式的典型代表
来源：维基百科相关词条

(a) 加州早期的公司镇（左为生产区，右为生活区）

(b) 马萨诸塞州洛厄尔的 North Common Village

(c) 芝加哥 Marktown 现景

图 4.2　美国的公司镇（company town）
来源：https://www.businessinsider.com/company-town-historyfacebook-2017-9/

单位参与的基础循环

单位参与的基础循环主要是处理单位与外部单位体系以及国家的关系，具体包括初始投资安排以及后期运行期间的日常循环。初始投资建设单位的原动力是服从于国家现代化建设之下的行业、企事业布局，是单位体系下的延伸。1956 年颁发的《国务院关于加强新工业区和新工业城建设工作几个问题的决定》强调了单位的生活区要和工业区同步选址、及早规划以及同步建设，具体建设由上级直接主管部门联系城市政府或者相关单位划拨土地，从外单位调拨物资与人员。单位领导一般由上级管理部门任命，单位成员一般通过招工、分配等形式来组织，按照编办予以统一确定。在日常生产及生产管理方面，具体包括原材料的调配、产品的销售以及企业利润的管理使用等，也纳入整个大的生产体系之中。

因此，某一单位从设立的那一刻起，无论是建设之初的目的、物资、人员，还是建成后生产的产品或者提供的服务，都是在国家的单位体制以及社会经济大循环之中。同时，也应该注意到不同的单位由于存在隶属关系和行政级别的差异，在国家与单位之间的基础循环中往往形成差异化的资源获取能力。高级别和隶属重要部门的单位能获得更多的国家资源，因而具有更好的发展基础和生活条件。

单位内部的生产循环

生产循环发生在单位大院的产品生产空间，其构成包括厂房与办公楼组成的生产空间，以及库房、浴室、维修间和车库等构成的生产支撑空间。生产空间居于中心，支撑空间位于边缘。生产循环的目的是完成主管部门下达的计划任务和生产指标，完成相应的产品和利润。

单位内部的生产循环是劳动者、厂房与设备和原材料互动的结果，即按工业化流程将原材料转换为工业产品的过程，是机器性能、人的生理特征互动耦合的结果。此外，在生产循环部分还存在一个辅助性的循环，即生产设施的添置与维护。该循环是生产循环的支撑，是支撑空间与生产空间互动的表现（图 4.3）。

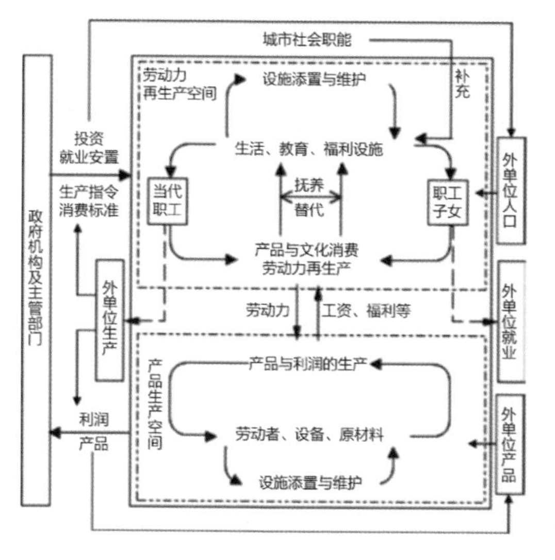

图 4.3　单位制度的内部循环机制

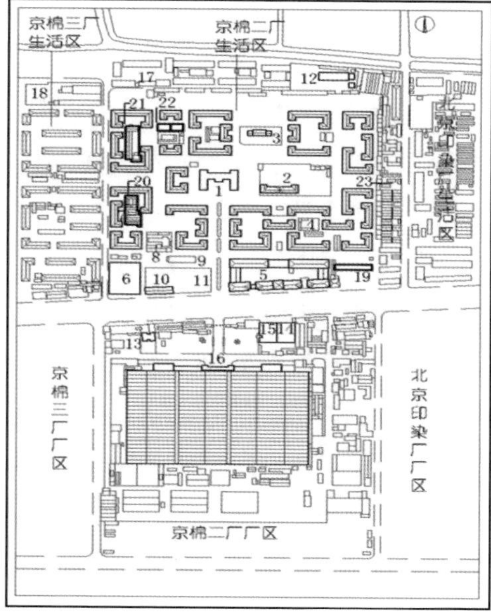

图 4.4　20 世纪 70 年代的京棉二厂
来源：张艳、柴彦威、周千钧，2009

图 4.5　20 世纪 70 年代的京棉二厂
来源：周千均摄

单位内部的生活循环

生活循环主要发生在单位大院的劳动力再生产空间，即通常意义上的生活区。从构成来说，该空间的设施包括居住、生活、教育和医疗等类型，分别从不同侧面满足劳动力再生产的需求。其中，礼堂 / 食堂、小学及幼儿园等公共空间居于中心，其他居住、生活及医疗等空间则位于边缘。

从具体循环来说，生活循环分为当代职工的生活循环、职工子女的生活循环和设施维护及增添三个部分。前两者是生活循环的主体部分，后者是生活循环的支撑与辅助。对单位大院来说，劳动力再生产空间提供了较为完善的生活设施，生活循环的空间过程在很大程度上发生在单位大院的生活区，而城市的社会职能仅起到补充作用。在这一空间，不仅可以完成当代职工的劳动力再生产，还可以满足下一代劳动力成长的需求。基于地缘和业缘的关系，居民之间相互熟知，进而促进了居民之间的社会交往。这对单位情结和地方感的形成具有重要作用。

内部循环下的社会关系

单位与外部体系的基础循环在所有循环中居于主导和支配地位。其作用不仅体现在单位大院空间的生成阶段，还体现在单位日常运转中主管部门的直接干预，既包括生产方面的指令，也包括生活方面的标准、思想教育的导向等，体现的是现代化建设系统与具体模块之间的关系。每个单位在其中作为计划经济体系的一个组成部分而存在和发挥作用。

生产循环与生活循环方面，前者处于支配地位。一方面，生活空间和生活循环的产生是生产循环派生的结果，即劳动力再生产空间的形成是为生产循环配套的结果，是生产项目的附属部分。另一方面，对当代职工而言，生活循环的具体展开也受到生产循环的支配。时空利用方面，单位职工的生活安排要以生产活动为中心展开，“三班倒”的工作节奏形成三种不同的时空间利用模式。物质互动方面，生活循环为生产循环提供劳动力（在外单位就业的单位职工家属则为相应单位的生产循环提供劳动力），并从生产循环中获得工资、福利等收益。这些收益不仅可以满足当代居民的生活所需，还构成了下一代劳动力培养的物质基础。这样就形成了当代职工循环和职工子女生活循环的互动关系。对职工子女来说，除了外单位就业、外出接受高等教育外，还存在代际之间劳动力的替代现象（又称顶替或接班），从而形成劳动力再生产的代际循环。在三次循环有序展开的过程中，每个单位成员以生产和生活实践的形式兑现自身的定位和职责，并同时实现了社会关系的生产与再生产。

所谓的“单位体制”就是由上述一个个单位在已有基础上不断建设、不断循环而得到加强的，一切资源都被单位体系所垄断性吸收、生产以及消费，市场的功能消失，企业办社会也从当初的选择变成了必然。在更大的社会层面，形成了“一切为了单位、一切依靠单位、从单位中来、到单位中去”的单位路线。不过，资源最终分配在各单位之中相互循环，因为公有制下的父爱主义、预算软约束以及生产激励机制不足等形成了低水平的重复生产的内卷化，无法带来社会经济增量的扩张，从而导致新一轮的社会危机与随之而来的去单位化。

结论与讨论

单位制度的基础范型，是单位研究的出发点。如何认识单位制度，也往往取决于出发点。我们的出发点是认为需要深入单位发生的语境与背景，从城市组织运行内部的核心问题入手加以回答，并且以动态的眼光刻画“单位”制度实践性质变化。

新中国成立后，在国家全能主义和“先生产、后消费”的思维下，以政府垄断下的单位进行社会组织与资源分配，不断弱化、替代甚至是取消了市场与社会的作用，单位制度也因此与计划经济体制绑定在一块，形成了单位与外部单位体系、单位内部相对封闭的自我生产生活的循环，这是单位制度范型在中国制度环境与语境下空间与社会产物，塑造了中国以单位为基础、以三层次封闭生活圈为特征的集体社会（柴彦威，1996）。这三重循环机制也可以说是单位制度在中国的根本运行方式。但是，回归到最基本的含义来说，“单位”本质上是组织机构，是人们的就业场所。在特定时期的历史环境，就业机构场所提供了各类公共服务与社会福利，具有社会组织的功能和属性，从而形成与人生老病死都紧密相关的“单位”。我们认为，这种“企业办社会”式的公共产品组织化提供方式是单位制度的原型。这种模式也出现在其他地方与时空环境之中。

值得注意的是，公共产品组织化的供给模式，无论在理论上还是在实践上都具有合理性。西方国家在社会转型过程与公共事务治理上，围绕“市场失灵”和“政府失灵”，逐步发展了多中心理论、俱乐部产品与公共产品的私人生产等理论。在改革开放前 30 年社区与单位大院建设在其间所起的作用，虽与现在市场条件下的多中心供给、俱乐部产品有很大差别，但是就公共服务而言，事实上形成了计划经济体制下的国有企业、机关和事业单位的分散供给与实体支持，相对克服了普遍性的供给短缺，增强了公共服务的生产与供给能力。单位制度后期出现的机会主义行为等，更是普遍存在“社区公共产品的私人生产”（参见周翼虎，杨晓民，1999；郝彦辉，刘威，2006）。随着去单位化的深入推进，单位与政府的社会性职能得到了双重剥离并且转移到市场与社会，城市与社区的公共服务短缺成为城市治理的重要问题之一。而在这个时候，我们需要在政府与市场之间寻求到多种方式提供公共产品。众多学者曾呼吁，政府、社区居民、社区组织公司机构、权力机关和非权力机关以及社会和市场等各行为主体共同管理社区公共事务，提高社区自治能力，积极应对公共问题（史云贵，2006）。因此，如何剥掉单位制度的外衣，回归分析单位制度的本质，并设法与当前中国城市制度环境结合，解决今日或未来城市社会建设中碰到的关键问题，将是我们城市政策非常值得关注的话题。

参考文献

王沪宁 . 从单位到社会 : 社会调控体系的再造 [J]. 公共行政与人力资源 , 1995(1):112-125.

李汉林 . 中国单位现象与城市社区的整合机制 [J]. 社会学研究 , 1993(5):23-32.

李猛 , 周飞舟 , 李康 . 单位 : 制度化组织的内部 [J]. 中国社会科学季刊 (香港), 1996,16(5):135-167.

柴彦威 . 以单位为基础的中国城市内部生活空间结构 [J]. 地理研究 ,1996,15(1): 30-38.

柴彦威 , 张艳 . 关于"中国城市单位转型研究" [J]. 国际城市规划 , 2009, 24(5):1.

丁桂节 . 工人新村: "永远的幸福生活"——解读上海 20 世纪 50、60 年代的工人新村 [D]. 上海: 同济大学 , 2007.

董炳月 . 最后的绿洲——今天的日本新村 [J]. 二十一世纪双月刊 , 2005, 4: 113-121.

李路路 . 论"单位"研究 [J]. 社会学研究 , 2002(5):23-32.

卞历南 . 制度变迁的逻辑——中国现代国营企业制度之形成 [M]. 杭州 : 浙江大学出版社 , 2011.

Lü X, Perry E (1997). Danwei: Changing Chinese Workplace in Historical and Comparative Perspective. Armonk: M. E. Sharpe.

路风 . 单位 : 一种特殊的社会组织形式 [J]. 中国社会科学 , 1989(1):71-88.

刘建军 . 单位中国 : 社会调控体系中的个人、组织与国家 [M]. 天津 : 天津人民出版社 , 2000.

Lu D (2006). Remaking Chinese Urban Form: Modernity, Scarcity and Space, 1949-2005. London: Routledge.

田毅鹏 , 刘杰 . "单位社会"历史地位的再评价 [J]. 学习与探索 , 2010, 4: 41-46.

Green H (2010). The company town: The Industrial Edens and Satanic Mills That Shaped the American Economy. New York: Basic Books.

厉基巍 , 毛其智 , 有田智一 , 秋原雅人 . 近代日本老工业城市发展过程中"社宅街"的形成、演变及改良 [J]. 城市发展研究 , 2010,17(05): 30-34.

李思超 . 乡村改造中的保护与活化——以台湾地区眷村为例 [J]. 河南理工大学学报 (社会科学版), 2021,22(3) : 40-44.

Webster C (2003). On the Nature of Neighborhood. Urban Studies, 40(13):2591-2612.

张艳 , 柴彦威 , 周千钧 . 中国城市单位大院的空间性及其变化: 北京京棉二厂的案例 [J]. 国际城市规划 , 2009(5):20-27.

周翼虎 , 杨晓民 . 中国单位制度 [M]. 北京 : 中国经济出版社 , 1999.

郝彦辉 , 刘威 . 制度变迁与社区公共物品生产——从"单位制"到"社区制" [J]. 城市发展研究 , 2006, 13(5) :64-70.

史云贵 . 中国政党"全能主义"治国模式及其政治现代化分析 [J]. 社会科学研究 , 2006(2):57-63.

05 / 三线建设的建成环境、空间意志与遗产价值

谭刚毅
华中科技大学建筑与城市规划学院

文本将 1964 年开始且贯穿三个五年计划的“三线建设”作为新中国成立后三十年最具特点的城乡聚落等建成环境之一进行形态、空间及其意义等建筑基本问题的探析。三线建设不仅是中国的一次生产力的布局，留下了大量的工业遗产，同时也明显受传统社会主义时期的行政意志影响，多按照公平主义原则和严格计划而建设，其建成环境与空间具有物质、政治、经济和社会等多重属性，是集体生活方式的一种空间范型，也是某种现代 / 民族的形式、“社会主义的内容”的探索。三线建设是国家和时代的重要记忆，其遗产化的研究以及保护和活化利用已经迫在眉睫。

一个国家持续十多年在欠发达的地区不仅投入巨资（人均投资超过其他地区数倍）（图 5.1），还从外地迁入数百万的工人、知识分子和官兵以及数千万的民工来进行大规模的建设，不难想像该建设（运动）在国家历史中的重要地位和深远影响，这便是中国的“三线建设”。基于战备的需要，防止所谓的核战争和帝国主义的再度入侵，中国在 1964 年至 1980 年，贯穿三个五年计划的 16 年中进行了大规模的国防、科技、工业和交通的基本设施建设，国家在属于三线地区的中西部 13 个省和自治区投入了占同期全国基本建设总投资的 40% 多的 2052.68 亿元巨资，全国各地的人民在“备战备荒为人民”“好人好马上三线”的时代号召下，跋山涉水，来到祖国大西南、大西北的深山峡谷、大漠荒野，用艰辛、血汗和生命建起了 1100 多个大中型工矿企业、科研单位和大专院校。“三线建设”改变了中西部的工业水平，改变了中国生产力的布局，也留下了众多的遗产。

三线建设的建成环境

调研三线建设的建成环境，除了如成昆铁路等大规模基础建设（图 5.2）和大型厂矿（图 5.3）等改造自然留下的山河印迹外，更多的是有着大烟囱

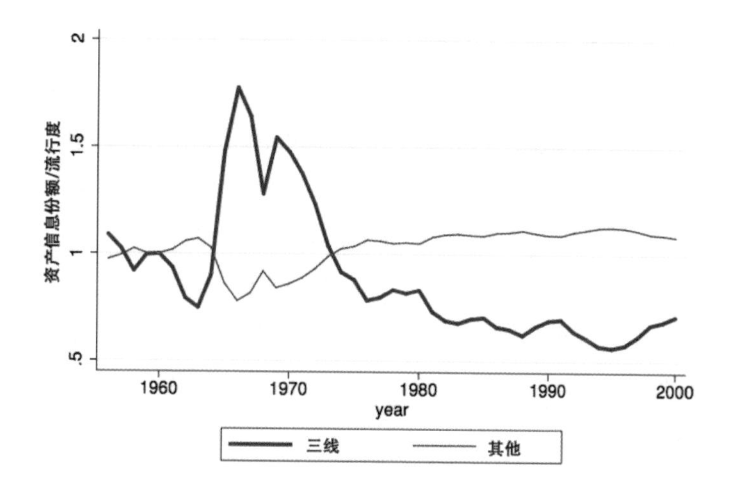

图 5.1　三线与非三线区域的投资强度
来源：Fan, J., & Zou, B. (2015). Industrialization from Scratch: The Persistent Effects of China's" Third Front" Movement. SSRN Electron. J. P.32,October 20, 2015 (根据中国国家统计局的 60 年统计摘要)

图 5.2 中国西南地区的交通动脉——成昆铁路　图 5.3　六盘水汪家寨煤矿 300 电厂

的大型厂矿、车间、厂房，还有跟当地的居住生活条件相比略好一点的职工宿舍或居住区，以及比较齐全的服务生活配套，如职工俱乐部、大礼堂、篮球场、子弟学校等，它们成为那个时代中西部城乡最具特点的聚落之一，不仅对当地的城乡形态产生了重要的影响，也重塑了民众的生活方式，这种影响绵延至今。

科斯托夫（S. Kostof）提出城市空间组织的两种模式（斯皮罗 · 科斯托夫，2005）：一类是所谓的随机城市，或者“地貌的”城市，通常是在没有人为设计的情况下“自组织”产生的，根据土地与地形条件，在日常生活的影响下逐步产生和形成的。另一类是经过规划设计或者“创造”出来的，这种空间组织在某个特殊的历史时期被确立下来，体现出一定的计划和清晰的目的性，代表着权力在城市空间中的运作。经过规划设计或者“创造”出来的城市可以以三线建设直接产生的攀枝花、六盘水、十堰等城市为代表（图 5.4）。本是山地不适合生产和建设的地方，经过强制执行“创建”出新的城市来。其他如重庆、襄阳等城市也因为三线建设而得到了发展，城市形态发生了重大的改变。三线建设中基于工业体系、生产基地布局和铁路等基础设施建设形成了众多的城镇群落（图 5.5），这些城市（镇）群的地理空间与经济空间相对应，其城市建设史和规划史的研究具有重要的填补空白的意义。

三线建设的布局选址以及厂房、住宅、公共建筑等的大规模建设是当时在极端条件甚至不适合建造的环境下进行的。当年“一厂多点”等布局方式被称为“羊拉屎”“瓜蔓式”“村落式”布局方式，我们在按照形态学（morphology）的方法关注其组团、街区外，更要关注其结构性的联系（tissue）（图 5.6）。靠山、进山、钻山等一方面对自然等造成了破坏，另一方面又在恶劣条件下积累了一定的减灾防灾的经验——这些都应该是特殊政治和社会原因所形成的建成环境的重要组成部分，对研究者而言，更可以从环境的改造以及人的行为方面来研究三线建设的布局意图和建成环境的呈现方式。

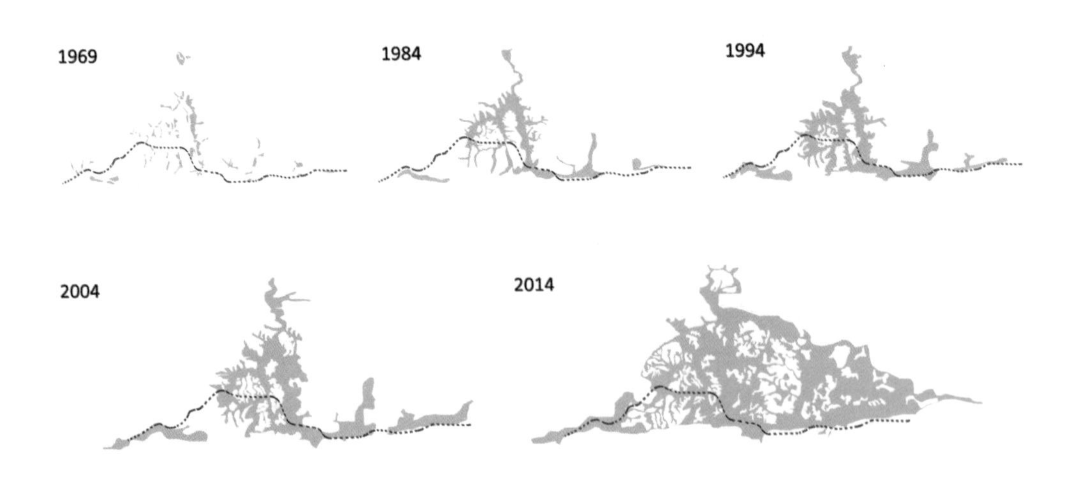

图 5.4　十堰市的城市建设发展历程

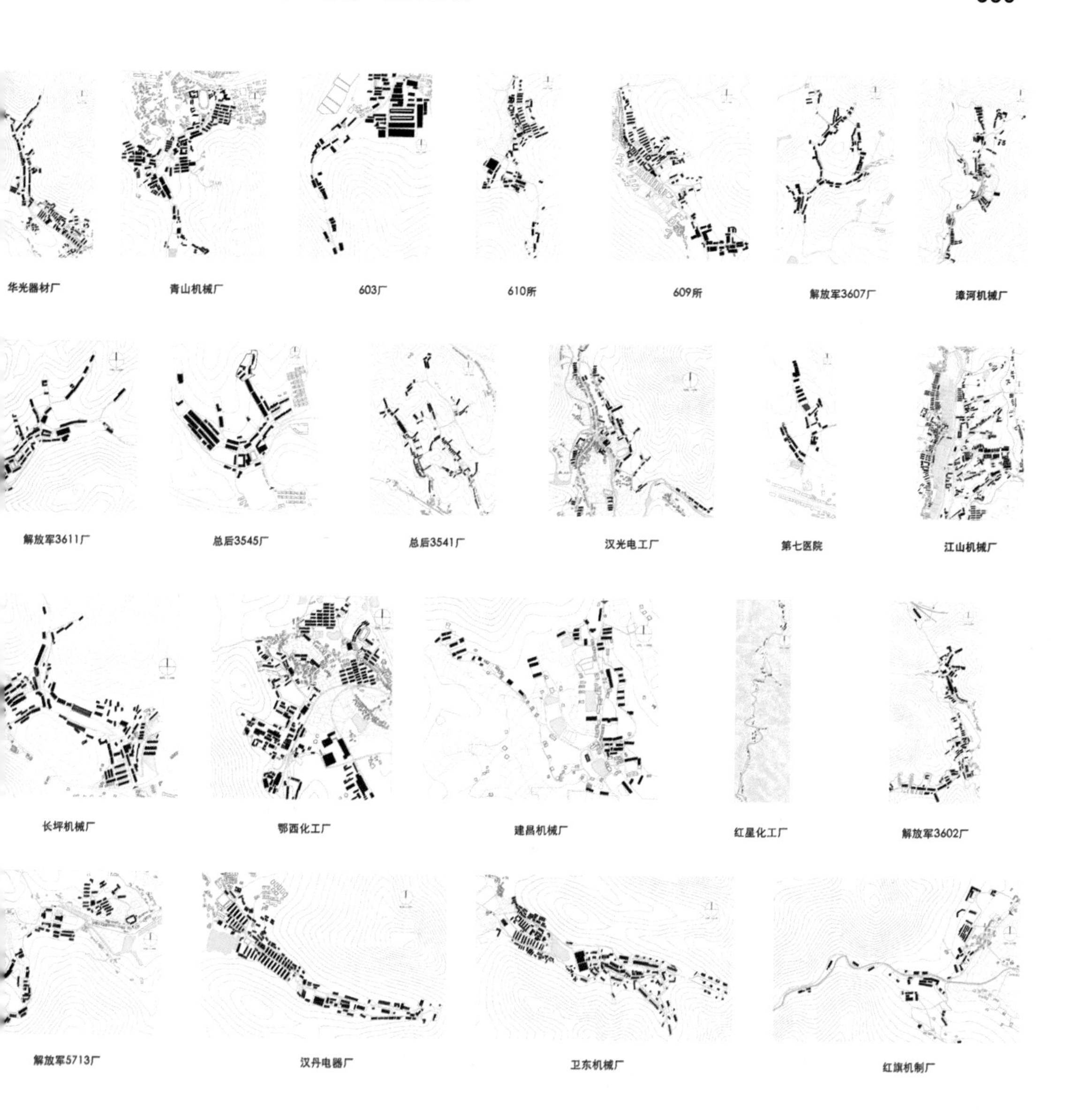

图 5.5　鄂西北的三线建设的总平面

三线建设的各工矿企业和科研院所也都属于“单位”，也都是在传统社会主义时期按照公平主义和严格计划的城市化原则而建设的。“单位”可谓是一项标准化工程，是城市重要基本单元，是最具中国特色的一种城市形态。三线建设的厂矿院所则是在偏远山乡“嵌入”的一个个单位社会，空间环境上“非城非乡”，但又呈现出“亦城亦乡”的特点，成为山乡、荒漠、城郊中有别于周边环境的特殊空间形态，具有明显的时代特性和产业特点。

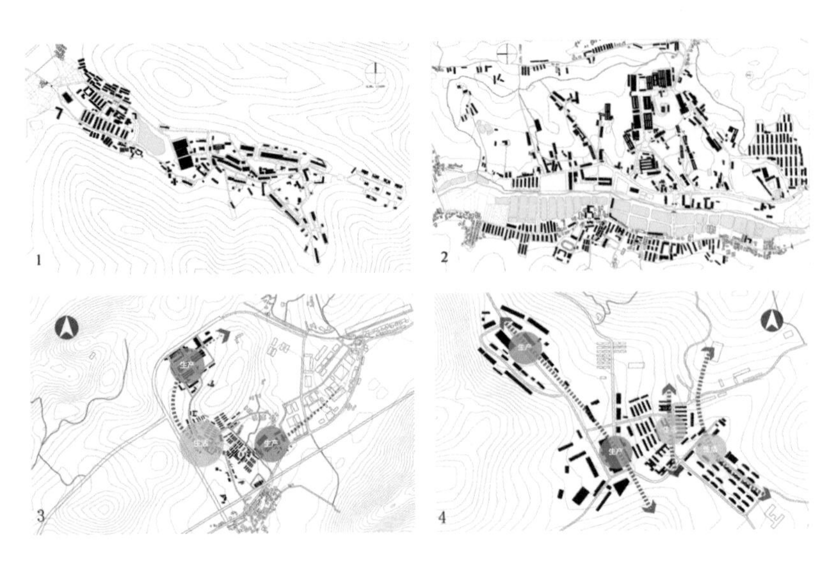

图 5.6 三线建设厂矿的典型布局平面
1. 卫东厂；2. 江山厂；3. 以云南煤机厂为代表的环形串联式三线遗存聚落形态；4. 以国营西南云水机械厂为代表的块状并列式三线遗存聚落形态

厂矿院所等“单位”的空间模式、建筑的形式语言、材料技艺都是我国社会主义建设时期的典型表现，反映出在当时经济困难时期“多快好省”的建设方针，三线建设的建筑可谓那个时代的典型代表。1952 年 7 月，在全国第一次建筑工程会议上，前辈学者共同商议并提出了“实用、经济、在可能条件下注意美观”的建筑方针。新中国成立后，在多年的建设过程中积累了大量的节约建筑材料等经济建设方式，以及在偏僻地区的建设过程中进行减灾防灾的经验教训。另外我国社会主义建设时期进行了建筑的“民族形式”等探索，还有所谓“苏式建筑”，也诞生了很多简练纯净的现代主义风格的建筑，这些在三线建设的建筑遗存中都有体现（图 5.7）。从临时的“帐篷”到最初的“席棚子”，再到“干打垒”的夯土房或石头屋——一种传统的建造技术被上升为“干打垒”精神（几乎与延安精神相提并论）（图 5.8），都反映社会主义革命后的一段时期基础设施曾一度没能跟上意识形态的发展，与当年的苏联颇为相似（Humphrey，2005），进行所谓的“民族形式，社会主义内容”的探索。新的“无产阶级之家”还不存在任何建筑上的范例，甚至没有任何房屋大小或内饰方面的准则。于是建筑师们不久就开始因陋就简，创造一些新的风格和工法，也让群众参与设计和建造，渐次树立起一些设计规格上的严格惯例。

三线建设的企业院所除了生产、居住的空间外，还建有各自的子弟学校（及后来的技校）、托儿所、电影院、篮球场、商店、菜市场等生活设施，其实就是一个无所不包的小社会，构成当地城乡的基本社会单元，是一个“社会浓缩器”。这种以某种制度维系的、生产和生活具有一定集体行为特点的社会单元被称为集体形制（collective form），既有实体机构或组织的性质，也指呈现的空间形态和相应的社会机制。

图 5.7 三线建设的各类建筑的形态
1. 二号办公楼；2. 国营西南云水机械厂——厂房；3. 238 厂——殡仪馆；4. 云南煤机厂——俱乐部；5. 816 生活区——园林；6. 816 生活区——消防；7. 国营西南春光光机械厂——宿舍；8. 国营西南长征机械厂——构筑物

图 5.8 “帐篷”“席棚子”“干打垒”与石头屋
（历史照片由中国三线博物馆提供；图 5.9-6 谭刚毅摄）
1. 帐篷；2. 芦席棚；3. 公棚宿舍；4. 干打垒；5. 二汽干打垒现场；6. 石头屋

作为集体形制的三线建设的建成环境及其意义的阐释实际上是一个文化范畴，它“不是功能的附加物，而正可能是最重要的功能”。从另一个角度讲，意义的本质就是文化，意义对人的行为的影响也即文化对人的行为的影响。这些当时社会的集体形制（生活方式）的典型代表，既是规划 / 建筑设计的产品，也是社会意志的投射，将空间形态的分析赋予社会、地理乃至经济等意义上的属性，解析其意义的“编码”。因而在社会意志、政治、经济与空间形态方面的关联研究将会是集体形制（尤其是新中国成立后三十年）研究中最具特点、最具挑战，且具有极大学术价值的部分。

类型建筑与空间的属性

建筑是展现权力、财富、政治信仰的工具，另一方面，建筑也影响着城市政策、权力变更等。两者一直都有着紧密的联系。整个历史有待由空间写就——同时也是权力的历史。“单位”是“福利国家制度”（welfare regimes）的产物。单位的福利在建筑的实体和空间上的差异与社会的分层和阶层的差异形成某种对应。“单位”复合了社会政治和经济意义，也为今天采用福柯分析统治合理性的治理术（governmentality）提供重要的样本，福柯的治理术对解析空间与权力的关系、聚落与社会福利等关系，以及三线建设的“单位”的居住建筑、公共空间和活动提供了重要的理论依据和方法。

居住建筑——生活空间

三线建设者们的住宅（或居住空间）由单位统一建设，遵循公平主义等原则进行分配。从简易的行列式的集体宿舍到公寓和单元房，从材料优劣到面积大小，经历了原始的平等分享到等级严明的住房分配（图 5.9）。形式多样的宿舍劳动体制，无论过去还是现在，均维持了相当的劳动力数量以及未能完成的无产阶级化进程，宿舍劳动体制为新工人阶级奠定了结构性的基础。

集体的居住方式造就了集体宿舍这种建筑类型和相应的公共服务设施，既成为一种空间模式（配置），也成为体现社会福利和社会主义优越性的一部分。集体生活都被那些经历的人视为一段宝贵的经历，成为那些没有自家公寓的人最主要的居住形式。在劳动力迁徙、房屋普遍紧缺以及

图 5.9　各种类型的集体宿舍
1. 816 生活区；2. 云南煤机厂；3. 大量废弃住宅；4. 国营西南高峰机械厂；5. 3545 厂院落住宅；6. 汪家寨煤矿一300 电厂；7. 云南机械二厂；8. 国营西南春光机械厂；9. 238 厂——单身宿舍；10. 云南蓝箭汽车厂；11. 3607 厂住宅；12. 国营西南东光机械厂

城乡流动压力等情况下，对于许多有理想抱负的流动居民而言，住在集体宿舍里变成了他们一个共同的人生阶段。“……这种以艰苦著称的居住体验其自身就包含一种益处：它是一个学校，教导如何与人相处、如何与自己做斗争、如何培养同志友情。”

住房分配政策虽然表面上宣称进步与平等，事实上它不仅仅是试图将工人们整合进一个个“劳动—生活社区”，更是一种政治操控。为了把某些更好（或更坏）的住宿条件匹配给工人们，住房的“紧缺”变成一个必要的工具。它更是试图计算和规划生活本身的最低标准（Humphrey，2005）。单位的住房分配成为福利待遇的重要指标。住房竞争不仅明确规定了房间的数量和大小，房间和住区提供哪些公共设施（如厨房、饭厅、托儿所、阅览室、洗衣间等）。在被压缩（最小化）的自我空间（自宅或卧室）中过一种集体的生活，成为一种激进的居住形态。

工业建筑——生产空间

“先生产，后生活”“先治坡，后治窝”。因而在那个时期生产性建筑和生活性建筑采用不同的材料和建造标准，生产性空间的建设既有技术上的应用和创新，也有经济和政治上的“赶超”等象征。在生产区，可以看到很多相互矛盾的现象，既有从国外进口的当时最高端的生产设备，也有自力更生、土法上马的项目。还有如三线建设中，基于国防安全、军事秘密等方面的考量，在本不适合于建设的环境中进行厂房生产流线的建设，一方面，这使得很多生产空间和流线组织不尽合理，另一方面，却又在困境中被迫“创新”，产生出更加高效的空间流线。

如果将住宅建筑作为单位和集体制度下的福利和空间治理成果，工业建筑（厂房）作为时代性或地域性技术的代表，那么三线建设的大礼堂等服务配套建筑则可以作为现代公共建筑的重要类型和集体生活的一个“容器”来进行研究。

“配套设施”——服务空间

作为厂矿单位配套的医院、学校和俱乐部（大礼堂）等则是单位提供的社会服务与福利设施，是人们生产和居住之外重要的场所，是另外一种集体生活的空间。娱乐共享空间以及“篮球场”等将周边的居住单元凝为一体，可以理解为“中心场”。在医院附近的小公园、居于中心的办公楼等核心组织凝聚着整个场域，中心场的具体做法和功能就是保存或提高已经存在的结构 (薛求理 , 1992)。由中心场而形成“权力域”（power field ），辐射到每一个“边缘”（peripheral）区域（谭刚毅， 2001），约束着每一个成员，成为典型的全景敞视建筑图式（panopticon）（图 5.10）。配置幼儿园、学校、医院和俱乐部等非生产性建筑（尤其在当时“先生产，后生活”的政策下），其实也是保障生产和提高效率之举，存在着众多的“模式语言”（图 5.11—图 5.13）。

同样在这里，集体所有的这些“公家”的建筑或空间，不完全是公私二元化，从“公”到“家”有着微妙的层级，在这些集体的空间场所的使用方式不同于一般的公共空间，或许称其为“集体”空间 （collective space）更为合适。

作为集体形制的三线建设

“毛泽东同志说，我们的方向应该逐步地、有次序地把工（工业）、农（农业）、商（商业）、学（文化教育）、兵（民兵，即全民武装）组成一个大公社，从而构成我国社会的基层单位。”（陈伯达，1958）毛泽东关于人民公社（图 5.14）的表述其实代表了集体形制的模式空间与标准化配置，或是企业办社会的基本单元。前工业化的社会再生产模式，如家庭、行会

图 5.10　湖北宜都 238 厂

图 5.11　三线建设的露天球场（剧场）、邮局、花园等服务和休闲娱乐空间
第一部分——球场、剧场：1. 816 厂——室外篮球场；2. 610 所——篮球场；3. 卫东机械厂——篮球场；4. 云南蓝箭汽车厂——篮球场；5. 山西化学厂——篮球场；6. 238 厂——放映室；7. 238 厂——露天剧场

图 5.12 三线建设的露天球场（剧场）、邮局、花园等服务和休闲娱乐空间
第二部分——邮局、消防、菜市场、医院、商店：1—4. 816 生活区；5—6. 云南机械三厂；7. 国营西南高峰机械厂；8. 云南机械二厂；9. 攀钢生活区

图 5.13 三线建设的露天球场（剧场）、邮局、花园等服务和休闲娱乐空间
第三部分 - 园林：1. 238 厂 - 花园大门；2-4. 816 生活区 - 园林；5. 云南机械三厂；6. 云南蓝箭汽车厂；7. 攀钢生活区；8. 汪家寨煤矿 -300 电厂

的凝聚力等，被附属于现代化的力量所摧毁。传统的家庭、社区或市场难以满足这些新的需求。因而三线建设的空间构成应当被认为是一种地缘政治学概念，也是一种建筑设计的产品，抑或是全能型政府社会意志的体现，因为过度组织化而使得空间、社会结构走向凝固，所以可以偏离传统美学，将空间分析和对经济社会、政治等主题的解读结合起来，对其社会、地理乃至经济等意义上的属性进行深层解析。

在计划经济的背景下，三线建设中的一个个单位不仅是行政体系（基层）组织，也构成了城乡空间形态的基本单元。尽管三线建设异常艰苦，但在当时作为一个“单位人”，而不是普通的“社会人”，三线建设者也成为令人羡慕的身份。建设这种社会的基层单位成为新中国成立后重要的发展纲要，甚至打上社会主义的烙印，成为探索社会主义国家城市和乡村建设的重要思路。

基于动态的历史观，集体或许源于原始社会的氏族的协作共生，到后来家族聚族而居，而“皇权不下县”形成了乡村集体组织，再到今日出现了各种集体形制。基于上述原型的认识，或许可以祛除意识形态的成见。而在今天，无论三线建设诞生的城市，还是其他城市，工业企业和科研院所也逐渐从城市中心区搬出，在面向新的需求方面进行转向生活圈的城市化实践。

图 5.14　人民公社宣传画描绘了人民公社的典型配置
来源：芮光庭绘，人民教育出版社 1958 年出版

三线建设中以生产为纽带组建的集体一方面承担着国防、大型生产、国家建设等重任，“集中力量办大事”，体现国家的能力；另一方面，在日常的生活、服务配给上，则通过集体制度实现对有限资源的优化配置，满足个人的生活要求，“组织起来办小事”。相对“个体”来说，这种社会福利体现了某种集体的优越感，也因“集体”这种规制而制造了新的权利。

关注集体形制，将环境—空间—行为置于时间的脉络中进行分析。根据阿摩斯·拉普卜特的方法，可以从空间的组织、时间的组织、交流的组织、意义的组织几个方面进行分析。在时间上对集体形制的饮食起居和生产劳作等日常行为的组织和“规制”，还有节庆以及各种环境、“场面”的组织，不仅是赋予空间环境以“属性”和“意义”，更反映和影响到“从事这种组织的个人和群体活动、价值取向及意图，也反映观念意向，代表物质空间和社会空间之间的和谐”（阿摩斯·拉普卜特，2003）。集体形制中的人（如“单位人”）通过集体行为，将个体与社会联系起来，同时也界定了生产和生活空间的边界。三线建设中的集体（如单位大院和人民公社、五七干校、国营农场等）都不约而同地建有礼堂（俱乐部），这种满足集体行为的集体空间非常具有代表性，成为具有重要研究价值的一种新的类型（图 5.15）。空间组织是比形状更为基本的环境属性，而形状作为意义组织的一个重要方面，给环境以具体表现和其他特征的素材。材料的使用较之空间组织更能表达意义，譬如当年将“干打垒”上升为一种精神的做法。

三线建设的时空语境

三线建设既与过去中国民族惠工事业和企业办社会、西方的工业镇与公司镇等有着相似之处，又存在着根本的差别。

中国惠工事业 [1] 在空间组织、建筑类型以及某些制度管理方面与三线建设都有某种相似之处。如选址方面，抗日战争期间“很多兵工厂迁入内地省份，不能随便选址，必须考虑到安全、原料供应、运输等一系列因素，或因为选址在郊区所在地（没有社会服务及福利设施），或与市区有相当远的距离（无法利用城市所提供之社会服务与福利设施）”。再者，“各工厂为留住工人，加强工人社会服务与福利设施”。“在乡野之矿厂，大都自备比较完善之医院与职工子弟学校，同时大都含有公共事业之性质，对于乡民之病者，亦加珍视，而乡民子弟亦可入学。”

图 5.15 三线建设各企业院所的礼堂（俱乐部）
1. 云南煤机厂（正立面，侧立面）；2. 湖北十堰 3541 厂；3. 太原重型机械厂矿机俱乐部（正立面，侧立面）；4. 山西化学厂（正立面，侧立面）；5. 288 厂——工人俱乐部；6. 388 厂——礼堂；7. 国营西南长征机械厂；8. 湖北卫东厂；9. 建峰化工总长机械制造厂；10. 解放军 3602 厂；11. 云南国营西南长征机械厂；12. 建昌厂俱乐部；13. 汪家寨煤矿——300 电厂；14. 云南机械三厂；15—16. 云南蓝箭汽车厂；17. 汪家寨煤矿——300 电厂；18. 云南机器三厂；19—20. 9807 厂

晚清及民国时期的企业办社会也有相似之处，官办企业的自利性，以及当时普遍的农业经济，社会福利系统基本为空白，所以这些企业不得不自己建立住宅等社会福利系统，以满足其基本的劳动力再生产的需要（如江南制造局现江南造船厂）；各类民族工业企业在组织生产的时候必然要考虑工人社会福利，以解决工人后顾之忧，提高生产效率（如天津碱厂、济南仁丰纺织厂等）；企业也逐渐加强集体生活教育。

早于三线建设百余年的西方的模范村和公司镇也是重点比较的对象。公司镇所有的房屋和商店都属于这家主要的就业公司。通常这类公司镇设在比较偏远的郊区，在这上班的人不太容易通勤或在别处购物。公司镇大多规划有一套便利设施，如商店、教堂、学校、市场和娱乐设施。通常比一个模范（理想）村还要大。高峰时期，美国共有 2500 个这样的公司镇，居住了约占美国总人口 3% 的居民。公司镇成为一个公司自建的社区和有组织的团体。

公司镇多为传统环境中的采掘业，也有水坝遗址和军工营地，如苏联的几个城市的核科学城等。随着公司镇的发展，公司镇往往成为常规的公共城市和城镇。如果公司镇的公司裁员或停业，其对公司镇的经济影响将是毁灭性的，因为人们会搬到别处工作。“单一城镇”（Monotown）特指在俄罗斯的一些城镇。在那里，苏联时期在推测合理的地点创造了数百个单一城镇，它们通常位于地理上不适宜的地区，这其中非常严重的问题在于它们基于苏联时期的经济和技术，完全依赖于单一公司或工厂，非常不灵活。这些都与中国的三线建设非常相似。有很多地方是保密行政区，如同中国三线建设的一些军工企业和绝密的场所。

社会转型时期的城乡社区演变与实践

研究集体形制不可避免地涉及意识形态和政治、经济等问题，尤其是新中国成立后的集体形制的研究可将其置于转型期的背景下，从社区形态演变透视中国转型期城市空间变迁的独特性，以社区作为空间载体，将一系列城市地理学和城市规划领域相关的话题联系起来，将研究的焦点从政治、经济变革转移到城市 / 社区等建成空间的演变，这样就更具操作性。无论是三线建设中的许多厂矿院所还是城里的“单位”都近似乎一个封闭的社会。“单位”与改革开放后的小区，以及当今的社会主义新农村（位处山乡的三线建设与之对应）等都不无关联。将其放在转型期的背景下，有助于理解城市空间的变化、小区类型和模式的演变。作为一种类型的社区和城市，中国的“单位”与美国的新城市主义、苏联小区制、邻里单位、社区营造等不无联系。从单位到小区是当代中国的政治体制的空间化。

三线建设者则是来自四面八方，这些“新移民”在那些激情燃烧的岁月里建设家园，成就了颇具特色的地域文化。在当时的时代背景下，社会空间和建成环境如何建立社群认知，如何营建社区生活形态都是非常具有人类学意义的研究课题。在今天仍有很多大型企业配置了集体宿舍，背后也有其社会意义。为什么中国在迅速工业化之后，没有出现大规模的城市贫民窟？数量高达 2.7 亿之多的在城乡之间流动的农民们何处安居？正是宿舍劳动体制，才让中国没有变成“贫民窟帝国”。[2]

三线建设的遗产价值

鉴于代际公平和可持续发展的思想，联合国教科文组织在致力于古代遗产的保护之外，同时高度关注 19—20 世纪的现代遗产 (modern heritage)。[3] 中国文物学会、中国建筑学会先后两次联合发布的“中国 20 世纪建筑遗产”中仅有 816 工程遗址等两处直接跟三线建设相关。[4] 中国工信部发布的国家工业遗产名单中有关三线建设的也是屈指可数，而且对三线建设的遗产价值体系尚无定论。中国目前为止还没有现代遗产入选，也没有一处工业遗产列入世界遗产名录。

集体形制是中国近现代的重要历史（活态）遗存，需要对其进行价值判定，这也是以价值为中心的遗产保护理论和实践的需要，面对更多类型的遗产及其所呈现的复杂多样的价值体系，以价值为中心的保护可以提供一套工作框架，用于完整地处理特定场所的问题。对于集体形制的建成环境和遗产地的遗存进行以价值为中心的分析不仅符合遗产理论研究和实践的特点，更能整体地理解遗产地及其一整套的价值，有助于揭示历史环境及其使用的方式与意义。

集体形制是当地城市 / 山村的一种特殊语言，也塑造了地方的文化，包括当代“共同生活的各种方式”，甚至如市场关系、大众媒体、政治体制等。集体形制不仅是一些城市和乡村现有城市格局、形态和肌理的重要组成，也是一种特殊的历史记忆与景观，有着巨大的社会人文意义与环境生态效益，也有着重大的经济和文化意义，将丰富我国文化遗产的类型、要素、空间、时间、形态等，相关的理论研究和实践将对我国现代遗产的建构产生重要作用。

三线建设作为一个特定时期的建成环境，在历史、社会、建筑、科学、精神、礼制等方面均有重要的价值，展示了“在一段时间内在建筑或技术……城镇规划或景观设计中的一项人类价值的重要转变; 或历史上 (一个) 重大时期的建筑物、科技组合”，[5] 当属尚未被人认知的、反映特定历史时期集体改造自然、发展生产的现当代重要文化遗产（图 5.16）。

在中国工业史上规模宏大而秘密的三线建设具有多重标志性的意义，它是继 1937 年暂时大内迁之后的第二次工业西进，而且是一次主动的、具有强烈计划性的大行动。同时也是新中国成立以来，继苏援“156 工程”之后，最集中、最重大的工业投资运动。研究参照 2002 年 6 月联合国教科文组织文化遗产中心的另一份 5 号文件确立的现代遗产的判断标准，将三线建设的工业遗存视作现代遗产的重要组成，“反映一项独有或至少特别的现存或已消失的文化传统或文明”。从已公布的世界现代遗产及其类型，以及价值的鉴证体系的内涵来分析，中国的三线建设不仅是我国重大历史事件、历史人物鉴证以及我国现代主义风格建筑的集中体现，在具体的工业发展和科技进步的重要表征，反映了特定时期的特殊城市及其变迁，是我们众多行业变迁的鉴证。

三线建设作为一段重要的社会历史，既是国家的历史的组成，也是企业的历史和个人的历史的重要组成甚至全部，是几代人的记忆。作为一个特殊时代的产物，已渐渐远去，几近消失。一如城市中各种单位的改制、住房的商品化和市场化，使得单位这种集体形制也悄然地发生着变化和转型。三线建设以及其他一些集体形制的建成遗产或因转型失败而凋敝（图 5.17），或迎来了新的发展机遇。是荒野式的弃置、铲车式的清理、布景式的保留，还是内化式的再生，成为我们必须面对的问题。今天，三线建设的建成遗产面临转型和迎接市场经济的挑战，走向复兴，不仅仅是建筑或规划等空间形态的问题，也是棕地利用、土地整理等社会、经济问题，如果从政治意志和空间投射的文化视角来解读和决策或许有助于其活化利用以及辨清历史与发展的基本问题。

图 5.16　三线建设厂矿的生产车间

1. 288 厂——厂房；2. 288 厂——车间大楼；3. 国营西南东光机械厂；4—5. 云南蓝箭汽车厂；6. 云南蓝箭汽车厂——宜都 388 厂；7. 太原肥皂厂——厂房；8. 太原锅炉厂——厂房；9. 国营西南云水机械厂

图 5.17　云南原 9807 厂
摄影与插图绘制：谭刚毅，陈博，张敦元，高亦卓，刘震宇

注释

1. 吴至信：《中国惠工事业》（*Report: Public service provision in China 1930s*）今日中国之惠工事业，至最少在规模较大或者管理比较进步之厂矿中，较之往昔已有相当基础……已足包括工人之各方面，举凡住宿、饮食、卫生、教育、储蓄、工余消遣等重要部门，在被调查之路厂矿均有相当之设施。最普遍者，为医药设备，此 49 家路厂矿中有 5 路 8 矿 25 厂均有之。次之者，为住宿设备，计有 2 路 9 矿 27 厂。其中最普遍之设施为宿舍。再次，为浴室，惟约半数均为宿舍或住宅区之附属设备。其余各种惠工设施，按其普遍性排列，有运动设备、储蓄、职工子弟教育、娱乐设备、工人教育、消费组织、共用食堂、借贷设施、粮食廉售、社会保险、理发室、公墓，等等。
2. 研究者指出这是一个神奇的存在，借助这个空间，既能在城市中建立熟人社会的关系网，又能延续社会主义的某种集体主义传统，还能对接资本主义规模化的生产方式，便于资本对劳动力的管理与控制。换言之，它调动了传统的、日常的、社会主义的种种经验和遗产，使之为全球资本积累服务。参见潘毅：宿舍劳动体制让中国没有变成“贫民窟帝国”。
3. 1991 年欧洲理事会颁布的《关于保护 20 世纪建筑遗产的建议》，此建议呼吁社会各界在对世界遗产进行保护的时候，以“遗产即历史记忆”为指导思想，不过分限定其历史年代的评定价值，尽可能多地将产生于现代的 20 世纪遗产列入保护名录中，并根据遗产的价值确定其保护策略。2001 年初联合国教科文组织世界遗产中心（UNESCOWHC）、国际古迹遗址理事会（ICOMOS）和 DOCOMOMO 发起了一个现代遗产计划，该计划包括对 19 世纪、20 世纪文物建筑的鉴定、记录和推广。在国际上，DOCOMOMO 现代遗产大会是重要的学术研究交流平台，DOCOMOMO 第一次大会签署的《埃因德霍文声明》（*The Eindhoven Statement*）为这个组织制定了主要工作目标。
4. 2016 年 9 月 29 日，中国文物学会、中国建筑学会联合发布了 98 项“首批中国 20 世纪建筑遗产”名录。2017 年 12 月 2 日，由中国文物学会、中国建筑学会、池州市人民政府、中国建设科技集团股份有限公司联合主办的“第二批中国 20 世纪建筑遗产”项目于安徽省池州市发布。
5. 2002 年 6 月联合国教科文组织文化遗产中心的另一份 5 号文件确立的现代遗产的判断标准。

参考文献

柴彦威，肖作鹏，张艳．中国城市空间组织与规划转型的单位视角 [J]. 城市规划学刊，2011(06): 28-35.

（澳）薄大伟．柴彦威，张纯，何宏光，译．单位的前世今生：中国城市的社会空间与治理 [M]. 南京：东南大学出版社，2014.

陈伯达．在毛泽东同志的旗帜下 [J]. 红旗，1958(4): 1-12.

邓小平．邓小平文选 (第三卷)[M]. 北京：人民出版社，1993.

（丹）埃斯平 - 安德森．苗正民，滕玉英，译．福利资本主义的三个世界 [M]. 北京：商务印书馆，2010.

（美）大卫 · 哈维．胡大平，译．正义、自然和差异地理学 [M]. 上海：上海人民出版社，2015.

Humphrey C (2005). Ideology in Infrastructure: Architecture and Soviet Imagination. The Journal of the Royal Anthropological Institute, (11): 39–58.

（美） 斯皮罗 · 科斯托夫．单皓，译．城市的形成：城市历史进程中的城市模式和 城市意义 [M]. 北京：中国建筑工业出版社，2005.

薛求理．建筑场理解 [J]. 建筑师，1992(49): 42.

（法）亨利·列斐伏尔．李春，译．空间与政治 [M]. 上海：上海人民出版社，2015.

刘克成．中国 20 世纪近现代文化遗产现状及其保护：中国文物研究所建所 70 周年文物保护学术研讨会论文集 [C]. 文物出版社，2008.

刘天宝．中国城市的单位模式 [M]. 南京：东南大学出版社，2017.

刘亦师．国内新生代学人与中国近现代建筑史研究的若干探索与趋向 [J]. 时代建筑，2016(01): 37-45.

潘毅．宿舍劳动体制让中国没有变成“贫民窟帝国”[EB/OL].[2016-05-15]. http://thegroundbreaking.com/archives/36346.

（美）阿摩斯·拉普卜特．黄兰谷，译．张良皋，校．建成环境的意义——非言语表达方法 [M]. 北京：中国建筑工业出版社，2003.

（英）迪耶 · 萨迪奇．王晓刚，张秀芳，译．权利与建筑 [M]. 重庆：重庆出版社，2007.

谭刚毅．客家民居的安全图式 [M]// 陆元鼎．中国客家民居与文化．广州：华南理工大学出版社，2001: 33-38.

《联合国 5 号文件》http://whc.unesco.org/en/series/5/ 等 UNESCO、ICOMOS、DOCOMOMO 等组织的宪章文书。

第三部分　社区建设：从管理到治理

06 / 住房商品化与国家治理的回归：中国城市治理方式的变迁[1]

吴缚龙
英国伦敦大学巴特莱特规划学院

住房商品化，在字面意义上似乎是一个国家退出的过程。然而在中国，情况却并非总是如此。本文探讨了一个由工作单位住房和市属公房组成的小区的情况，从中了解中国城市治理方式的变迁。有意思的是，在施行了住房商品化之后，国家又被迫重新加强小区管理，因为此前让物业公司进行管理的尝试遭遇困难。但是，社区治理责任已经从工作单位转移至政府的社区行政机构。同时，国家治理的回归是通过专业的社会工作者来实现的。但是运作不畅，导致之前在国家工作单位上班的居民疏离感倍增，能力不断丧失。这种方法对治理产生了副作用：尽管鼓励市场供应和商业运作，但是市场并没有充分发挥作用，反而限制了互惠活动。自从住房商品化以来，小区状况在持续退化；在不到 25 年的时间里，从一个崭新住宅区变成了一个“老旧小区”。

引言

社区是促进社会联系的重要空间形式（Putnam，2001）。尽管城市时代已经到来，但一个不大的居住空间（比如人人都珍视的小区）仍然能够在营造活动场所的过程中发挥重要作用（Friedmann，2010）。Forrest 和 Kearns（2001）强调，社区是保持社会凝聚力的一个重要手段。在英国，得益于新工党以地区为基础的邻里再生政策（Kearns & Parkinson，2001)，以及近来人们对地方性社区的支持，社区的重要性与日俱增。城市政策始终强调社区的重要意义 (Kearns & Forrest，2000；Paddison，2001）。正如 van Kempen 和 Wissink（2014：95）指出的，随着人员、货物和信息流动的重要性日益提高以及流动性的增加，地域化的社会实践将至关重要，因为“社区将在与居民、小区组织和政府政策相关的行动和愿景发展中持续发挥作用。人们仍然住在社区，政府仍然试图通过小区政策解决严重的社会问题”。社区层面的社会空间不平等将对社会凝聚力产生显著影响（Cassiers & Kesteloot，2012）。

封闭社区形式体现了私有化治理正日渐兴起，这是不断变化的社区治理方式的一个显著特征（Blakely & Snyder，1997）。一方面，关于中产阶级小区和高档小区的研究可谓汗牛充栋。另一方面，经济结构调整和不断变化的政治经济环境给工人阶级社区带来了巨大压力（Ward et al.，2007）。一个极端现象是，某些社区被严重污名化，并影响到英国的多民族社区的形象（Slater & Anderson，2012）。在贫困社区，社会排斥事件层出不穷（Musterd et al.，2006）。种族问题和污名化阻碍了美国贫民区公民社会的发展和成长（Wacquant，2008）。在后社会主义经济中，新自由主义和市场转型已经改变了家庭和小区的生活（Smith & Rochovska，2007）。商品化似乎是影响社区治理的一个主要因素。

虽然关于中国城市（Friedmann，2005；Hsing，2010；Logan，2008；Ma，2002）和社区治理（Boland & Zhu，2012；Bray，2005 & 2006；Read，2000 & 2012；Tomba，2005 & 2014；Wu，2002）的研究文献日益增多，但其主要关注通过房地产市场建造的新型封闭社区（Huang，2006；Pow，2009；Zhang，2010）或非正式的城中村（Wang, et al.，2009；Wu et al.，2013）。通过扩大之前社区组织（如居委会）的作用来重建社区治理的案例屡见不鲜（Read，2000；Tomba，2014；Wu，2002）。然而，目前尚不清楚的是，为何住房商品化没有带来更大程度的自治？在单位住房地区，物业服务领域已基本实现市场化，那么国家如何进行管理？现有文献强调了国家对控制治理或使用新治理技术的期望（例如：Ong，2007；Read，2012；Tomba，2014），而没有足够关注小区环境的变化。更重要的是，维持国家的作用并不与使用市场工具相矛盾，因为后者留下了治理真空，需要国家进行干预。本文将以由单位和市属公房组成的公共住房小区为例，就住房商品化对社区治理产生何种影响提供更为深入的见解。虽然单位住房具有的特殊因素应予以考虑，但本文的观察结果仍然有助于以类似方式研究其他小区。

本文选择了南京一个前公共住房小区，该小区于 20 世纪 80 年代中期住房市场化和住房商品化改革施行开始前由多个国家单位共同投资建造。第五村（化名）原本位于南京近郊，但当时南京市区规模不大，从该小区到市中心骑自行车只需要 30 分钟。该地区现已成为市区的一部分。

中国城市社区治理的变迁

本文回顾了经济改革前社区治理的特点、经济改革过程中的“社区建设”倡议和逐渐加大的“私域治理”力度，以找出现有研究的缺失。

经济改革前，国家单位在城市治理中占据主导地位

在中国的社会主义制度下，国家单位是社区活动的主要组织者（Bray，2006；Friedmann，2005 & 2007；Whyte & Parish，1984；Wu，2002）。这造成了社区组织对国家的依赖性，此种情况被称为“共产主义社会的新传统主义”（Communist Neo-traditionalism）（Walder，1986），其具有稳定社区的传统特征。单位大院和市属住房小区不同，前者已经成为技术结构的一部分，符合发展趋势、面向未来、与众不同，并且在完成重要的现代化任务中相当有成效，是一种体现了“现代化、劳动分工的理想社区”（Womack，1991：330）。这一论点对经济改革前两种类型的小区及其治理方式进行了区分：国家单位筹建和监管的小区，以及非正式单位筹建并由国家监管的小区。国家单位在住房供应和社会活动组织中发挥了关键作用（Logan et al.，2010；Walder，1986），其强大的治理能力与传统街区薄弱的治理情况形成了鲜明对比，而由退休人员和家庭主妇组成的居委会自行管理是传统街区的治理能力较为薄弱的主要原因（Read，2000；Whyte & Parish，1984）。

20 世纪 90 年代以来工作单位作用的弱化与社区建设

20 世纪 90 年代的市场化改革对社区治理产生了巨大影响（Friedmann，2005）。随着经济权力下放，中国城市涌现了大批农民工以及不再隶属于国家单位的下岗工人。这些人成为传统社会控制机制外的民营企业人员，因此必须将这些“体制外”人员与国家重新挂钩，而具体操作是通过自上而下的“社区建设”倡议实现的（Bray，2006；Friedmann，2005 & 2007；Heberer & Göbel，2011；Read，2000；Shi & Cai，2006；Shieh & Friedmann，2008；Wu，2002）。

可以说，“社区建设”倡议加强了国家控制。有学者（Wong & Poon，2005）认为，小区制度已经从“服务邻里转变为重新控制城市社会”。该项政策旨在创造一个封闭和私密的小空间，因而能够有效地实现社会监

督。上海在城市治理过程中采用了两级政府（市政府和区政府）和三级管理（增设街道办事处）的新模式。后来，这一体系扩大到第四级的居委会，作为地方政府代理机构（Wu，2002）。居委会的发展代表着国家对社区治理的延伸（Read，2000）。

自 2000 年以来，封闭小区的产权意识不断提高

国家缩小住房供应和企业治理的出现被认为是新自由城市主义（He & Wu，2009；Walker & Buck，2007），与“新自由主义”进程交相呼应（Harvey，2005）。作为城市治理的一种组织形式，单位的弱化是最为重大的变化（Bray，2005；Huang，2006；Logan et al.，2010；Wu，2002）。有学者发现，传统的社会纽带正在断裂，小区活动日渐减少就是一个明证（Forrest & Yip，2007），而社会网络则在小区之外蓬勃发展（Hazelzet & Wissink，2012）。

对于中国出现的“封闭小区”这一新的居住形式（Huang，2006；Pow，2009；Zhang，2010），以及在这些新小区涌现的业主委员会（Fu & Lin，2014；Read，2003；Shi & Cai, 2006；Tomba，2005 & 2014），学者已进行了大量的研究。尽管小区内的社交活动已经减少（Forrest & Yip，2007），中产阶级在住房方面仍然能够产生深厚的地方情结（Zhu et al.，2012），保持强烈的产权意识（Tomba，2005），这可能是共同的身份和财产利益使然。Read （2012）在研究中指出，作为政府资助机构，居委会是一种“参与基层行政管理”的形式，它体现了国家治理理念，并改善了最下一级地方政府的治理状况。他的研究揭示了小区内国家和社会之间的联系。Tomba（2014）强调了小区的重要性，即居民的日常生活由政府遥控管理。换言之，国家的权力是在小区实现的。Gui，Ma 和 Mühlhahn（2009）并不认为小区的管控日趋严格，相反，他们指出了小区组织工作出现了日益松散的苗头。政府已经对小区选举和新的社会福利提供方法进行了试验（Derleth & Koldyk，2004；Friedmann，2011）。因此，在国家和社会之间二选一的方法并不合适，因为在小区层面创生了新的领域，即位于国家和市场之间的第三个领域（Gui et al.，2009）。然而，Fu 和 Lin （2014）已经指出，社会资本不发达会导致公民参与度不足，从而使业主委员会这一地方性组织的力量过于薄弱。

我们从上述探讨中可以看到，在住房商品化的发展过程中，人们越来越趋向于增强产权意识。业主共同的利益和身份可能会对国家提出挑战，并要求获得更多的基层民主（Cai & Sheng，2013；Fu & Lin，2014；Shi & Cai, 2006；Shin，2013）。问题是：在产权意识日益高涨之际，政府如何继续维持治理？在产权意识很弱的工作单位住房地区，治理过程又将如何进行？我们应当将商品化、公房私有化以及由国家主导的“社区建设”理解为促进国家治理能力的互补过程。

案例背景与研究方法

第五村离中心城区不远，但其与城市的交通联系并不容易。它的位置相对偏僻，被一条排污河阻隔，没有直接通往市区的道路。20 世纪 90 年代，人们可以骑着自行车沿着崎岖的河岸进城。这个地区近长江码头区，有大量工人居住，位于城市边缘地带。

1949 年以前，农村难民聚集在这个地区的简易棚屋中。此后，这里逐渐变成了棚户区。20 世纪 80 年代，由于坐火车沿长江大桥通往市区时能够看到这片棚户区，因此南京市决定对其进行改造（南京市规划局，2001 年 7 月）。选择这个地区改造的另一个原因是，此地主要是农田和空旷的低地，人口密度相对较低，因此安置原有居民基本没有压力。

1986 年，城市改建办公室启动了一个大型开发项目，旨在安置附近旧区的搬迁户。有两个工作单位还为员工购买了六栋住宅楼，总占地面积 8. 2 公顷，总建筑面积 104,000 平方米。1987 年，该小区有 35 栋住宅楼、一所幼儿园、一所小学和一些沿街商店。2001 年，增加了更多的建筑，第五村共有 52 栋住宅楼， 2,565 户家庭，7,472 人（居委会主任，2002 年 7 月）。在该小区建成大约十年后，中国全面启动了住房商品化进程（Hsing，2010；Logan，2008），对这个公共住宅区产生了巨大的影响。

本研究是基于 1987 年至 1991 年在这一地区生活的人员经历，以及此后定期访问所获得的观察成果。在 2001 年至 2004 年期间，为响应“社区建设”政策的实施，研究者采用半结构化访谈法对小区干部、居委会主任以及小区居民进行访谈，针对社区治理工作进行了初步调查（Boland & Zhu，2012；Derleth & Koldyk，2004；Friedmann，2011；Read，2000；Shie & Friedmann，2008；Tomba，2014）。2008 年，以出售之前的公共住房为调查主题，对该地区的两名主要房地产经纪人和八名通过私有化方式成为业主的居民进行了访谈。2014 年，对政府街道办事处（Derleth & Koldyk，2004）和居委会进行了访谈。总共进行了 21 次非结构化和半结构化访谈。在访谈过程中，尽可能与房地产经纪人、居民和小区干部这三类人群进行对话，以便进行交叉印证。必须强调，在与政府机关工作人员和小区干部对话时，采用的是更为正式的半结构化访谈；而在与居民的沟通时，多为非正式谈话（不算作访谈）。由于访谈者对小区非常熟悉，因此可对这些谈话进行交叉印证。由于我们对国家在微观层面的治理始终有兴趣，因此这类访谈持续了很长一段时间。虽然这个研究项目的组织方式不太正式（正式的项目一般采用横向方法），但相信这种“纵向”方法有助于体现长期趋势。部分数据是从 2000 年南京房地产市场数据库收集的，因为其能够提供 2000 年小区住房价格的基本信息。之后，我们进一步获得了 2014 年住房市场数据，而且更为详细。由于本研究并非旨在提供住房市场的详细信息，因此没有将住房价格与其他领域进行系统比较。

住房商品化与国家治理的弱化

住房商品化最显著的影响是改变了物业管理方式。物业管理责任从拥有住房的个人的工作单位转移到物业管理公司，后者受聘负责房产物业维修管理。在住房商品化之后，公共住房的租户已经成为房主，因而上述责任的转移自然而然。然而，自从住房商品化以来，物业维修遇到了重重困难。例如，下水道因部分业主在房屋翻新时倾倒垃圾而堵塞（一位业主，2008 年 8 月），由于住房已经商品化，因此工作单位的房产部门不再负责疏浚。另一方面，因为不是每户家庭都会受到上述问题的影响，所以居民之间没有达成一致。因此，为了解决这个问题，居民们不得不请了管道工在外墙上钻洞，以便在楼外安装一个简易管道。

住房商品化最显著的特点是，国家不再提供“街道服务”，这个术语直到 20 世纪 90 年代初才为人所知。此前，社区层面的服务被定义为向那些从民政部门领取福利的贫困家庭提供援助，主要包括救灾援助以及对残疾人和老年人提供社会救助（Solinger & Hu，2011；Womack，1991）。对大多数居民来说，社区服务是工作单位提供的职业福利。20 世纪 50 年代，街道办事处将家庭主妇和个体经营者组织在一起，成立街头手工艺作坊和小工厂，从而奠定了“街道集体经济”的基础。集体经济为那些不能被国有企业正式录用之人提供了就业机会。80 年代，由于知青从农村返城，就业压力倍增。街道办事处于是组织了各类“街道服务”，如电视维修、理发和住房维修，以吸纳农村返城人员（一位居委会干部，2002 年 7 月）。结果，街道服务成为集体经济的一个重要部门，但规模较小，类似于社会企业。

主要变化发生在 1992 年，当时国务院将街道服务归类为第三产业，这打开了基层公共服务商品化的大门。20 世纪 90 年代，国家推行街道服务商业化的决策导致街道办事处经营的企业激增。例如，街道办事处拥有大道沿线的空间，用作小商店和便利店，并将其租给私营企业，租金用于补贴街道办事处（一位街道干部，2002 年 7 月）。同样，居委会管理着一个当地社区中心，并提供一些简易单层棚屋来容纳农村外来人员。这些商业活动产生的收入用来补贴居委会的运作。20 世纪 90 年代，居委会尝试利用市场资源向居民提供有偿服务。上海甚至采取退税政策来刺激街道经济的发展（一位街道办事处负责人，上海，2002 年 8 月）。在这一政策的激励下，街道办事处会积极帮助所负责区域内的私营企业注册。

在最开始推动街道服务市场化时，人们就街道服务属于公共事业服务还是商业服务展开了辩论。“我们认为政策有些矛盾；国务院的决定与民政部发出的通知不同。民政部认为街道服务是为了公共利益。而现在街道服务出现‘两主一仆’的现象，实在让人搞不懂。另外，发展街道服务的出发点也完全不同。”(一位民政官员，2002 年 8 月)

第五村大道沿线的房产在 2000 年左右被卖给了私营公司，街道办事处不再收取这些房产的租金。在 21 世纪前十年，街道办事处尝试利用小区内的道路来停放卡车和其他车辆，以收取停车费。2008 年后，由于停车位短缺和潜在的责任问题（可能会造成复杂的影响），居委会不再管理停车位。街道办事处主任提到了两个司机在第五村争夺停车位的事件，其中一位司机严重受伤。“[另一位司机] 不得不支付 80,000 元的赔偿来达成和解。如果我们收了停车费，会给我们带来很多麻烦！”（居委会主任，2014 年 11 月）街道办事处和居委会发挥了仲裁员的作用，而不是作为利益相关者。商业活动现已从街道办事处和居委会的事务中剥离出来。街道办事处目前完全依靠区政府分配的预算运作，而居委会则依靠专项分配资金来开展行政工作。

第五村居委会曾经营一些单层房屋和棚屋并出租给农村外来人员，但是小区的商品房开发项目拆除了这类房屋。最初，小区管理着一个杂货市场并收取管理费，但由于沿街市场被转移到一个正式的室内市场，居委会不能再继续收取这一费用。在一些旧小区，居委会承担一些小规模服务，比如配送牛奶和报纸，或者介绍保姆和家政佣工。但是所有这些服务目前均已经完全商业化，比如说专门的家政中心。在第五村，由私营企业组织提供商业体育和娱乐活动。部分户外运动设施由政府街道办事处投入专项资金建造，并向公众开放。

居委会脱离市场运作有两个原因。首先，因为居委会主任既是干部又是商人，参与市场运作可能会产生违规甚至腐败行为。[2] 第二，法规条例阻止居委会通过使用独立财务资源演变成一个“自发成立的独立群众组织”。[3] 如果这样做，居委会就会成为拥有自己商业账户的机构或非政府组织。在商业运作和居委会分离的政策下，居委会的性质已从一个全面处理小区事务的组织转变为一个公共行政管理机构。

在社区治理中加强国家治理的必要性

本节将解释为何不能在社区治理中一直施行市场化。由于许多工作单位住宅区的商业物业管理工作终告失败，使得国家必须再度回到治理工作中。在社会主义时期，街道办事处和社区机构在社会福利和服务提供方面起着补充作用。它们的主要服务对象，是没有工作单位的居民和领取民政部门相关福利的人员（包括残疾人、寡妇、无子女的老人、退伍军人及其家人），而其他大多数居民依靠工作单位获得社会服务（Solinger & Hu，2011）。在实行市场化之前，小区的管理水平仍然不高。将小区管理视为有偿服务，能够为发展商业物业服务创造机会。随着市场化进程的全面开展，公共空间转变为商业场所，居委会不再提供商业服务。与此同时，物业管理公司开始接管部分职能。

虽然单位住房已经私有化，但自治小区的发展依然存在很多困难。单位住宅区很难招聘到合适的物业管理公司，因为居民负担不起或不愿支付维护费（一位物业服务经理，2014 年 11 月）。私有化后，“我们想方设法去找一家物业管理公司 [来照看房产]，但你知道，维护成本非常高。”（街道办事处主任，2014 年 11 月）在该街道办事处管辖的 47 个老旧住宅区中，只有 8 个由物业管理公司管理，1 个由业主委员会正式管理，大约 27 个由街道办事处直接管理，其余 11 个小区留给居民自己想办法，这基本上就等同于没有维护（街道办事处主任，2014 年 11 月）。由于难以收取物业管理费，负责第五村的物业管理公司突然撤走，该小区顿时出现垃圾问题（居委会主任，2014 年 11 月）。在物业管理公司撤出后，街道办事处只能要求居委会尽其所能自行管理（居委会主任），“我们最多只能做一些小修小补。”（居委会主任，2014 年 11 月）早在 2000 年初，小区内就出现许多退化迹象，例如窗户破损、灌木丛枝杈蔓延以及下水道堵塞等。

在商业运作遭遇困难后，居民希望国家能够承担社区治理这一重任。公共住宅区与城中村不同，后者可从村集体资产中获取收入（Po，2008），而前者的资源非常有限，必须依赖政府资金。此外，作为一个现代化的公共住宅区，第五村管辖范围内的商业机构并不多。因此，小区资源严重受限，难以承担服务成本。在住房商品化之后，居委会不再得到工作单位的支持，因此只能向该地区的企业寻求“捐赠”，居委会主任形容他们就像“化缘的和尚”。对于可能提供的市场化服务，居民必须自己付费。“我们什么都不能做。事实上，我们无能为力。我们能做的就是四处解决小问题。”（一位居委会干部，2014 年 11 月）当被问及谁将支付小区的树木和草地维护费用时，街道办事处干部变得有些焦虑：“这些就是你花了钱却看不见一个水漂的地方。树木、灌木和草丛每年都在生长，所以你得不停拿钱维护。我们刚在绿地维护上面花了 20 万元。要是有可能，我们就把草地变成硬地。我们别无选择。”（街道物业管理干部，2014 年 11 月）居委会在不断承受压力，必须通过国家资助使其专业化。

国家治理的回归：地域化治理

居委会规模的扩大及其专业化

住房商品化加速了中国城市居民的流动性。民营企业工人不再隶属于以社会管理机构方式运作的国家工作单位（Walder，1986）。农村外来人员的涌入增加了居民的多样性。国有企业破产后，数百万下岗职工离开工作单位，回到家中（Solinger & Hu，2011）。居住迁移造成了户口所在地和实际居住地不匹配的问题。简而言之，住房商品化之后的中国城市出现了前所未有的治理真空（Wu，2002）。面对人员流动性日益增强的社会，国家在努力加强社区治理工作（Read，2000；Tomba，2014）。此外，向国企系统外部之人提供社会援助的现实需求也越来越多。居委会因此应运而生，成为一种新的地域治理机构。

这个大型住宅区之前有三个居委会，主要由退休人员和家庭主妇组成。2000 年，三个居委会解散合并为一个居委会（一位居委会干部，2002 年 7 月），后来被称为“社区”。新的居委会由政府街道办事处正式招聘的专业社会工作者提供服务，居委会干部来自其他地方。虽然理论上当地居民也有资格在居委会工作，但实际上很难在同一小区找到专业的社会工作者。干部是根据教育程度和资格获得任命的，不考虑是否来自当地小区。居委会有一个宽敞的办公室，配有桌子和橱柜。事实上，它已成为履行行政职责的政府机构。其日常行政工作包括：提供社会援助、推进计划生育、安排小区教育、组织卫生健康活动、管理妇女事务、组织小区文体活动、调解小区 / 家庭纠纷以及维护公共场地。

居委会在社区治理中发挥着重要作用。例如，小区中曾有某户家庭的成员去世，居委会干部进行家访，为家属说明殡葬程序（一位街道干部，2014 年 11 月）。街道办事处负责分配民政部门提供的最低生活保障和其他福利（Solinger and Hu，2011）。居委会也会与小区贫困家庭保持联系。在 21 世纪前十年，居委会还帮助农村外来人员核实租房事宜，并负责检查其计划生育措施实施情况。在一些管理不那么正规的城郊型村庄，居委会的任务还涉及为租赁房产划定新地址，以便居住在这些房产中的外来人员能够进行“地址定位”（一位地区规划官员，2010 年 8 月）。在一些非正式管理的城市地区，居委会会为农村外来人员的房屋制作新的地址门牌。

居委会的主要变化是组织的专业化。居民委员会组织法早在 1954 年就规定，居委会是一个“自发成立的基层群众性自治组织”。之后在 1989 年，法律将其定义为“居民自我管理、自我教育和自我服务的基层群众性自治组织”（Womack，1991）；但实际上，居委会始终由政府指导，因此与西方的“基层组织”不同。居委会的最初规模相对较小。比如，第五村的三个居委会起初负责 100 至 700 户家庭，工作人员 5 至 9 人，主要来自小区。2001 年，居委会共管理 7,472 名居民（一位居委会干部，2002 年 7 月）。但在 2014 年，第五村居委会需要为 11,000 余名居民服务，其中约 10% 是农村外来人员（居委会主任，2014 年 11 月）。

社会管理和商业服务的分离

居委会的预算由政府街道办事处分配。由于援助人口众多，管理事务繁杂，因此预算一直不足。2002 年，街道办事处每月仅拨付 180 元，几乎不够电话费和办公用具费用。第五村居委会主任抱怨道：“我们的资金不够，经常得回到原来的工作单位复印管理工作所需要的文件。”（2002 年 7 月）2014 年，年度预算增加到 5 万元，但仍不足以支付基本运营费用（居委会主任，2014 年 11 月）；不过，当被问及办公用具是否够用时，主任表示只需向街道办事处索要即可。

居委会干部的工作十分辛苦，经常加班，在城市组织大型活动时更是如此。2014 年夏季青年奥运会期间，居委会干部必须进行安全检查并在小区巡逻，以确保不会发生恶性社会事件。对于年轻的专业社会工作者来说，“与私营行业相比，工资不够高；如果有好的机会，年轻的社会工作从事人员可能就会离开。”（居委会主任，2014 年 11 月）最近，有六名社会工作者从街道办事处下属居委会辞职。第五村社区干部说：“近期有两名社会工作者从第五村辞职，而且这些空缺还无法填补，因为区政府尚未开始正式进行招聘。”（居委会主任，2014 年 11 月）

目前的情况与市场改革的早期阶段不同，居委会被禁止利用市场资源，因而成为一个纯粹的行政管理机构。例如，不再允许居委会经营房屋租赁或收取维护费，小区内停车位直接由物业公司管理并负责收费。事实上，所有的有偿服务均已转移给物业管理公司负责。这项规定减少了居委会的违规行为，但同时也限制了它的资源获取。作为一个小区机构，居委会必须满足各个政府部门的要求。然而，筹资模式体现了居委会作为行政管理机构的本质：街道办事处负责分配干部的工资基本预算，其他政府部门也可要求居委会作为“实地代理机构”执行具体任务。但是这些部门均需为此类工作安排特定预算。例如，当统计局需要组织一次城市生计调查时，会要求居委会联系小区居民并记录他们的日常开支，然后，居委会收到一笔用于处理受调家庭账目的专项资金。这种根据具体任务分配预算的做法有助于使居委会保持政府代理机构的地位。

国家治理的回归：社区治理的强化

在市场化进程之后，最初决定巩固加强社区治理的原因是为了重新创造一种社会关系的地域形式，由于管理层对下属工作人员十分了解，从而能进行有效的管理工作。然而，从第五村的案例可以看出，居委会很难按照国家工作单位那种方式进行社区工作，因为在这个前公房住宅区，资源限制非常严重。为了提高行政管理能力，政府街道办事处必须将小规模的居委会合并成一个大型社区机构，并使社区的运作专业化。新扩大的居委会已经实现办公专业化。

但是，为规模效益而进行社区治理改革的代价是地域内社会关系的不断弱化，因为在合并之后，居委会服务的地域非常大，居委会干部又是从其他处任命。居委会是不完全通过选举产生的机构，不得因其提供社区服务而收取费用，它只负责执行政府指派的行政任务。许多合并后的居委会规模过大，居民根本不了解它们，导致互惠的社会资本持续减少。这个城市近郊社区虽然在住房和社区服务方面开展了一系列住房商品化运动，但并未像中产阶级商品房住宅区那样成立业主委员会（Read，2000 & 2012；Tomba，2005 & 2014；Zhang，2010）。当被问及是否可能成立业主委员会时，一位居民回答（2008 年 8 月）：“你是说我们吗？是的，我是业主，但我不知道业主委员会是干嘛的。我希望他们不是借着这个理由收钱！”直到 2015 年，还没有成立业主委员会的迹象，因为在这个前单位住宅区，居民普遍认为业主委员会与己无关。与新崛起的中产阶级相比，前单位住宅区的业主没有强烈的产权意识。他们承认自己对房屋拥有产权，但由于物业管理意识不强以及负担能力较低，他们并不认为自身对房屋的所有权能够扩大他们对社区治理的话语权。相反，因为政府现在要求业主通过商业服务来管理自己的物业房产，他们反而意识到财务负担可能会增加。

社区治理的影响：社会关系的疏离和治理能力的弱化

由于先前计划经济的施行，居民始终未能参与城市发展决策。尽管单位住宅区的居民有很强的凝聚力，但他们并不参与小区管理。作为国家工作单位人员，居民通过单位的房产部门进行物业维护住房。对于市属公房住户，由住房管理局负责物业维护。如果单位住房住户或市属公共住房住户对服务不满，必须通过工作单位或公房管理部门解决。在第五村，工作单位任命了一位小区事务干部负责小区问题联络。“如果需要任何维修，我们只需告诉单位；不管怎么说，房产属于单位。我们干嘛要联系居委会？他们不会帮我们维修。”（一位居民，2002 年 7 月）因此，那时居民很少有机会参与小区活动。

在新建住宅区，尤其是在郊开发的住宅区，业主对社区治理更为积极。住房商品化增强了人们的产权意识（Shin，2013；Tomba，2005）。居民通过成立业主委员会代表自己的利益（Fu & Lin，2014）。业主委员会随后可以决定任命哪家物业管理公司。在这些封闭社区中，业主委员会的兴起挑战了居委会的权威（Pow，2009；Read，2012）。虽然政府希望在新建和封闭住宅区加强居委会的作用，但业主不如此认为。对于生活水平较高的居民来说，搬进一个新的商品住宅小区意味着个人隐私能得到更好的保护（Pow，2009；Zhang，2010）。一些业主认为，隐私代表着自己不再受到公共住宅小区居委会的社会监督。由于物业管理公司能够对这些新建住房收取维护费用，所以这些住房往往都保养良好，甚至有专业人员提供安保服务。物业管理公司提供的管理服务减轻了商品住宅小区居委会的工作量。然而，公房住宅区的情况却并非如此。第五村的居民之间总有一种疏离感，尽管住得很近，但工作单位居民和原有居民之间很少进行交往。实际上，单位住房仍然被隔离在住宅区内的一个单独院落里。虽然房屋已经商品化，但一些单位员工仍然住在那里。在之后几年，尽管单位大院的部分业主将房屋卖给了单位之外的人员，但大院内外人员之间的区别仍然非常明显，居民仿佛生活在不同的世界。比如一位退休教师，虽然有很多空闲时间，但表示："我根本没法和他们在路边打麻将！"（一位居民，2002 年 7 月）当一位女性外来人员被社区干部要求出示结婚证时，她看起来很困惑，说道："我们已经结婚 18 年了，还用出示证明？"（2002 年 7 月）在这个由专业人士管理的大型社区居委会，基本没人认识她，不了解她的婚姻状况。

住房商品化也是导致社区居民之间交往活动减少的原因之一（Forrest & Yip，2007；Hazelzet & Wissink，2012）。向现有租户出售房屋致使单位不再提供住房供应和物业管理服务，因此居民现在只能自己进行物业维护。他们也不需要请邻居或单位同事来帮忙进行物业维护。社区的规模过大，且其治理工作逐步走向专业化和正规化，因而导致了邻里之间的熟悉程度降低，社会关系持续弱化。现在，住房管理工作正式脱离了居委会的职权范围，居民没有理由向居委会寻求帮助。

很难通过设立志愿组织来协助维护公共空间和组织社区活动。因为物业管理公司后来不再提供服务并撤出了社区（这在类似的公共住宅区并不少见），引入商业物业管理并不能弥补社区的损失以及邻里互助精神的缺失。

工作单位住房商品化增加了空间流动性。生活水平较高的居民搬到了其他商品住宅区，空出来的房屋可供租赁，虽然数量有限，但却能够吸引其他从业人员前来租住。因此，很多农村外来人员来到了这个小区。21 世纪前十年初期，居委会为农村外来人员保留了一批可租赁房屋，并帮助核实他们的身份，之后他们方可在小区租房。自中期以来，房屋业主自己出租房产，或者要求房产中介找外来租房者。农村外来人员在当地公安机构登记之后，就不再由居委会管理（计划生育问题除外）。居委会可能会联系女性外来人员，以提供避孕相关帮助，"我们还为妇女提供免费体检。"（居委会主任，2014 年 11 月）尽管社区提供了此类服务，但外来租户并不怎么与之联系。

通过专业化社区治理的施行，国家对社区的治理有所加强。与此同时，国家试图将志愿精神纳入小区的正式治理机制，但很难在这种正式治理机制中动员居民。街道办事处主任指责小区的居民素质低："很难跟他们达成共识。组织歌舞活动时，大家兴致都很高。但在真正需要为小区事务作贡献时，基本没人出头。老实说，玩玩的人多，能做实事的人少。"（街道办事处主任，2014 年 11 月）然而在居民看来，"我们的首要任务是谋生，既然我并不想申领低保，就没必要表现得那么积极。"（一位居民，2008 年 8 月）"如果 [我的房屋] 出现了问题，我会找家相关公司自行解决。如果社区里出现了什么问题，我们可没钱解决。我不觉得居委会是有钱的。"（一位居民，2008 年 8 月）"我和街道干部没有任何关系。总之，我是一个守法公民，我只是在这里的市场卖菜。不过当地人非常友好。"（一个临时居民，2008 年 8 月）通过对这个单位住宅区的观察，本研究发现，虽然现代居住空间的设计更好、居民流动性更高，但社会关系的疏离和治理权力的弱化现象仍与日俱增。这是社区治理专业化和正规化的副作用。

结语

本文研究了一个由单位住房和市属住房组成的公房小区情况，该小区建造于住房商品化和公房改革施行前。南京第五村由多个国家单位投资开发，并被作为公共住房分配给职工。然而，不过 25 年的时间，该小区已经从一个崭新的住宅区变成了一个"老旧小区"。在住房商品化之后，国家工作单位不再提供物业管理和相关的服务。此外，在小区物业转为市场化的商业运营后，居委会，这个最初由志愿者、家庭主妇和退休人员组建，受街道一级国家机构街道办事处监督的居民组织，简化了职能，现在完全依赖政府资金，并配备了有薪资的专业社会工作者。但令人惊讶的是，在单位住宅区，商品化并没有促进居民更积极地进行小区自治。将物业管理职能移交给商业管理公司的尝试遭遇困难，因为这给居民带来了更高的成本，这使得国家再度负责社区治理相关事务，同时也给小区运作带来了沉重负担。但是，新的治理形式不同于国家工作单位提供的全方位的方法，这是一种在小区一级运作的且更具地域化的治理形式，尽可能地强调使用市场工具和通过市场机制进行运作。专业和职业化的机构与各种公司提供的商业服务同时存在，抑制了小区互惠的发展。社会关系的疏离和治理权力的弱化是社区治理正规化的副作用。尽管西方新自由主义理论认为，国家治理已在大规模的住房私有化之后退出，但现在有强烈的迹象表明，国家治理在中国的城市治理中反而有所增强（Friedmann，2011；Read，2000 & 2012；Tomba，2014；Wu，2002 & 2017a）。但是，其运作机制并不完全为人所知，尤其是在小区一级。一方面，国家大力推行住房商品化，另一方面，国家治理仍在延续，这似乎体现了不同的中国城市转型。

在实际的社区治理中，市场化和强化国家治理这两个相互矛盾的过程是如何纠结在一起的？我们不能简单将其归于“新自由主义的威权主义”（neoliberal authoritarianism）（Harvey，2005）的概念，相反，本文试图通过梳理中国城市小区的“连贯”治理过程，描述治理在实际过程中是如何运作的。在重新思考“新自由主义城市”（neoliberal city）概念的过程中，尝试将中国的发展模式和治理方式相联系（Wu，2017b）。本文则对小区层面的治理进行了细致的观察研究。

住房商品化促使国家工作单位不再提供物业管理服务，物业管理公司接管此项职责。不过，此种市场服务已超过低收入家庭的可负担水平。本来物业维护可能促进互惠活动的发展机会，从而提高自治能力。也许居民最初对小区的物业服务期望并不高，也没什么不满。但实际上，他们却亲眼见证了小区的困难。好像 Harvey（2005）所述的“威权主义”（authoritarianism）下缺乏自治传统的论点，他们对这些困难无能为力。但本文所发现的，这并不是挥之不去的威权主义。从微观角度来看，本文主要关注这样一种机制，即市场工具减少了小区自治，反过来又保持了“计划中心性”（planning centrality）的地位（Wu，2018）。国家要求物业服务采取商业形式。然而，市场化留下的真空并没有被公司或业主自己填补，这是因为管理成本较高，即使居民能负担得起，他们也不信任物业公司。我们发现，国家不允许自发成立的居委会利用市场资源，而只能通过政府资金开展正式工作，市场化留下的真空必然需要被专业化的社区机构所填补。

根据对小区日常生活的观察，可以明白为何东欧后社会主义背景（Stenning，2005）下的工人阶级小区里的团结性会受到侵蚀。小区自治发展不畅，不仅仅是因国家限制所造成，而是在小区资源日益减少的情况下，采取了市场方法而非互惠帮助所导致，小区所有可用的资源都已商品化了。因此，住房商品化并没有减少居民对国家的依赖，而是需要国家再度加强对基层的治理。

注释

1. 本文首次发表于《城市地理》(2018)。
2. 在 2004 年采访一位街道干部，以及在 10 年后的 2014 年采访另一位干部时，他们都表达了这一担忧。
3. 这是本研究的推论，因为我们的受访者不断提到“财务独立”的重要性，暗示“如果我们有自己的资金来源，肯定会按照自身意愿做更多的事”(一位街道干部，2014 年 11 月)。

参考文献

lakely E J, Snyder M G (1997). Fortress America: Gated Communities in the United States. Washington, DC: Brookings Institution Press.

Boland A, Zhu J G (2012). Public Participation in China's Green Communities: Mobilizing Memories and Structuring Incentives. Geoforum, 43(1), 147–157.

Bray D (2005). Social Space and Governance in Urban China: The Danwei System from Origins to Reform. Stanford: Stanford University Press.

Bray D (2006). Building 'Community': New Strategies of Governance in Urban China.

Economy and Society, 35(4), 530–549.

Cai Y S, Sheng Z M (2013). Homeowners' Activism in Beijing: Leaders with Mixed Motivations. The China Quarterly, 215, 513–532.

Cassiers T, Kesteloot C(2012). Socio-Spatial Inequalities and Social Cohesion in European Cities. Urban Studies, 49(9), 1909–1924.

Derleth J, Koldyk D R (2004). The Shequ Experiment: Grassroots Political Reform in Urban China. Journal of Contemporary China, 13(4), 747–777.

Forrest R, Kearns A (2001). Social Cohesion, Social Capital and the Neighbourhood. Urban Studies, 38(12), 2125–2143.

Forrest R, Yip, N M (2007). Neighbourhood and Neighboring in Contemporary Guangzhou. Journal of Contemporary China, 16(50), 47–64.

Friedmann J(2005). China's Urban Transition. Minneapolis: University of Minnesota Press.

Friedmann J (2007). Reflection on Place and Place-Making in the Cities of China. International Journal of Urban and Regional Research, 31(2), 257–279.

Friedmann J (2010). Place and Place-Making in Cities: A Global Perspective. Planning Theory and Practice, 11(2), 149–165.

Friedmann J (2011). Invisible Architecture: Neighbourhood Governance in China's Cities. In Gary Bridge & Sophie Watson (Eds.), The New Blackwell Companion to the City (pp. 690–700). Oxford: Wiley-Blackwell.

Fu Q, Lin N (2014). The Weaknesses of Civic Territorial Organizations: Civic Engagement and Homeowners Associations in Urban China. International Journal of Urban and Regional Research, 38(6), 2309–2327.

Gui Y, Ma W H, Mühlhahn K(2009). Grassroots Transformation in Contemporary China. Journal of Contemporary Asia, 39(3), 400–423.

HarveyD(2005). A Brief History of Neoliberalism. Oxford: Oxford University Press.

Hazelzet A, Wissink B(2012). Neighbourhoods, Social Networks, and Trust in Post-reform China: The Case of Guangzhou. Urban Geography, 33(2), 204–220.

He S J, Wu F L (2009). China's Emerging Neoliberal Urbanism: Perspectives from Urban Redevelopment. Antipode, 41(2), 282–304.

Heberer T, Göbel C(2011). The Politics of Community Building in Urban China. London: Routledge.

Hsing Y T(2010). The Great Urban Transformation: Politics of Land and Property in China. Oxford: Oxford University Press.

Huang Y Q (2006). Collectivism, Political Control, and Gating in Chinese Cities. Urban Geography, 27(6), 507–525.

Kearns A, Forrest R (2000). Social Cohesion and Multilevel Urban Governance. Urban Studies, 37(5–6), 995–1017.

Kearns A, Parkinson M (2001). The Significance of Neighbourhood. Urban Studies, 38 (12), 2103–2110.

Kempen R v, Wissink B(2014). Between Places and Flows: Towards a New Agenda for Neighbourhood Research in an Age of Mobility. Geografiska Annaler Series B-Human Geography, 96(2), 95–108. Lees, Loretta. (2008). Gentrification and Social Mixing: Towards an Inclusive Urban Renaissance? Urban Studies, 45(12), 2449–2470.

Logan J (Ed.)(2008). Urban China in transition. Oxford: Blackwell.
Logan J, Fang Y P, Zhang Z X (2010). The Winners in China's Urban Housing Reform. Housing Studies, 25(1), 101–117.
Ma L J C (2002). Urban Transformation in China, 1949–2000: A Review and Research Agenda. Environment and Planning A, 33(9), 1545–1569.
Musterd S, Murie A, Kesteloot C (Eds.) (2006). Neighbourhoods of Poverty: Urban Social Exclusion and Integration in Europe. Basingstoke: Palgrave Macmillan.
Ong A H (2007). Neoliberalism as a Mobile Technology. Transactions of the Institute of British Geographers, 32(1), 3–8.
Paddison R(2001). Communities in the City. In Ronan Paddison (Ed.), Handbook of urban studies (pp. 194–205). London: Sage.
Po L (2008). Redefining Rural Collectives in China: Land Conversion and the Emergence of Rural Shareholding Co-operatives. Urban Studies, 45(8), 1603–1623.
Pow C P (2009). Gated Communities in China: Class, Privilege and the Moral Politics of the Good Life. Abingdon: Routledge.
Putnam R D (2001). Bowling alone: The Collapse and Revival of American community. New York: Simon and Shuster.
Read B (2000). Revitalizing the State's Urban 'Nerve Tips'. The China Quarterly, 163, 806–820.
Read B(2003). Democratizing the Neighbourhood? New Private Housing and Homeowner Self-organization in Urban China. The China Journal, 49(1), 31–59.
Read B(2012). Roots of the State: Neighbourhood Organization and Social Networks in Beijing and Taipei. Stanford, CA: Stanford University Press.
Shi F Y, Cai Y S (2006). Disaggregating the State: Networks and Collective Resistance in Shanghai. The China Quarterly, 186, 314–332.
Shieh L, Friedmann J (2008). Restructuring Urban Governance: Community Construction in Contemporary China. City, 12(2), 183–195.
Shin H B (2013). The Right to the City and Critical Reflections on China's Property Rights Activism. Antipode, 45(5), 1167–1189.
Slater T, Anderson N (2012). The Reputational Ghetto: Territorial Stigmatisation in St Paul's, Bristol. Transactions of the Institute of British Geographers, 37(4), 530–546.
Smith A, Rochovska A (2007). Domesticating Neo-liberalism: Everyday Lives and the Geographies of Post-socialist Transformations. Geoforum, 38(6), 1163–1178.
Solinger D J, Hu Y Y (2011). Welfare, Wealth and Poverty in Urban China: The Dibao and Its Differential Disbursement. The China Quarterly, 211, 741–764.
Stenning A (2005). Post-socialism and the Changing Geographies of the Everyday in Poland. Transactions of the Institute of British Geographers, 30(1), 113–127.
Tomba L (2005). Residential Space and Collective Interest Formation in Beijing's Housing Disputes. The China Quarterly, 184, 934–951.
Tomba L(2014). The Government Next Door: Neighbourhood Politics in Urban China. Ithaca: Cornell University Press.
Wacquant L(2008). Urban Outcasts: A Comparative Sociology of Advanced Marginality. Cambridge: Polity Press.
Walder A G(1986). Communist Neo-traditionalism: Work and Authority in Chinese Industry. Berkeley, CA: University of California Press.
Walker R, Buck D (2007). The Chinese Road: Cities in the Transition to Capitalism. New Left Review, 46, 39–46.
Wang Y P, Wang Y L, Wu J S (2009). Urbanization and Informal Development in China: Urban Villages in Shenzhen. International Journal of Urban and

Regional Research, 33(4), 957–973.
Ward K, Fagan C, McDowell L, Perrons D, Ray K(2007). Living and Working in Urban Working Class Communities. Geoforum, 38(2), 312–325.
Whyte M K, Parish W L (1984). Urban Life in Contemporary China. Chicago, IL: University of Chicago Press.
Womack B (1991). Transfigured Community: Neo-traditionalism and Work Unit Socialism in China. The China Quarterly, 136, 313–332.
Wong L D, Poon B(2005). From Serving Neighbors to Recontrolling Urban Society. China Information, XIX(3), 413–442.
Wu F L. (2002). China's Changing Urban Governance in the Transition Towards a More Market-oriented Economy. Urban Studies, 39(7), 1071–1093.
Wu F L(2018). Planning Centrality, Market Instruments: Governing Chinese Urban Transformation under State Entrepreneurialism. Urban Studies, 55(7), 1383-1399.
WuF L(2017b). State Entrepreneurialism in Urban China. In Gilles Pinson & Christelle Morel Journel (Eds.), Debating the Neoliberal City (pp. 153–173). Abingdon: Routledge.
Wu F L, Zhang F Z, Webster C(2013). Informality and the Development and Demolition of Urban Villages in the Chinese Peri-urban Area. Urban Studies, 50(10), 1919–1934.
Zhang L(2010). Search of Paradise: Middle-class Living in a Chinese Metropolis. Ithaca, NY: Cornell University Press.
Zhu Y S, Breitung W, Li SM (2012). The Changing Meaning of Neighbourhood Attachment in Chinese Commodity Housing Estates: Evidence from Guangzhou. Urban Studies, 49(11), 2439–2457.

07 / 转型中的新源西里：一个后单位社区的社会生活与社区治理

王德福
武汉大学社会学院

本文解剖了一个典型的中国式老旧社区——新源西里的社会生活与社区治理样态，以此部分呈现中国城市从“单位制”向“社区制”转型中所遭遇的社区公共事务治理的复杂性。新源西里社区处于城市功能支持系统最成熟的老城区，社区居民的生活行为同区域性功能支持系统关联紧密，形成“社会生活有机体”。该社区房屋产权关系的复杂性和单位供给物业服务的差异性，反而造成社区居民在公共事务治理上的合作困境，政府和社区居委会不得不承担必要的社区管理和服务责任，某种程度上延续着单位制时期的社区治理方式。北京市特有的“权力密集”加剧了新源西里社区治理的复杂性，使得很多社区内部问题超越了社区自治的权能限度，这在一定程度上抑制了社区自治动力和能力的生长，造成后单位时期社区治理转型的迟滞。

引言

中国正在经历一场史无前例的体制转型和社会转型，这场主要由政府主导的转型运动通常被称为“改革开放”。伴随改革开放同步发生的，是城市基层社会管理体制的转型，也就是从“单位制”向“社区制”的转型。

众所周知的是，中国城市曾长期被“单位体制”主导（陆风，1989)。绝大多数城市居民都要依附于特定的“单位”获得工作机会，并且“单位”还垄断了几乎所有生活资料的分配，“国家”则通过“单位”体制实现了对城市居民的管控，也因此，“单位”被中国学者称为“总体性组织”（孙立平等，1994）。在那个时代，尽管单位体制之外还存在居民委员会这样一个居民自治组织，但由于其几乎没有多少管理对象和管理事务，也就基本沦为单位体制的“补充性组织”。单位体制随着城市经济体制改革而瓦解，城市居民从“总体性组织”中“脱离”出来，重新成为分散的个体。对中国这样一个超大型国家来说，国家如果直接同数以亿计的个体化居民实现有效对接，以达到社会控制和服务供给的目标，那其交易成本将会高到无法想象。因此，国家需要在“后单位”时代重新建立与居民打交道的组织中介。从城市居民的角度来说，或者说从城市基层社会来说，有大量超出一家一户的公共事务需要合作完成，这就需要重建包括居民委员会在内的居民自治组织。于是，“社区”体制被“创造”出来。2000 年，国家主导的“社区建设”在全国所有城市展开，“社区”被界定为“一定地域基础上的社会生活共同体”，“社区”的社会边界同“居民委员会”的管理边界重合，“社区”也就兼具了“社会单元”和“治理单元”的双重含义。中国的城市管理面临的基本问题之一，就是社区体制能否有效实现社会整合，达成社会公共事务的有效治理。

当下的中国城市中，实际上并存着两种主要的社区类型。一种是单位体制时期建设的居住空间所构成社区，在中国的语境中，这类社区常被称为“老旧社区”。另一种是伴随着房地产市场化改革形成的由商品房和封闭式居住小区构成的社区，这类可称为“新型社区”。这两种社区类型在实现公共事务治理上面临着不同的问题。老旧社区面临的核心问题有二：一是原本建立在业缘关系基础上的社会整合方式，如何应对“流动化”和“居住复杂化”的冲击；二是社区居民如何从单位包揽公共事务向自主治理公共事务转型。可以说，老旧社区是认识中国城市转型的“活化石”，它是一个思考国家权力如何同社会合作能力共同塑造基层公共事务治理能力的“场域”。

我们选择的北京市新源西里社区，对于认识中国城市老旧社区的转型具有极其典型的代表意义。首先，它是一个典型的建设于 20 世纪 80 年代单位制时期的老旧社区。其次，它所涉及的单位类型足够复杂，除了已经改制的国有企业，还有政府机关和事业单位，这些单位有的已经从社区事务中彻底撤出，有的则还继续存在，它们的“存在”增加了社区公共事务治理的复杂性。最后，北京是中国所有城市中政府层级最完整的，从中央政府、直辖市政府到区政府和街道办事处，这就造成社区事务很容易受到来自各层级政府权力的干预，从而进一步加剧了社区公共事务治理的复杂性。

新源西里概况

新源西里社区位于北京市朝阳区和东城区交界处，行政上隶属朝阳区左家庄街道办事处管辖（图 7.1）。辖区由新源西里中街小区和新源西里

图 7.1 新源西里社区区位
来源：谷歌地图

东街小区组成，占地面积约 0.75km²，共 2,047 户，常住人口 5,000 多人，其中户籍人口 4,000 多人。

新源西里地理位置较为优越，处于北京三环线内，毗邻机场高速，社区以南不到 500 米即进入北京使馆区，距离三里屯商圈不足 1.5 千米，东隔新东路是商务办公区琨莎中心。周边白领人群聚集，消费层次较高，这既给社区带来了大量的租房群体，也催生了以日本料理为特色的餐饮一条街。

社区交通条件较好，周围公交站点较多，东距地铁 10 号线（环线，方便换乘）亮马桥站约 1.5 千米。社区西北和东北方向隔东直门外斜街分布有左家庄科普廉政文化公园和香河园公园，西、南方向毗邻亮马河，可方便使用河岸景观廊道。社区直线距离 300 米处有早市（农贸市场）一处，300 米范围内还有京客隆超市和胡家园商场两处中型超市，步行 600 米左右为街道公共文化服务中心。社区内有新源里幼儿园西园、朝阳区实验小学新源里分校、清华附中朝阳分校西校区等教育机构，5 公里范围内有中日友好医院、安贞医院、陆总医院、北京中医医院、北京妇产医院等综合或专科三级甲等医院。

社区住宅楼共 22 栋，公寓楼 1 栋。其中，5 栋 22 层塔楼，1 栋 18 层板楼，其余均为 6 层楼房（图 7.2）。所有楼房均为 20 世纪 80 年代初期建成，当时是各单位分配的福利住房，20 世纪 90 年代房改后已经私有化，但物业管理仍残留着单位时期的模式，据不完全统计，社区内现有物业管理单

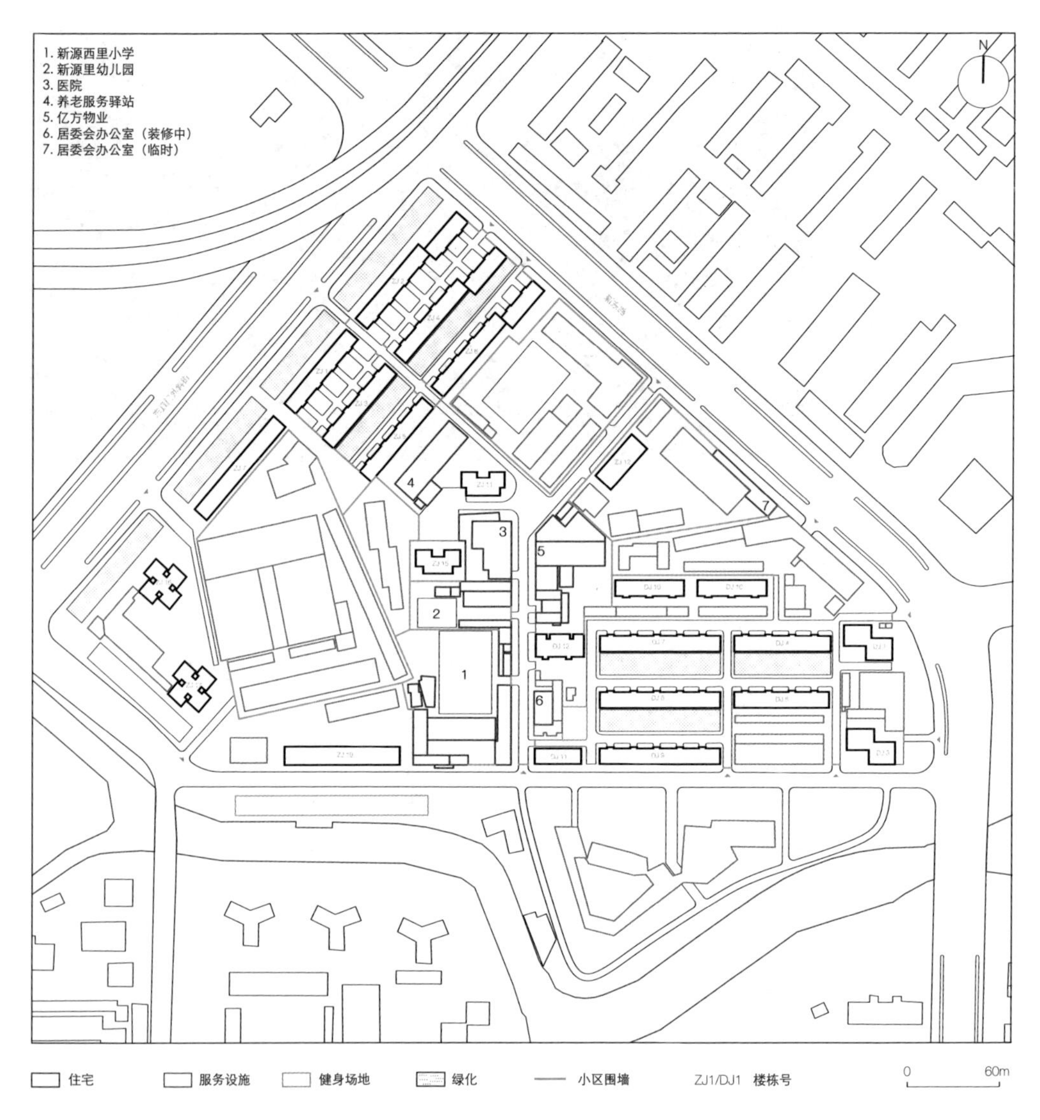

图 7.2 新源西里社区总平面，2018
来源：原始底图由超级建筑事务所提供；陈鹏宇、程婧如整理重绘

位 16 个，管理规模较大的为亿方物业。供暖模式也比较多元，既有自管也有托管给亿方物业的。

社区居民中约 30% 是 60 岁以上老年人，其中 80 岁以上老人有 200 多人。2017 年，社区引入养老驿站，通过政府购买服务方式提供为老服务，由一家社会组织运营，与社区卫生服务站共用活动场地。

新源西里社区现有社区党委、社区居委会、社区服务站等基层组织，社区干部有党委书记兼居委会主任 1 名、党委副书记 1 名，居委会副主任 1 名，社区服务站副站长 1 名，专职党务工作者 1 名，还有 6 名“居委干部”。除书记、专职党务工作者外，其余社区工作者年龄均在 30 岁左右。社区楼门长（又称“和谐促进员”）队伍共 117 人，板楼一个单元门 1 人，塔楼两层 1 人，均为志愿者，其中 70% 以上是党员，且几乎都为 60 岁以上老年人。

老旧社区：社会生活有机体

新源西里位于北京老城区，新源西里居民的社会生活具有老城区的全部特点，也就是它构成了一个“社会生活有机体”。

老城区是城市建设与城市发展的全部成果的聚集地，实现了优质公共服务资源的高度聚集。从居住小区来看，功能都比较单一，主要是居住功能，但小区与老城区的城市空间紧密关联在一起，构成了一个区域性的功能支持系统，老城区居民的基本生活需求都可以从这个功能支持系统中得到满足，而且具有低成本和高度便捷的优势。同时，服务供给的市场空间也为大量外来人口提供了生存机会，他们在这里从事一些小型餐饮、零售、家政等服务活动，成为老城区社会生态系统的重要组成部分。在这个意义上，老城区成为一个具有内部活力的生活有机体。老旧小区的功能有限性与周边公共服务设施的完备性构成了老城区城市空间的特有属性。同新建商品房小区大多规划有丰富的小区内部功能设施相比，老旧小区的居民对周边区域性的功能支持系统更加依赖，同城市公共空间的互动更为密切，小区与区域空间构成了紧密的有机关联，这是老城区更加具有社会性活力的基本原因。

正是成熟的功能设施，为老旧小区形成生活有机体奠定了基础。认识社区生活有机体需要区分居民生活的三个层次，即家庭生活、社区生活和社会生活。所谓家庭生活，顾名思义，就是居民家庭边界内的生活内容。

社区生活，则指居民在家庭之外社区以内所参与的休闲、社交、公共事务治理等内容，考虑到与周边环境的紧密关联性，居民在社区周边步行范围内的生活内容也可视为社区生活的一部分。更为关键的是，毗连区域内公共空间的社交对象、生活内容往往与社区紧密相关，这是其与城市中心广场等大型城市公共空间相区别的地方。社会生活则是指居民超越社区边界的，以整个城市为半径的休闲、社交等生活内容。社会生活发生在与社区在地理空间上相对隔离的城市空间内，其互动对象也基本与社区居民无关。简单区分这三个层次后，我们就可以更加清晰地认识到老小区作为生活有机体，同新小区的关键区别。简要说来，老小区是一个家庭生活与社区生活紧密关联的生活空间，新小区则往往以家庭生活为主，社区生活非常少，社区居民更依赖于社会生活。一个社区能够形成生活有机体，关键在于社区生活是否丰富。社区生活是将居民从家庭生活超越出来，与邻里打交道，并在邻里互动中产生出社区公共性的必要条件。

老社区的社区生活主要包括以下两个主要内容：一是群体性的休闲生活，主要是以趣缘性组织为核心展开的休闲，以及以麻将馆、棋牌室、小区公共空间为基础展开的开放性、大众性休闲（图 7.3，图 7.4）。趣缘性组织的休闲活动往往需要一定的才艺和特长，会唱会跳、爱好书法美术等，因此会天然形成一定的门槛，导致居民的直接参与度不会很高，最多是通过观看表演进行间接参与。后一类休闲活动则不需要特殊技能，尤其是以墙根处、树荫下的公共空间的闲聊开放程度最高。大多数普通老年人更愿意出入这些场所，即使不直接打牌打麻将或者参与聊天，光是围观本身就能带来休闲效果。二是传播信息生产舆论的社交生活。老年人的群体性休闲本身就具有社交功能，群体性休闲不同于养花种草这类个体性休闲，它本身就依赖于邻里互动。同社会生活领域的社交相比，社区生活中的社交具有重要的信息传播和舆论生产功能，也正因为具备此功能，老小区也才具备了一定程度的熟人社会的特点。

当然，除此之外，社区生活还有一个重要内容是关于社区公共事务的。不过，居民对于公共事务的关心和参与一般来说很少是其日常生活的一部分，而具有明显的社区动员的特点。但是，丰富的社区生活为居民参与社区公共事务奠定了基础，正是因为居民有社区生活的内在需求，所以他们对社区软硬环境才会形成直接的关切。相比之下，新小区居民的社会生活需求主要是通过社区之外更广阔的城市空间实现的，对社区的需求仅限于

图 7.3 （左）新源西里社区公共空间(摄影：程婧如)

图 7.4 （右）新源西里社区养老服务驿站和社区卫生室（摄影：程婧如）

家庭生活和小区硬环境，而后者依托于物业公司提供，因此，他们对于社区公共事务的参与意愿就要比老小区低得多。

在这个意义上，老城区的更新改造应该致力于强化和优化生活有机体的功能，同时，从生活有机体的角度出发，也能够合理分配小区空间与区域空间的改造资源。比如，不一定非要将小区或者社区从区域空间中割裂出来，单独进行功能完备性的改造，非要在小区内狭小逼仄的空间里，螺蛳壳里做道场，想方设法增加公共空间，其实完全可以将其与周围空间作为一个整体，从畅通区域空间内的功能支持系统出发，进行统筹设计与改造，这样，也可以实现资源更优化的配置。

社会合作困境

对于城市居民来说，社区主要是一个居住空间，居住衍生出部分生活需求也要在社区内实现。当然，由于普遍性的职住分离和城市居民社交行为的去地缘化，社区在居民生活中的作用也是有限的。居民对社区的功能依赖程度，很大程度上决定了社区发育成社会共同体的可能性。居住需求和部分生活需求，转化为社区中的公共事务，就是大量生活化的小事，比如邻里纠纷、环境卫生、公共空间利用秩序等。这些小微型的公共事务每天都要发生，单次事件体量都不大，但却直接关系到居民的居住品质和生活品质。政府是不适合直接办理这些小微型的公共事务的，那样的话成本高且效率低。这些事务天然需要居民通过社会合作实现自主治理。

经典意义上的中国式单位大院，具有职住融合和功能完备的特点。这样的居住空间基本可以满足居民日常生活、基础教育和初级医疗等全方位的需求。在此基础上，居民之间才会在社区内获取服务的同时频繁打照面，产生密集的互动。足够长的互动时间和足够高的互动密度，才会形成人际间全方位的信息共享、情感关联和集体认同。这是经典的单位大院能够形成较高强度社会整合的客观条件。当然，职住融合也使得业缘关系同地缘关系高度交融，人们的互动具有了总体性意义。

新源西里并不是一个经典意义上的单位大院。这是一个碎片化形成的建构型社区（图 7.5，图 7.6）。辖区内的楼栋大多是低层板楼，少数是高层塔楼。建筑年代都在 20 世纪 80 年代，还有 1998 年北京最后一批实物分房的。据不完全统计，这里有 7 栋部委住宅楼，涉及交通部、人事部、应急管理部等中央部委和市安全局、朝阳区委等市区两级部门，9 栋企业住宅楼，包含北京电话局、北京供电局、城建集团、北国投等 6 个单位，此外还有 4 栋多产权楼。尽管早已房改，但长期实行单位自管，缺乏统一物业。这就造成各住宅楼之间物业管理水平差异巨大。地下室、附属房、营业房等面积巨大，基本都是产权单位经营，辖区内还有学校等，居住空间因此被商业与公服体系侵入与打开。这是其治理复杂性的基本格局。也就是说，新源西里社区中的居民来自十多个不同的“单位”，业缘关系同地缘关系是分离的。单位身份的多元化，会产生一个非常不利于社会共同体形成的后果：单位给予其成员的薪酬待遇、福利保障和居住区物业服务具有明显差异，这些差异就在社区中造成了明显的群体异质性，还会造成人际关系的紧张。这就使得新源西里社区从一开始就没有形成社会共同体

图 7.5 （左）新源西里社区外部边界出入口之一（摄影：程婧如）

图 7.6 （右）新源西里社区内部边界出入口之一（摄影：程婧如）

的条件。

作为居住区最主要的公共事务之一，物业服务的差异化也一定程度上削弱了社会合作最重要的基础：利益共识。新源西里的居民习惯于将居住空间出现的问题归结为各单位资源条件、重视程度和管理水平，而非自身履行缴费义务，这使得单位撤出物业服务后，居民很难在短期内形成责任意识和参与意识。

上述因素共同造成了新源西里社区社会合作的困境。这主要表现在社区公共空间利用和管理事务上。作为一个老小区，新源西里的公共空间是非常有限的。社区中的公共空间处于若干栋楼房之间（图 7.7）。由于楼房可能分别由不同的单位建成，这就造成公共空间缺少明确的责任单位，单位负责的物业服务又仅限于楼栋之内，公共区域长期缺乏管理主体，长期以来只能主要依靠社区居委会和基层政府负责维护。新源西里公共空间利用冲突中，比较典型的有：一是停车问题。所有老旧小区都存在停车难问题，小区中的公共区域由于无人管理，停车秩序极为混乱，长期以来采取先占先得的原则，为了将这一“自然秩序”固化，许多车主私自加装了地锁，有的甚至占用多个车位，造成买车较晚的居民无处停车。停车矛盾日益突出，表明居民难以通过自发的社会合作化解这一难题。最终，还是依靠政府的强力干预，拆除了部分区域的地锁，并引入了管理公司进行专门的管理。二是公共区域环境卫生问题。由于建成年代较久，小区公共空间的绿化比较好，树木参天，但也给居民生活带来了不利影响。小区绿地的环境卫生问题一直非常突出，政府聘用的保洁员只能维持社区的基本清洁事务，主要是清扫道路和清运垃圾，但绿化区域却几乎无人管理。很多

图 7.7　新源西里社区楼栋间的公共空间（摄影：程婧如）

人往绿地中抛掷垃圾，甚至大小便，天气炎热的时候，既散发恶臭，还滋生蚊蝇，给附近居民生活造成很大困扰。我们在调研时，许多居民围着我们反映这个问题，他们都认为这是政府不作为，却没有反思这与居民无法达成合作有关。三是违章搭建。新源西里的违建问题非常突出，这也与社区缺乏自我管理能力有关。

由于居民普遍没有自发合作起来进行上述公共事务治理的意识和能力，加上随着单位制转型，许多单位放弃了对居住区的物业管理责任，使得社区居委会和基层政府不得不“包揽”上述事务。如果政府也彻底撤出，那么这个社区必将陷入失序，居民生活也将陷入困境。北京市近年来大力实施老旧小区更新改造，新源西里也经过了几次局部改造，小区基础设施得到了很大改善，其中最让居民称道的，就是去年实施的外墙保温改造。小区公共区域的保洁，也一直由社区居委会聘请保洁人员，成本也由政府支付。这样做的后果就是，居民的合作意识和责任意识更加难以生成，反而强化了“有事找政府”的观念。这是中国老旧社区普遍面临的问题。

“权力密集”的影响

北京社区转型除了具有其他城市普遍面临的问题外，还具有自身的独特性，这个独特性就是北京独有的“权力密集”特点。

权力密集是北京基层治理关键词。从中央到区街，几级权力压缩在同一个空间。社区本就能力有限，权力密集，既增加了问题发生的复杂性，还会增加问题化解的复杂性，切割了基层治理的完整能力。从调研来看，权力密集偶尔会通过特殊主义方式提高问题解决效率，但更多的反而是降低效率。

上述两个特点塑造了新源西里独特的社区治理逻辑。经过 20 世纪 90 年代的房改后，分配给私人的福利房已经私有化，产权主体的复杂化自然包括这些私有者，特别是房屋私有化之后具备了市场交易价值，原本相对同质化的单位住宅区已经发生了巨大变化，原住户比例已经很低，新住户和租户比例比较高，这些都是产权主体复杂化的表现。不过，即使发生了房改，私人之外的集体产权仍然广泛存在，比如大量地下空间，其所有权主体基本仍是原单位。与此同时，小区物业管理依然延续过去的单位管理模式，长期以来，几乎每个单位都聘用了专职人员在社区中负责相关的管理工作，其工作内容主要是两大类，一是收费，尤其是地下空间出租的租金，二是管理，管理内容比较简单，且现在大多流于形式，主要是打扫楼道，清运垃圾。随着近年来越来越多的单位转移承担的社会职能，许多单位撤走专职管理人员。

复杂的产权主体，形成了对社区微观利益空间的切割。这种切割的典型表现，就是各种灰色的建筑空间以及对空间的灰色利用。“灰色”的意思，是指建筑空间和空间利用行为在“合法”与“违法”之间存在一定的模糊性和弹性，在认定上存在争议。当然，这些灰色利益中，确实有相当一部分是明显违法的，但还有很大一部分，是由于法律自身的改变，或者政府城市管理标准的变化，而在当下被认定为违法的。新源西里社区比较典型且集中的灰色建筑空间，是锅炉房附近的多处建筑物，附小周围的建筑，以及部分被分配为住房的早期建筑工棚。此外，就是一楼居民搭建或改造的厨房、储物间。这些建筑空间是逐步形成的，比如锅炉房周围的建筑，是原来的堆煤场所，废弃后逐步被改造为几栋单层或两层建筑。最关键的是，这些空间都被利用了，而且利用行为本身也是灰色的。除了居民的违建外，集体产权的灰色建筑都被用于出租，形成了新源西里远近闻名的餐饮场所。另外一些灰色利用行为，则主要是居民住宅的住改商和地下空间的出租。据统计，北京地下空间一度容纳了上百万人口（周子书，2015），其相对低廉的租金使其成为容纳外来务工群体和年轻人的临时居住场所。

这些灰色化的建筑空间和空间利用行为，给社区治理带来了巨大挑战。当然，长期以来，这些空间的使用确实对解决部分群体的居住需求，给社区居民提供相对低成本且便利的生活服务等发挥了积极作用，但更重要的是，大量的灰色利益被各个产权主体攫取，成为单位“小金库”的重要收入来源。这些灰色空间和灰色化的空间利用行为，同居住空间插花存在，混入居民生活中，自然会带来社区治安、停车秩序、环境卫生、噪声扰民等问题。这些问题常态化地存在于居民日常生活中，产生了大量的居民投诉。但是，社区面对这些问题，基本上是无所作为的。一方面，在巨大利益驱动下，相关主体灰色化谋利行为的冲动，远远超过缺乏行政执法权的社区的管理能力，另一方面，这些利益主体背后，还牵涉到复杂的权力主体。产权主体本身就是权力机关，且都是社区基层组织的“上级”部门，国家部委、市区部门，甚至有街道办事处的直接上级。这就造成了一个非常“困难”的局面，密集的权力在社区内成为许多问题的直接责任源头，但由于这些权力都在社区管辖能力之外，这使得社区根本无法实施有效治理。

近两年，北京集中整治包括拆墙打洞在内的违建行为。新源西里打响了左家庄街道整治拆墙打洞的第一枪。从调研来看，拆墙打洞基本清理干净，但仍存在零星的反弹现象，毕竟居民刚性需求仍在，利益空间仍在。地下空间出租也基本清理完成，至少新源西里的所有地下室都被封闭了，尚未发现反弹。现在的问题是，剩下的违建整治，基本上都是硬骨头了。剩下的违建，都是地上空间的灰色建筑。目前来看，新源西里的几处集中违建场所仍在正常经营，也有少量进行了调整。比如原来附中有一排房子用来出租经营，现在都被改作了学生宿舍。还有就是，居民的违建也没有动。据统计，新源西里社区总共有 140 多处违建，其中属于拆墙打洞的不到 20 个，这就意味着，尚有 120 处违建待拆除。现在，由社区主导去做拆违的群众工作，居民都说“你先把附小的违建拆了我就拆”。显然，权力部门的密集存在，其在居民生活空间中的“明目张胆”的谋利行为，造成了非常负面的影响，而仅仅依靠社区，是无法消除这些影响的。

参考文献

路风 . 单位 : 一种特殊的社会组织形式 [J]. 中国社会科学 , 1989(01): 71-88.

孙立平 , 王汉生 , 王思斌 , 林彬 , 杨善华 . 改革以来中国社会结构的变迁 [J]. 中国社会科学 , 1994(02): 47-62.

周子书 . 重新赋权——北京防空地下室的转变 [J]. 装饰 , 2015(01): 24-25.

08 / 构联关系、集体空间、社区规划：中国城市社区的日常性基础结构

程婧如
英国皇家艺术学院建筑学院

通过对上海和武汉城市社区样本的考察，本文论证了社区的社会治理和小区的空间组织之间的对应关系 (correspondence)。正是这一组社会—空间对应关系构成了中国城市社区的日常性基础结构 (everyday infrastructure), 其运作依赖于正式与非正式手段之间的错综联结 (entanglement)。这种错综联结既根植于集体空间 (collective space) 和构联关系 (associational relationship) 之中，也由行动者通过这两种媒介使之转化为社会现实。这可以被理解为一种集体能动性 (collective agency)，在中国城市居民的日常生活中扮演着至关重要的作用。通过社区规划，这两组机制（即社会—空间对应关系和错综联结）在当下全国范围的社区更新过程中被凝练、增强和物化。社区规划本质上是一种以空间设计为媒介进行的社会设计，其中居民参与至关重要。因此，探索新兴的社区规划体制，以及居民在社区事务管理中的角色和责任，或是中国城市治理改革的新方向。

引言

当被问及什么是社区时，社区的居住者、管理者和规划者有着不同的答案。[1]

居民甲：“社区是大家庭，有事互相联系。”

居民乙：“社区是组织，是娘家，是靠山，是主心骨，还能解决问题。”

居民丙：“社区是为老百姓服务的，包括居委会和街道。”

居委会干部：“社区是政府为了方便管理划出的圈圈。”

街道办事处党委书记：“社区是居民活动生活的范围。”

区政府规划局官员：“社区是最基础的管理单元。”

根据民政部的官方表述，“社区是指聚居在一定地域范围内的人们所组成的社会生活共同体”，其范围则是“居民委员会辖区”（中华人民共

和国国务院办公厅，2000）。这一定义意味着，社区这一概念在中国的语境下，保留了作为一个社会单元的意义的同时，也被重新定义扮演着中国城市社会最基层的政治和行政单元的角色。

作为社区的重要组成部分，小区是中国城市居住区的基本空间模块。小区的出现，契合了中国自 20 世纪 80 年代开始的从社会主义计划经济向市场经济的转变轨迹。在计划经济体制下，单位是国家的总体性管理规划单元，管控城市居民的生活、工作和公共服务。单位体制的改革使得生活、工作和公共服务三者分离。与此同时，结合住房私有化和城市土地改革，在小区模式下，公共服务逐步从国家性供给转变为私营性供给。

社区的社会治理在小区的空间组织中展开，二者共同构成了中国大多数城市人口（超过 8 亿人）赖以生存的日常性基础结构（everyday infrastructure）。在中国的城市社区中，正式和非正式的基础结构在社会和空间双重意义上错综联结。

社区与小区的“社会—空间”对应关系

在单位体制改革的同时，“社区建设”这一概念于 1991 年提出，社区体制由此逐步成为中国城市及其人口的管理制度。在城市治理层面，社区建设的核心是重新定义居委会和街道办事的角色。[2] 前者被官方定义为基层群众性自治组织，后者则是区级政府的派出机关。在大多数情况下，社区由居委会与私营物业管理公司合作管理。居委会的主要治理职能包括福利、服务、调解、治安、计划生育、环境卫生、文化教育等，几乎涵盖了日常事务的各个方面。这使居委会成为社会服务和福利供给的终端，与社区居民形成相对紧密稳定的关系。而街道办事处则既对接区政府贯彻执行其政策与指示，也负责管理下设居委会的战略治理和资源整合分配，起着“承上启下”的作用。这两个层级的治理结构共同组成了中国城市的基层组织。

在这两个层级中，中国共产党的地方组织都是其重要的部分。这一点在为促进党的宣传而开展的文化教育活动中表现得尤为明显。毫无疑问，居委会和街道办事处是中央政府促进党民关系的政治组织。正如吴缚龙所言，住房私有化并没有减少城市居民对国家的依赖，恰恰相反，国家在场经由居委会的职业化而增强。[3] 因此，尽管中国正逐步向市场经济转型，但国家从未真正从城市基层治理中退出，其角色正从直接管理（通过单位体制）向治理（通过社区体制）转变。

尽管总体政策与策略在中央政府这一层级制定，中国的城市治理体系允许并鼓励市级政府尝试不同的治理手段。从成功的实验和试点项目中获取的经验，可能会成为其他城市的指导政策，这是中国政府治理实践的一个重要方面。因此，社区和小区的空间规模、人口及其相关政策因城市而异。本文以上海和武汉为主要讨论语境。在差异化的社区体系中，上海是一个例外，因为上海的社区是在街道一级设立的。例如，虹梅社区由 13 个居委会组成，这些居委会管理着 22 个小区和一个城中村，一共约 31,000 人（图 8.1）。相比之下，武汉代表了更普遍的结构，即社区在居委会一级设立。例如，葛光社区的总人口约为 5200 人，由葛光居委会管理，其主要辖区是葛光小区（图 8.2）。[4]

社区的行政边界可以根据不断变化的政策来绘制和重绘，而其物理边界则由小区围墙划定。上海虹梅小区是虹梅社区下属的 22 个小区之一，建于 1996 年，是经规划的商品房小区的典型案例（图 8.3）。小区围墙圈起 10 栋多层住宅楼，互相之间被绿地隔开。每栋住宅楼有数个入口，

上海

徐汇区

虹梅街道（社区）

钦北居委会
627户
常住人口 2800
（户籍人口1028）

社区治理组织结构
社区党委 + 社区居委会　共7人
社区书记 - 1
其他社区两委成员 - 5
（兼任网格员）
社区公共服务干事 - 1

重要社区治理相关政策
居委会干部属地化
城市精细化治理
（“像绣花一样精细”）

虹梅小区	虹六小区	邹家宅城中村
360户；建于1996年 10栋住宅楼 出租率约50% 有物业公司与业委会	154户 建于1987-88 出租率约60% 有物业公司与业委会	注册44户 常住人口约1300 （户籍人口约300） 成立自管小组（7+7）

图 8.1　上海虹梅社区钦北居委会行政构架及区域鸟瞰（2018）
来源：卫星图来自谷歌地球，标注与图解由程婧如绘制

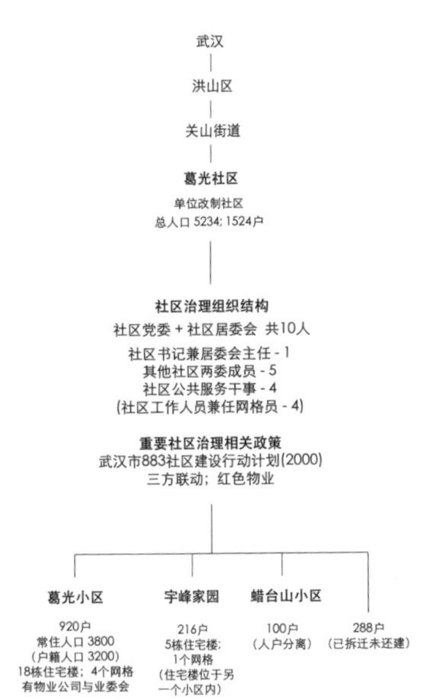

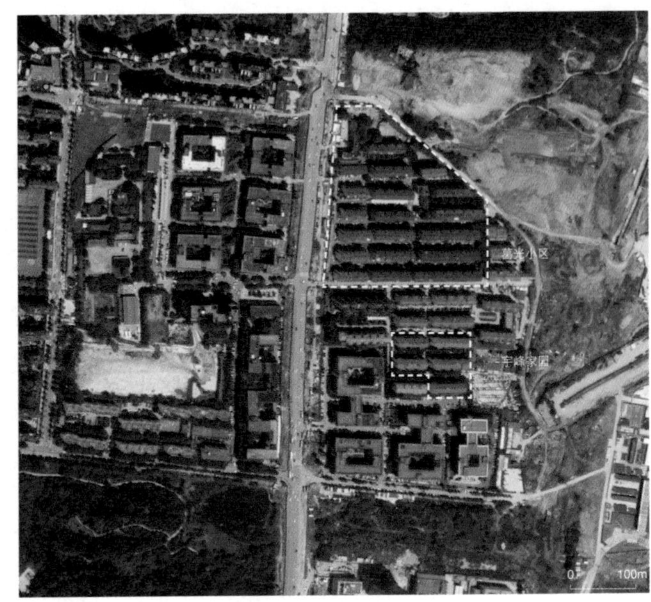

图 8.2 武汉关山街道葛光社区行政构架及区域鸟瞰（2018）
来源：卫星图来自谷歌地球，标注与图解由程婧如绘制

由楼梯作为纵向交通核连接着每层两个或四个标准化住宅单元。共用一个纵向交通核的所有住宅单元组成了一个“住宅楼单元”，成为整个住宅楼的一个子结构。这一点在小区楼栋的编号中体现得很明显：住宅楼编号从1到10，住宅楼单元的编号从1到22。居民代表以住宅楼单元为单位选出，这个空间上的子结构由此反映在社区的管理结构上。武汉葛光社区是单位改制社区，葛光小区由两个前职工家属小区合并，其总体空间结构与虹梅小区类似（图 8.4）。从小区到住宅楼，到住宅楼单元，到个人住宅单元，这样一种系统层级式的住房组织方式将小区的居住人口逐级切分，以形成小规模、可管理的群体。

在这两个案例中，社区服务设施的分布都发挥着组织作用，以中心社区空间和小区正门为两个焦点。在葛光小区，其社区服务中心位于小区物理空间上的近中心位置，设有居委会办公室和多种居民活动室。此外，小区内还有一个休闲长廊和硬质活动场地，旁边是几家便利店和一处公告栏；这些元素一起形成了一个“社区通廊”，一端是社区服务中心，一端是小区正门（图 8.5—图 8.7）。在虹梅小区，这些基本元素大致相同，但排列得更为紧密：以凉亭和硬质活动场地为中心，通过一排两侧设有公告栏的

图 8.3　虹梅小区总平面图，2018 年
来源：底图由虹梅街道提供；张润泽、程婧如校勘；程婧如重绘

花坛与正门相连（图 8.8—图 8.10）。钦北居委会位于虹梅小区边缘一排小餐馆和便利店的楼上，均面向城市街道，一起构成了小区的部分边界。形成这一格局的部分原因是虹梅小区内部空间不足，还有部分原因是钦北居委会还负责管理红六小区和邹家宅城中村。

小区内的共享活动空间为居民提供社交互动和休闲活动场所的同时，也创造了一个居民互相监督以及自我监督的场域，以确保居民遵守社会行为规范。而小区正门，一方面监控着居民和访客的进出，另一方面也是社

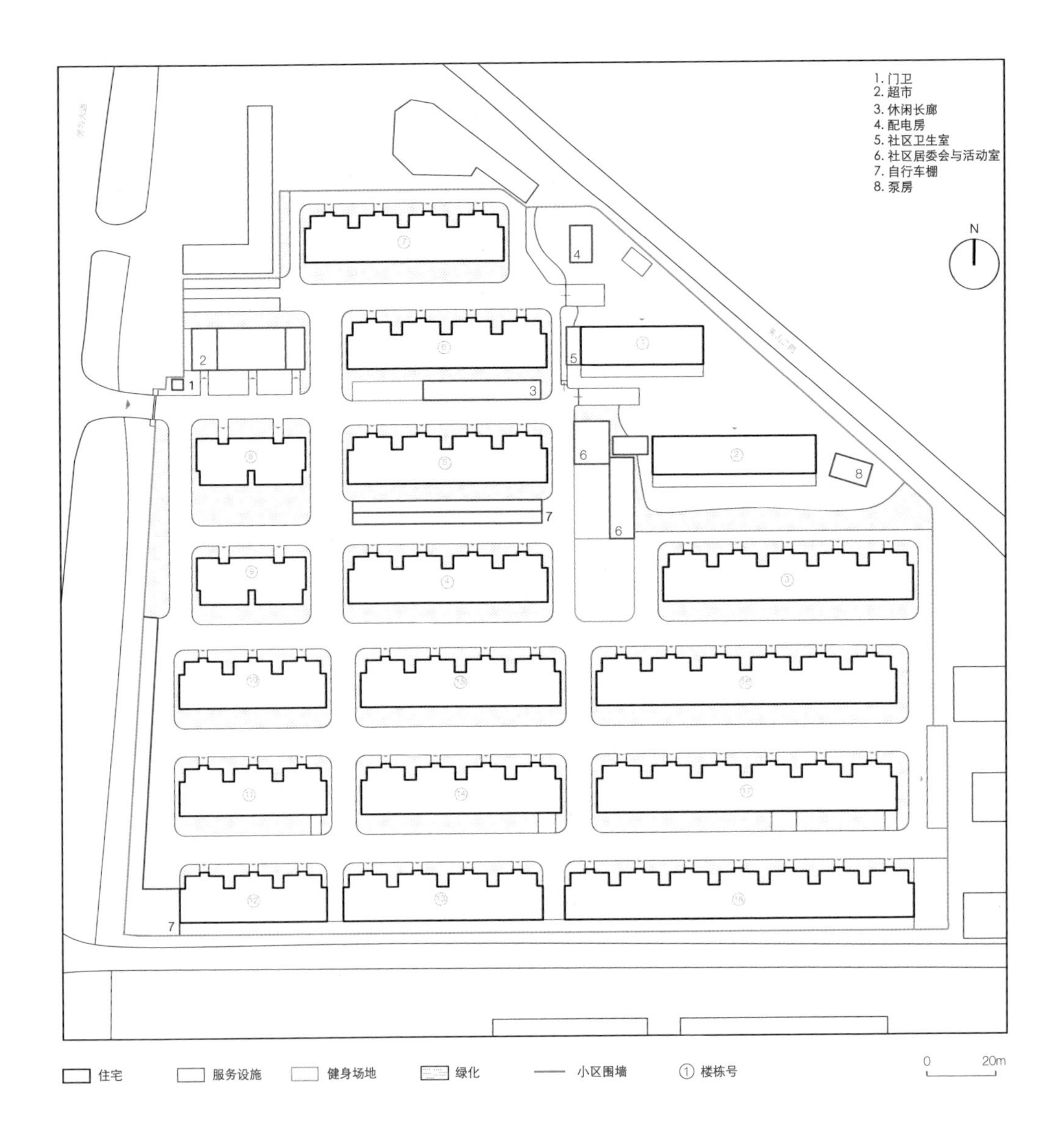

图 8.4 葛光小区总平面图，2018 年
来源：底图由葛光社区提供；曹筱袤、周韵诗、高亦卓和程婧如校勘；程婧如重绘。

区内重要的信息传递点。正门附近的公告栏或信息墙经常展示各类内容，从国家最新政策，到管理部门推广的道德行为准则，到社区日常的大小活动。这样的社会—空间环境引导着居民端正行为举止并善于进行自我检查。简而言之，在划定社区物理边界和居委会辖区之外，小区的空间组织事实上具体化了城市基层治理中的各种政府管理性（governmental）职能。因此，社区和小区之间的社会—空间对应关系可以被理解为城市居民日常生活治理与监督的空间化。

图 8.5 葛光社区党员群众服务中心

图 8.6 葛光小区休闲长廊

图 8.7 葛光小区正门

图 8.8 虹梅小区硬质活动场地

图 8.9 虹梅小区公告栏

图 8.10 虹梅小区正门

集体空间与构联关系

在某种程度上，小区墙外属于城市公共领域，私人公寓墙内则是居家领域。而在小区围墙内与公寓墙外的区域，是日常社区活动和城市基层治理发生的场所。《中华人民共和国物权法》规定，业主除了拥有公寓的“用益物权或担保物权”之外，还对小区内的共享区域和物业（如道路和绿地）拥有“共有和共同管理的权利”。[5]因此，众多利益相关方，包括全体业主、居委会、物业管理公司和业主委员会（如适用）等均牵涉其中，共同利益和个人利益牵扯纠葛，正式机制和非正式机制错综联结。

社区共享设施和空间供小区或社区的居民使用，如葛光社区服务中心的“服务大厅”，但有时也会有其他小区的居民作为访客使用，例如社区服务中心的“麻将室”和“妇女之家”。（图 8.11—图 8.13）换言之，小区内共享空间与小区外公共空间的根本区别在于前者拥有明确划定的用户群体。除了共享所有权之外，这一用户群体的划定也基于中国户籍体制下福利服务的共享。从这个意义上说，社区是人口管理的基本单元。社区的上述行政治理属性使得中国小区居民之间的共享性显著区别于外国市场化封闭社区居民之间的共享性（后者只是共享物业）。社区空间的日常使用，以及在社区空间中的社交频率和强度，进一步加强了用户之间的社会联系。正是这种社会—空间对应关系的相互强化，使得中国小区中的共享空间具有了集体性。[6]

在这种“社会—空间”对应关系的基础上，居民对小区作为一个集体领域的认知，也触发了一系列自发性改建和非预期使用，有时是基于共享利益，有时则是个人利益。在我们研究的所有小区中，底层住宅单元常常被改建为提供日常社区服务的商用物业（如发廊、维修店和便利店），或者扩建底层住宅单元，以便扩大个人居住空间。（图 8.14—图 8.18）同时，也存在某种形式的临时侵占，例如，在社区硬质活动场地晒花生或在自行车棚晾衣物（图 8.19，图 8.20）。此外，即使没有集体空间，居民也会发挥生活智慧来满足自身需求，例如，在住宅楼单元门前创建一个临时露天客厅（图 8.21）。对共享空间的非预期使用在小区中构成了一层非正式的基础结构，其具有暂时性、机会性和关联性。这层非正式基础结构的形成和运作的本质，是对集体性的一种弹性认知，换言之，是集体和私人之间的一种模棱两可的、可协商的界限。而这种模糊的界限源自“熟人社会”

图 8.11 葛光社区服务中心服务大厅

图 8.12 葛光社区服务中心麻将室

图 8.13 葛光社区服务中心妇女之家

图 8.14 底层住宅单元改建的发廊

图 8.15 底层住宅单元改建的维修店

图 8.16 底层住宅单元改建的便利店

图 8.17 底层住宅单元延伸而出的庭院

图 8.18 底层住宅单元扩建

图 8.19 社区硬质活动场地用于晾晒花生

图 8.20 自行车棚用于晾晒衣物

图 8.21 住宅楼单元门前的临时露天客厅

中弹性的社会关系。[7] 模糊性和可协商性通过正式和非正式空间基础结构的错综联结而具体化，是构成社区意识的重要部分。

正式和非正式基础结构的错综联结不仅体现在小区空间上，也体现在社区治理中。通过对上海、武汉和北京街道办事处和居委会的访谈，我们发现社区治理工作存在一个突出的共性问题：街道办事处和居委会缺乏履行行政职责所需的资源和权力。应对这一问题，上海作为中国城市治理最先进的城市之一，于 2014 年启动了一项关于“属地管理”模式的研究，并随后推广了这一模式。[8] 作为一种新的城市治理方式，上海市政府取消街道办事处招商引资方面的职能与考核，转而将社区的社会治理作为其核心责任。这标志着，政府工作重点已从粗放的城市增长转向全面的城市治理。属地管理模式赋予基层机构更大的决策权和能动性，以便调动街道一级的人力财力资源。[9] 同时，这一政策也使得党组织在城市社会基层结构中进一步深化整合。实施这一新模式的核心要素是，街道和居委会干部实现本地化 [10] 和专业化。例如，在虹梅社区，身为虹梅街道居民的干部比例在 2018 年达到 98%。在社区治理实践中，尤其是面对面治理，社区内部的人际关系网络发挥了至关重要的作用，从而对居委会、业主委员会和物业管理公司的正式治理结构形成了有益补充。上海的属地管理模式实质上认可并促进了这种非正式的治理基础结构。

在本质上，治理的非正式基础结构表明治理者和被治理者之间需要建立更密切、稳定和长久的关系。上海虹梅社区钦北居委会的居民代表制度就是一个典型案例。2018 年，钦北居委会仅有 7 名正式社区工作人员，任务繁重。为此，钦北居委会书记将居民代表的人数从每栋楼 1 人增至 2 人，居民代表总数增至 62 人。要当选为居民代表，至少需要 10 名楼栋居民的支持，而能否获得支持在很大程度上取决于候选人在社区居民里的社会关系。这样一来，虽然居委会很难与小区所有居民直接建立密切关系，但上述 62 名居民代表构成了一个中层结构，成为连接居委会和普通居民的媒介。

与居委会管理的总人口相比，居民代表的人数并不多。为了帮助这些代表在居民中产生积极影响，钦北居委会采用了推广“社区达人”的方式。虹梅小区有一个故事广为流传：一个刚刚退休的居民酗酒自闭，热情细心的居委会工作人员（特别是书记）对其进行了积极帮扶，使这位居民的生活重回正轨。现在，这位居民已成为居民代表，不仅是虹梅小区社区活动室的志愿负责人，还是虹梅小区正门公告栏展示的“社区达人”之一，备受人们尊敬。除这位居民之外，公告栏里的每位“社区达人”都是不同类别社区生活的榜样。“社区达人”的设立与推广加强了居民代表制度的标杆性和榜样性。由此，民间权威得以建立和合法化。这一民间权威构成的中层结构之所以行之有效，是其能够深深扎根于社区，契合熟人社会中权力关系的运作方式。

然而，构成居民代表网络（或更广泛意义上的社区积极分子网络）的基础并不是完整的熟人社会，而是一个局部重构的熟人社会。通过这种方式，普通的社会关系具有了关联性 (associational)。换言之，构联关系是一种对社会实践具有影响力和制约性的社会关系。因此，钦北居委会的社区治理卓有成效，与其说归功于制度化实践，不如说是关联关系工具化的结果。[11] 构联关系一方面能够促使居民遵守社区规范并对违反规范的行为进行监督，另一方面有助于提供更多的社会关怀，而这种社会关怀并非通过健康护理或儿童照护这类正式的形式提供，而是悄无声息地融入日常生活的方方面面。

社区规划

社区建设作为一项国家工程自 20 世纪 90 年代起延续至今，是一个一直处在变化中的社会过程。近年来，中国城市社区正经历着第一轮社区更新。其中至关重要的是社区规划体系的建立、推广和实践，这与中国日益变化的城市规划和城市设计实践密切相关。[12] 中国城市规划和城市设计的重点，已从关注城市扩张的规划转向关注现有城市区域的再生。与之相契合的是规划设计尺度的转变，从房地产开发模式下的大地块，到社区生活和社区治理发生的邻里街区。这一变化已被编入中国住房和城乡建设部 2018 年 12 月颁布的《城市居住区规划设计标准》（GB 50180—2018）。现有的三级城市居住组织结构（居住区、小区和组团）[13] 被一个新的四级组织结构取代，即 15 分钟、10 分钟、5 分钟生活圈居住区以及居住街坊。[14] 这一重构突显了对城市居民日常生活的时空关注。事实上，5 分钟生活圈大致上是一个居委会的管辖范围，10 分钟生活圈则是一个街道办事处的管辖范围（于一凡，2019）。因此，以步行范围为尺度的邻里街区或生活圈是从规划角度有意对应社区作为城市治理单元的职能。

从最基本的意义上来说，社区更新旨在改善小区日益老化的物理基础设施，其过程依赖区政府、街道、居委会、设计专业人员和居民自身之间的协商合作。武汉市北湖街道妙三社区[15]的更新项目是一个典型案例。该项目由湖北美术学院环境艺术研究所牵头，受北湖街道办事处委托，并得到江汉区政府资助（图 8.22）。更新设计的对象是妙三社区的老旧小区片区，有 10 栋住宅楼，共 342 户。北湖街道的项目说明里列出的七项问题均围绕老化的物理基础设施，诸如地下管网、空中管线和墙面水泥脱离等（图 8.23）。

为了推进社区更新，社区规划师制度应运而生。[16]在当下，该制度因城市而异，例如，在上海和北京，社区规划师均为规划或建筑设计专业人员，由区政府任命并在街道一级工作；而在武汉，社区规划师则是社区居民代表。然而，尽管社区规划师的定义不同，但这一制度在多个城市的不同尝试均肯定了规划过程需要更加深入社区的必要性，以在利益相关方之间建立更密切和更长久的关系。

在诸多社区规划导则中，参与式规划被广泛提倡。[17]规划过程中的居民参与旨在培育社区的自我组织与自治。虽然居民参与和社区自治目前仍处于初级阶段，并在不同城市以不同的方式推进，但一些共性问题已经出现。例如，妙三社区更新项目中的居民参与过程过度依赖年长居民。[18]随

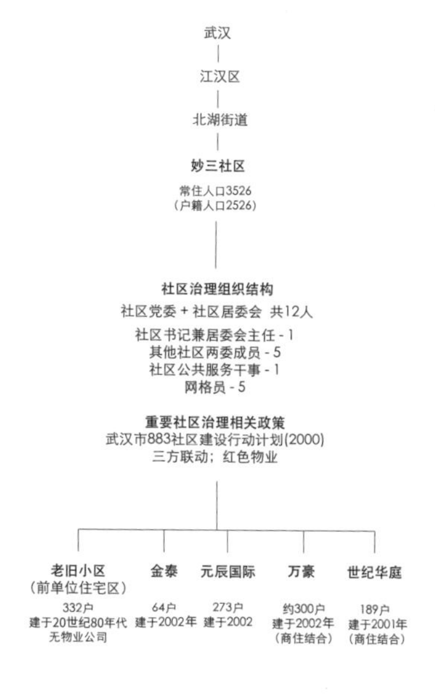

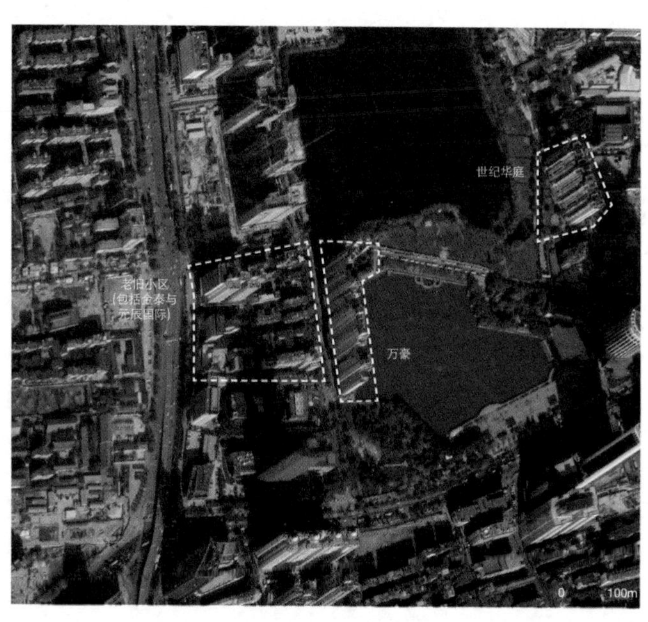

图 8.22　武汉北湖街道妙三社区行政构架及区域鸟瞰（2018）
来源：卫星图来自谷歌地球，标注与图解由程婧如绘制

图 8.23 妙三旧小区片区总平面图（2018）
来源：底图由湖北美术学院环境艺术研究所提供；曹筱袤、程婧如校勘；程婧如重绘

着年龄的增长，他们的生活圈和社交圈越来越与社区重叠，[19] 因此他们的反馈与建议有其社会–空间特性。其他居民群体，如中青年居民，他们的需求和利益没有得到很好的体现。此外，妙三社区复杂的单位历史使该社区在社会和空间双重意义上均高度碎片化。因此，妙三社区更像是一个行政单元，而非社会单元。[20] 社区意识薄弱导致共同利益无法有效建立，而共同利益恰恰是一个集体得以自治的基础。社区规划这一过程与利益相关方之间的博弈以及社区内的社会权利关系与动态交织在一起。因此，社区

规划本质上是一种以空间设计为媒介进行的社会设计。社区规划体现并进一步推动了经济利益、政治权力和社会资本之间的协商关系。

结语

本文探讨了两组机制：其一，社区的社会治理和小区的空间组织之间的社会—空间对应关系，及其对中国城市社区日常性基础结构的构成。其二，在第一组关系的基础上，存在着正式与非正式手段之间的错综联结，是中国城市社区日常性基础结构的运作机制。这种错综联结既根植于集体空间和构联关系之中，也由行动者通过这两种媒介使之转化为社会现实。这可以被理解为一种集体能动性（collective agency），源自中国单位体制下的集体化乃至数千年的农业历史中具体化熟人社会下的种种机制。这一代集体能动性仍然在当下中国城市居民的日常生活中扮演着至关重要的作用。

通过社区规划，这两组机制在当前全国范围的社区更新过程中被凝练、增强和物化。社区更新是一个重新分配和平衡社区内资源和利益的时刻。因此，社区规划是利益相关方之间进行合作和协商的过程，且这一过程并不会随着物理设施改造完成后停止，具有永久延续性。居民参与这一过程，可被视为给予居民发声的空间与机会，培育居民自我管理社区事务所需的能力。因此，探索这一新兴的社区规划体系以及居民在社区管理中的作用和责任，是中国城市治理结构改革的新方向。

注释

1. 这些回答是于 2018 年 7 月至 9 月在中国武汉、上海和北京进行的访谈中收集的。
2. 单位体制下也存在居委会和街道办事处。但由于单位的主导地位，居委会和街道办事处主要在管理中起辅助作用。
3. 参见本书章节：吴缚龙《住房商品化与国家治理的回归：中国治理方式的变迁》。
4. 除了葛光小区外，葛光社区还负责管理相邻的宇峰家园小区的 5 栋建筑。
5. 见 2007 年生效的《中华人民共和国物权法》第 40 条和第 70 条。
6. 集体空间的概念源于中国集体形制研讨会，由英国建筑联盟学院武汉访校（2016—2017）主办，萨姆 · 雅各比和程婧如为联合负责人。
7. “熟人社会”的概念由费孝通在《乡土中国》中提出。
8. 继 2014 年上海政府主导的“一号课题”社会治理和城市基层研究之后，中共上海市委于 2015 年发布了《关于进一步创新社会治理加强基层建设的意见》及其六个配套文件。

9. 然而，属地管理模式的运作目前仍在城市治理的层级框架中。这意味着来自上级行政部门的政治任务仍然是基层治理的重点，而非相反（即社区日常管理事务主导基层治理）。
10. 干部专业化主要是指，招聘具有较高教育水平的年轻人，并提供较高的工资。
11. 除了采用居民代表和社区达人制度之外，钦北居委会还在小区定期组织志愿工作。例如，每周四大约有 30 名居民和居委会干部一起捡拾小区垃圾。通过访谈得知，居民非常喜欢从事这类活动，部分居民把一起捡垃圾称为每周一次的集体锻炼。其他类似的活动包括，指导和推动垃圾分类 (干垃圾、湿垃圾、可回收物和有害垃圾)，此项工作由三名居民和一名干部组成一个小组，半个月轮换一次。
12. 中国在 21 世纪初开始出现关于社区规划的讨论。参见赵蔚和赵民，“从居住区规划到社区规划”，《城市规划学刊》，2002 (06): 68-71。社区规划从 2010 年起已经成为热门话题。
13. 见《城市居住区规划设计规范》(GB50180-93)。2002 年修订版中的各级标准控制规模如下：①居住区 30,000 ～ 50,000 人 (10,000 ～ 16,000 户)；②小区 10,000 ～ 15,000 人 (3,000 ～ 5,000 户)；③组团 1,000 ～ 3,000 人 (300 ～ 1,000 户)。该设计标准自 1994 年首次实施，并历经多次修订，但上述数字保持不变。此处的居住区通常是指一个城市街道办事处管辖的区域。
14. 2018 年的《城市居住区规划设计标准》（GB 50180—2018）将四级标准控制规模定义如下：① 15 分钟生活圈居住区：50,000 ～ 100,000 人 (17,000 ～ 32,000 套住宅)；② 10 分钟生活圈居住区：15,000 ～ 25,000 人 (5000 ～ 8000 套住宅)；③ 5 分钟生活圈居住区：5,000 ～ 12,000 人（1,500 ～ 4,000 套住宅）；④居住街坊：1,000 ～ 3,000 人 (300-1,000 套住宅，用地面积 2 ～ 4 hm^2）。
15. 妙三社区由妙三居委会管理，总人口约为 3,500 人，共有 6 个老旧小区（前单位住房）和 4 个新小区（商品房住房）。
16. 深圳是国内较早开始尝试社区规划师制度的城市。然而，深圳试验主要是任命政府处级干部作为社区规划师。因此，这更多是城市治理体制的内部调整，而非真正的社区规划师制度。此后，上海杨浦区政府于 2018 年 1 月推出了社区规划师制度，正式任命同济大学规划、建筑和景观设计专业的 12 名专家担任杨浦区 12 个街道和乡镇的社区规划师。此举标志着引入设计专业人士作为社区长期利益相关方的制度化尝试。
17. 例如，参见 2018 年 6 月由武汉轻工建筑设计有限公司编制的《武汉市社区规划工作机制与设计技术导则》，“1.7 工作重点”。
18. 在妙三更新项目中，居民参与是通过一系列访谈和小组讨论进行的，居委会和设计团队也参与其中。在 2018 年 7 月至 9 月的田野调查期间，一系列不同活动的参会居民基本是 10 人左右相对固定的群体，且年龄都在 60 岁以上。

19. 访谈表明，他们日常活动的范围已从 30 分钟步行距离逐渐缩短至 5 分钟，15 分钟的步行距离就已超出其承受能力。此外，许多老年居民已经在小区生活了数十年，因此与小区居民和居委会形成了更密切的联系。这些因素使他们成为最愿意参与的群体。

20. 妙三的老旧小区片区是由 6 家单位在 20 世纪 80 年代建造的前单位住房组成；由于距离很近，这 10 栋建筑在 2002 年武汉实施《社区建设》政策期间成为一个社区。旧单位的认同仍然存在，因此，居民没有成立业主委员会，也未邀请物业管理公司管理。目前，居委会按最低标准对所有住宅楼进行维护管理。这也是这个老旧小区的物理基础设施条件老化如此之快的原因。在空间上，这些住宅楼仍属不同的单位，且仍然被围墙隔开。同时，因为空间高度碎片化，这个旧小区几乎没有公共空间。在小组观察讨论中，居民主要关心个人利益或原单位围墙内住宅楼周边的问题。

参考文献

于一凡 . 从传统居住区规划到社区生活圈规划 [J]. 城市规划 , 2019 (5): 17-22.

中华人民共和国国务院办公厅 . 民政部关于在全国推进城市社区建设的意见 [R]，2000.

09 / 城市社区空间的治理组织及其关系机制：武汉市洪山区关山街葛光社区调研报告

张雪霖
武汉大学新闻与传播学院

社区空间是介于城市公共空间与私人空间的“第三空间”，政府各部门、街道、居委会、业委会、物业公司等多元主体在此交汇，形成了社区治理的复杂性。研究以武汉市葛光社区为代表性个案，分析了社区的房屋产权性质、公共设施与治理组织关系，并提出了社区治理的一般机制与逻辑。一般而言，社区居委会、业委会与物业公司等“三驾马车”的运转效果，决定了城市社区治理的秩序。建立有效的社区三方联动治理机制，有助于破解城市社区治理的难题，促进城市基层治理的现代化。

社区概况：历史演变

葛光社区是一个单位改制社区。2002 年炭黑居委会和葛光居委会合并成立葛光社区。原炭黑居委会下辖 288 户，为原炭黑厂的职工家属小区；原葛光居委会下辖 920 户，为原葛化集团的职工家属小区。2002 年炭黑厂被葛化集团兼并，炭黑厂解体。炭黑厂转制与被兼并以前，炭黑厂行政科和炭黑居委会是两块牌子一套班子，都是由炭黑厂的职工担任的，炭黑居委会主要对接的是街道办事处等政府部门，负责计划生育、离婚、纠纷调解、环境卫生等事宜。炭黑厂有自己单位的食堂、幼儿园、医务所、职工宿舍等公共服务设施。单位改制后，这些福利与公共服务由单位转变为由政府或市场来供给。

2009 年年底，葛光社区和象鼻山社区合并为葛光社区。在此轮社区合并重组中，关山街道原来 42 个社区，合并为 27 个社区。目前，葛光社区下辖 1,524 户、5234 人，其中葛光小区 920 户、常住人口 3,200 人、流动人口 600 人，宇峰家园 5 栋楼 216 户，蜡台山五村还建楼 100 户，已拆迁未还建的 288 户（户口还在葛光社区，人户分离）。葛光小区是葛光社区最大的居民区，居民主要由原炭黑厂职工、葛化集团关山基地职工与 8% 的新居民（通过市场交易买进的）构成。原炭黑厂被葛化集团兼并后，炭黑厂职工宿舍以及厂房等被拆迁，用于开发建设新商品房与商厦等，被拆迁的炭黑厂职工的还建房就安置在葛光小区。

社区两委办公室与居民活动室均设置在葛光小区内。在 2000 年全国推行社区建设运动后，武汉市推行了完善社区建设的 883 计划，在社区居委会下面成立社区服务站，由政府聘任的社区专干任职，负责承接行政事务。2002 年葛光社区由原炭黑居委会和葛光居委会合并成立时，社区组织成员的结构为：社区两委人员 7 人 +1 个低保专干 +1 个社保专干。而社区组织成员也都是由原来的居委会（或企业行政科）人员转过来的。如现在葛光社区的书记在 2002 年炭黑厂转制下岗后，便由原来炭黑厂行政科职工应聘为社区低保专干。自 2002 年以来，葛光社区组织人员在高峰期有 16 人。2009 年葛光社区和象鼻山社区合并时，经过减员增效和人员分流，葛光社区留 12 人。因葛光社区规模较小，所以就取消了社区居委会副主任的职位设置。

而 2016 年开始的街道大部制改革与网格化管理，根据社区人口定编，葛光社区工作人员为 10 人，其中社区两委成员 6 人 + 社区公共服务干事 4 人（即原来的社区专干更名而来）。目前葛光社区实际的工作人员为 8 人，因为有 1 个被借调到街道使用、1 个准备辞职。葛光社区划分了四个网格，有四个网格员，由社区工作人员兼任。社区工作人员的工资相对较低，2017 年政府对社区工作人员的工资适度调增，社区书记兼主任的工资由 3,030 元 / 月增长为 3,300 元 / 月，普通的社区专干由 2,070 元 / 月增长到 2,400 元 / 月，具体到个人则会综合学历、工龄、社工证等级等因素而有适度差异。

房屋性质：直管房与商品房

葛光小区总共有 18 栋居民楼，其中 1、2 栋是 1994 年建的，3、4 栋是 1996 年建的，5、6、7 栋是 1998 年建的，8 到 18 栋是 2003 年建的。葛光小区的房屋先后经历两次买断的过程，第一次是职工买断房屋 60% 的产权，第二次则是买断 100% 的产权。葛光小区是典型的原单位直管房，经历房改后同样拥有“两证”（国有土地使用证与房屋所有权证），可以自由入市交易。从法律产权性质上，房改后的直管房和商品房性质是一样的，都属于可以自由入市交易的“商品房”。

然而，直管房和商品房在服务管理上却有很大的差异，主要体现在两个方面：其一，服务对象不同。直管房的服务管理是面向特定人群，即原单位职工，指向性强；而新商品房的居民则都是通过市场交易的方式自由买进的，服务管理对象无特定性和指向性。其二，产权结构不同。在商品房中业主拥有的产权结构为完整的建筑物区分所有权，包括专有权、共有权与成员权。而在直管房中业主拥有的产权结构则是残缺的建筑物区分所有权，主要包括专有权和成员权，即业主只拥有室内专有面积，无公摊面积，对于室内专有面积以外的小区内道路、绿化等公共空间的产权及其收益则是为原单位所有。从法律产权界定上，葛光小区内部的道路、绿化、休闲游乐设施等公共空间的产权及其使用收益归原葛化集团公司所有。而居民对这部分公共空间却是事实上的占有与使用者。原葛化集团公司口头上答应小区内公共部位产权归居民，但是没有签署正式的协议，这使得小区内的公共部位的产权模糊化，容易产生争议与扯皮。

葛化集团公司于 2014 年转制，单位职工以 6,300 元 / 年 × 工龄的方式买断了工龄。葛光小区的单位职工与房屋产权都已转制，与原葛化集团公司脱钩了。然而，武汉市国企改制大部分是不彻底的，虽然原单位已经转制或解体，但还会遗存一个机构负责管理原单位资产以及退休职工事务等。葛光小区在改制前是由葛化集团房管科下属的物业公司提供物业服务管理，转制后至今也依旧由原集团公司的物业公司负责。直管房产权的模糊化与主体的多元性，以及服务主体的特殊性，加剧了直管房小区治理的复杂性。

社区空间与公共服务设施

社区内部的公共服务设施。葛光社区的主体部分主要是葛光小区和宇峰家园小区 5 栋楼，两个小区相邻，就隔了一条小路。社区居委会办公楼是 1988 年建的，当时政府号召居委会办第三产，原炭黑厂便建了这座办公楼，后来重新翻修了。居委会办公楼与居民活动室总共五层，设置在葛光小区内，四层和五层为居民活动室。社区现有 10 支文体队伍，在居民公共活动室中开展。小区的广场舞队，以前是在小区室外院落里跳舞，每晚 7 点到 9 点，由于声音大而被其他居民投诉扰民，现在广场舞队也转到居民活动室五楼跳舞。葛光小区在徐保军当社区书记后，主导提供的社区公共服务设施有效满足了居民的公共性需求。2012 年建设的社区文化长廊，成为小区居民休闲纳凉、聚集社交聊天的公共场所，利用率较高。2013 年社区为葛光小区重新铺设了柏油路，大大改善了小区内的道路出行条件和生活环境。2015 年社区牵头与物业公司、业委会实施停车位改造工程，大大缓解了小区停车矛盾。社区居民文化活动室的加建，满足了小区居民日益增长的文体活动需求。（图 9.1）

社区周边的公共服务设施。社区附近有一个小学——光谷一小，步行 5 ～ 10 分钟即可到达，但是本小区不是该小学对应的学区房（学区房的划分以马路作为地理边界，该小区刚好在马路另一侧）。葛光小区对应的小学，车程有 10 ～ 20 分钟。附近的医院是光谷三医院。虽然有一个社区卫生服务站，有一名医生，但居民对其不满意，去看病的少。附近有一个超市，可以买菜和生活用品。葛光小区和宇峰家园小区之间的道路两边有一排商业街店铺，以餐饮店为主，但据居民反映本社区居民较少在那里消费，消费群体主要是流动人口。（图 9.2）

图 9.1 葛光小区道路一侧为改造的停车位，道路尽端可见党员群众服务中心
摄影：高亦卓

图 9.2 葛光小区和宇峰家园小区之间道路一侧的商业街店铺
摄影：高亦卓

宇峰家园小区的土地与建筑属于东湖高新区管，但是属于葛光社区管辖的 5 栋楼的居民的户籍是洪山区的，归洪山区管。葛光小区和宇峰家园相邻的南墙，有一排违建，目前开设的都是商业店铺（图 9.3）。葛光小区右边一排的违建是小区最右边一排居民楼一楼的居民搭建的，小区围墙与居民楼有一定距离，一楼的居民就在围墙与自家顶楼之间搭建了屋顶，相当于多了一间房，用于出租开商业店铺。起初宇峰家园小区左边一排的居民也想违建，但是都被对面葛光小区居民给拆除了，没有搭建成功。这也是小区公共空间非正式利用的业态之一。

葛光社区周边曾有一个很大而且距离很近的菜市场，只有 5 分钟步行距离，由于经营不善，附近居民去买菜的较少，最终垮掉了。葛光社区附近还有好几个菜场，相对较远，步行要三四十分钟，其中新竹路菜场是大型批发市场，菜价相对便宜。虽然距离较远，但相对于周边那个距离 5 分钟的菜场而言，小区居民大都愿意到新竹路菜场购买，因为可以节省一点钱。这个和小区的居住群体的消费意愿与消费能力是相关的，葛光社区的居民以原单位职工和中老年人为主，企业退休工资不高，每月两三千元，还要预防生病。加上老年人退休后有的是闲暇，因此他们宁愿走远路而去买便宜点的菜。这是一个很有意思的案例，通过这个鲜活的个案可以进一步去反思当下城市住宅小区以及公共服务配套规划中流行的 15 分钟生活

图 9.3　葛光小区和宇峰家园相邻南墙的违建
摄影：高亦卓

圈理念。15 分钟生活圈规划理念，或许体现的是城市规划中相对自主的小尺度生活单元观。这里面还需要思考每个小尺度生活区与城市系统之间的关联，以及不同住宅区居民群体的分化与行动逻辑将如何与城市空间的利用发生互动。

社区治理组织：三驾马车

物业公司。我国住宅小区物业服务管理实行政府指导价与市场自由定价相结合的方式，对于单位直管房、单位房改房等老旧小区实行政府指导价，而每个小区的物业服务价格则会根据房屋结构（砖混、框架）、层高（多层、小高层）以及有无电梯来具体确定。葛光小区属于老旧小区，而居住的居民又主要是原单位职工，因此物业服务定价只有 0.25 元 / 平方米，带有福利性质。纵然葛光小区物业服务费只有 0.25 元 / 平方米，但物业公司的收缴率只有 10% 左右，自 2014 年集团公司改制以来物业费总共才收到 7 万元。葛光小区的物业公司是原葛化集团房管科下属的物业公司，物业公司的管理人员也是原单位的职工，由原集团公司发放工资。居民不愿意缴纳物业费的原因有三个方面：一是在改制前的小区物业管理是由单位提供的，改制后虽然物业费很低，但是原单位职工尚未养成花钱买服务的意识，以及原单位职工下岗后的相对被剥夺感，因而不愿意缴纳物业费给原单位的物业公司。二是原单位的物业公司管理人员是普通的集团公司职工，非专业的物业服务管理人员提供的物业服务质量无法让居民满意。因此，葛光小区的物业公司一直处于亏损经营，主要靠小区公共收益（小区公共道路停车费、摆摊招租费、广告费等）和原集团公司贴补维持运营。三是社区很多居民事务由居委会提供，社区居委会获得居民的广泛认同，有事找居委会成为老旧小区居民的惯习，那么相较之下物业公司在居民眼中就没有做多少事。

业委会。早在 2004 年葛光小区就由葛化集团公司指定了几个小区居民（职工）组建业委会，但由于业委会的成立未经过街道办事处和区房管局物业管理科，并未备案，也就未实际履职，因此未获得认可。葛光小区首届业委会是 2012 年底由街道和社区居委会牵头筹备成立的，2013 年备案，共 7 位成员，其中业委会主任与副主任各 1 名、委员 5 名，当时定的是五年一届，2018 年 8 月小区业委会完成换届。葛光小区的业委会刘主任，原是葛化集团的职工，2006 年到居安物业公司工作，担任物业公司项目经理，从事物业服务行业已十多年，对于住宅小区物业管理工作相当专业，加上之前因维护小区公共利益，他牵头带领居民上访，与时任唐良智市长对话，在小区居民中有一定影响力，因此被推选为业委会主任。

居委会。社区居委会作为人民群众的自治性组织与国家政权建设的最基层组织，兼具政治性与社会性的双重特征。社区党总支（或社区党委）与社区居委会共同构成了城市治理体系中最关键的社区组织。由于社区党总支书记和社区居委会主任在实践中大都是一肩挑的，两块牌子一班人马，都被称为“社区工作人员”，在处理社区事务上“分工不分家”。社区居委会、业委会与物业公司被学界喻为“三驾马车”，社区治理的效果仰赖“三驾马车”各自的运行以及配合协调能力。当前，业委会履行业主自治的能力不足是社区有效治理的短板。住宅小区业委会成立比例偏低，物业管理矛盾突出，成为全国各城市基层治理的痛点。

社区治理创新探索：三方联动与红色物业

三方联动。武汉市为破解城市居民对业委会与物业管理不满的难题，先后创新性地推出社区三方联动机制和“红色物业”工程，并将指导业委会筹备成立与换届的责任由区房管局物管科（“条条”）转移至街道办事处与社区居委会（“块块”），要求符合法定条件的小区实现业委会成立100% 全覆盖。这将带来社区居委会治理动力与治理责任的变化。虽然社区居委会对业委会的成立与运行具有指导与监督的权利与责任，但在以“条条”（区物管科）管理为主的情形下，街道和社区居委会只是起协助与配合的作用，实践中街道与社区居委会对筹备成立与指导监督业委会，以及协调业主、业委会与物业公司之间的矛盾一般是较为消极的。然而，在以属地责任为主的情形下，“条条”管理转变为以“块块”（街道与社区）管理为主，街道与社区居委会对业委会成立、运行与换届的指导与监督就由协助和配合的角色转变为主体责任。那么，街道和社区居委会对指导监督业委会，以及协调业主、业委会与物业公司之间的矛盾则由消极转向积极的态度与行动。

由于社区居委会、业委会与物业公司“三驾马车”之间是平行的关系，居委会对业委会与物业公司的指导、监督与协调功能，缺乏硬约束的手段与资源，实践中往往需要靠个人魅力与私人化的感情关系润滑，交易成本相对较高。武汉市推行的社区三方联动机制建设，则是社区居委会、业委会与物业公司三方之间交叉任职，以及定期召开三方联动会议商讨社区治理的大事与难题。一般而言，社区书记 / 主任被聘为物业公司的义务质量总监，物业公司项目经理兼任社区居委会副主任，在有条件的社区，居委会主任或委员通过民主程序被推选为业委会主任或委员。这将原来依靠私交维系的三方互动机制，转变为建立制度化的沟通协商机制，从而实现三方联动治理，这大大降低了组织间的交易成本，社区“三驾马车”的运行机制因此更加通畅。当然，有了制度化的三方联动机制，并不意味着所有的社区居委会、业委会与物业公司就一定能实现有效的联动治理。良好的社区治理秩序并非简单的制度决定论即可实现，有效的制度供给只是为普遍性的善治提供了条件与可能性。

红色物业。通过以政治任务的方式在全市符合法定条件的住宅小区全部成立业委会，并通过推动建设制度化的三方联动机制，使得社区联动治理有了组织与制度基础。社区居委会（党总支或党委）、物业公司与业委会“三驾马车”虽然是平行的关系，但并非西方多中心秩序与理论下的去中心化互动关系，其中社区居委会（党总支或党委）要发挥马车头的作用。但由于社区居委会（党总支或党委）掌握的资源稀少，这个马车头的动员效果往往与社区书记（主任）的个人能力与责任心紧密相关。继社区三方联动建设后，武汉市又开始打造“红色物业”工程，除了对老旧小区的物业服务兜底接管功能外，武汉市的“红色物业”工程还创造性地回应了社区治理的难题，即对社区居委会（党总支或党委）的赋权增能建设。“红色物业”工程要求所有符合条件的物业公司，都要成立党支部。这样社区居委会对物业公司的协调难题，将通过党组织实现有效的动员，这在实质上提升了社区居委会的治理能力。

社区三方联动治理机制的实践与效能

通过社区三方联动机制的建设，以及“红色物业”工程的推进，实现社区联动协同治理，有益于提升基层治理的效能。这主要体现在两个方面：其一，政治任务的推进。政治任务一般是社区治理的中心工作，采取运动式治理的方式，需要动员各方力量参与共同完成。有序的社区居委会、业委会与物业公司三方联动，能够形成治理合力，高效地执行推进政治任务。武汉市争创全国文明城，连续四届 12 年均未成功，而在 2015 年开始推行社区三方联动建设后，于 2017 年成功创建全国文明城。其二，社区日常事务的治理。社区居委会、业委会与物业公司三方联动治理，能够相对有效地回应居民的公共需求，同时有助于社区公共品的供给与居民内生需求的有效衔接。

在葛光小区，社区居委会、业委会与物业公司通过三方联动机制，共同处理了小区居民的大事，简要举例如下：

（1）小区停车位改造。小区建设得早，配套的停车位少，而近几年小区居民的汽车呈井喷式增加，停车矛盾突出。有很多业主因为停车问题到物业公司去闹，物业公司为缓解应对停车冲突，提出将小区部分绿化改造为停车位的方案，但由于涉及的主体多，事情复杂，不仅要征询全体业主同意，还要经过有关政府部门审批。因此，物业公司便将提出的方案拿出来与社区居委会和业委会商议，经过三方沟通协商形成初步方案，即将部分绿化砍掉后改为铺设绿化砖，既不影响小区绿化面积，又能增加 150 个停车位，能够大大缓解停车矛盾。社区三方联动达成初步方案后，接着再组织全体业主投票，经过全体业主大会 2/3 以上同意方可生效，同时还要经过绿化主管部门的审批同意。对于绿化改停车位的态度，业主中也有分化，一半有车的业主一般都是同意的，另外一半无车的业主，则又存在一楼的业主和二楼以上的业主的分化，持反对意见的集中于一楼无车的业主。绿化改停车位方案，经过全体业主大会 2/3 以上同意后便生效。但在具体施工的时候还可能遇到“钉子户”闹事或阻拦施工，“钉子户”治理或做居民思想工作，同样需要社区居委会、业委会、物业公司三方力量共同参与治理。停车位改造工程的资金来源于三个方面：一是政府下拨到每个社区的惠民资金；二是申请政府的项目资金；三是原葛化集团资助的 60 万元。

（2）葛光小区水管改造与水箱更换，以及惠民资金的分配使用等也都是通过社区三方联动来实现的，社区居委会或业委会先进行民意摸底与调查，了解群众需求，再拟订方案处理。

（3）葛光小区的公共收益金问题。业委会自 2012 年成立至今，未收一分钱的公共收益。前面提到葛光小区直管房的性质与公共部位产权的模糊化特征，这也使得小区公共部位产权的收益也具有模糊性。业委会刘主任说他由于被推选为业委会主任，要维护全体业主的利益，因为原葛化集团公司口头答应将小区道路、绿化等公共空间归于居民，所以他为全体业主争取一定的公共收益。关于小区公共收益金如何分配的问题，他正向社区居委会主任提议，然后召集物业公司（葛化集团公司）开三方联动会议协商。业委会刘主任初步提出的方案为：①部分小区公共收益用于补贴物业公司经营提供物业服务；②提取部分用于业委会办公经费；③物业费适度涨价，其中提取 0.1 元 / 平方米归业委会，用于小区公共部位 1000 元以上的维修开支。关于小区公共收益金的管理，由于业委会无独立的对公账户，有两种方案备选：要么由物业公司代管，要么由社区居委会代管。

城市社区治理的一般机制与逻辑

社区空间是介于城市公共空间与私人空间的“第三空间”，政府职能部门、街道、居委会、业委会、物业公司等多元主体在此空间内交汇。而每一个治理主体都有其特定的职能分工，需要各主体之间各自履行好自己职责的同时，相互支持与协调，形成的是有机团结的秩序。一般而言，作为城市社区中最重要的三个治理主体，社区居委会、业委会与物业公司“三驾马车”运转得好，城市住宅小区矛盾与投诉就少，治理就较为有序。社区“三驾马车”如何能运转得好，成为当下城市治理的主要痛点之一。武汉市探索的社区三方联动治理和“红色物业”工程，对于当下我国城市社区治理现代化改革创新具有普遍性意义。

物业管理的本质是住宅小区全体业主对共有产权空间的共同管理。业委会作为业主大会在日常治理中的代表与执行机构，要履行主体责任。而物业服务管理的生产机制可以采取两种方式：一是业主自管，即由作为主体责任的业主直接生产；二是服务外包，即将物业服务管理的生产通过市场合约外包给专业的物业服务企业。由于我国人地关系紧张，城市人口密度大，新商品房小区现在基本都是高层住宅，而非欧美国家多以独栋住宅为主的小城镇。我国城市住宅小区的人口密度大，居住人口众多，而且物业管理知识具有较强的专业性，所以在实践中商品房小区的物业管理大都采取外包给专业物业公司的模式。只有极少数特别小型的住宅小区，因聘请物业公司成本过高或物业公司不愿入驻等原因，而采取业主自管模式，只提供最基本的清洁与维修等物业服务管理。那么，大多数城市住宅小区都会存在社区居委会、业委会与物业公司三个重要的治理主体。

物业公司与全体业主围绕着物业服务管理的生产签订的是市场契约，形成的是委托代理关系。全体业主是作为一个整体或集体，与物业公司签订的合同。一个住宅小区的业主作为委托方，追求的是以最低的价格获取最优质的物业服务。而物业公司作为市场主体和代理方，有着与委托人利益不完全一致的独立利益，追求的是以最小的成本投入而获取最大化利润。因代理人的利益与委托人的利益不一致，在信息不对称的情境下，便可能发生道德风险，这就需要对物业公司实施监督。本应作为一个集体的业主全体在日常生活中是众多分散的业主个体，因此需要一个集体意志的代表与执行组织，这便是业主委员会。那么，业委会与物业公司的关系是双重的：一方面，业委会要代表全体业主的公共利益监督与约束物业公司的机会主义行为；另一方面，业委会要协助物业公司更好地提供物业管理，特别是物业公司按照合同约定实施对人的行为的规制与管理的难题，如对少数违规、讲歪理、胡搅蛮缠或故意拖欠物业费的“钉子户”进行规制与管理。

在制度有效运转的情况下，业委会要在业主与物业公司之间扮演桥梁作用。一方面，代表业主监督物业公司的机会主义行为，督促其提供与物业价格相匹配的物业服务，在允许其赚取合理利润的前提下防止过度逐利而损害业主的利益。另一方面，要协助物业公司实施物业服务与管理。业委会代表与维护的是全体业主的公共利益，而个体业主往往具有局限性，是从私利出发的。物业公司是通过全体业主的委托授权，依据相关法律法规以及业主规约等实施物业服务管理。既包括对小区共有空间内物的管理，也包括对发生于小区共有空间内人的外部性行为的规制，如室内违规装修、私搭乱建、毁绿种菜、楼上楼下漏水等。然而，物业公司作为市场主体，对物的管理是比较容易的，对人的管理却面临困难。因为物业公司没有强制性手段，对违规行为只能劝阻，不但可能起不到效果，还可能引起管理冲突和得罪这部分业主，进而引发他们以不交物业费相威胁。物业公司如果放任不管，则会引发其他大多数业主对物业公司不作为的不满，就有可能导致业主因此不交物业费。

物业公司特别需要业委会在以下几个方面提供支持与协助：①告业主对物业公司存有误解时，需要业委会从公共立场出发做解释、说明与沟通工作。因为物业公司与业主个体之间围绕着收费与服务的利益是对立的，两者之间很难建立起信任关系，所以在双方存有误解时需要业委会秉公解释，及时化解冲突。如楼上楼下漏水等相邻权纠纷，因为楼上业主不配合，导致矛盾无法及时解决，当事人双方都很容易将“气”转移到物业公司身上，这种情况就需要业委会协助化解纠纷，并引导当事人不要针对物业公司。②协助治理“刁蛮”“无理”的少数业主。少数“刁蛮”“无理”的业主的违规行为，公然违背的是小区生活的公共规则，破坏的是小区治理的公共秩序，如果其行为得不到有效的约束与制止，则很容易引发效仿行为，进而导致小区治理的失控，陷入治理的恶性循环。③协助物业公司收取物业费。学界主流先入为主地假定物业公司作为强势方，业主作为弱势方，片面地强调对物业公司的监督与制衡，而忽视了物业公司作为市场主体嵌入住宅小区社会结构时面临的治理困境。物业公司只有收到足额物业费才能提供足额的物业服务，少数拖欠物业费的业主相当于是“搭便车者”，而且可能引发其他业主的效仿。物业公司对不交物业费的业主，唯一合法的途径便是起诉至人民法院，然而这却会加剧业主与物业公司的矛盾。业委会需要协助物业公司收取物业费，对拖欠物业费的业主进行分类做工作。若是因为物业公司服务质量不到位，则督促物业公司整改。若是因少数业主自身的无理诉求，则协助约束业主个体的机会主义行为。

然而，实践中由于履行主体责任的业委会大部分未能有效运转，使得业主、业委会与物业公司之间的三角关系陷入结构性困境中。随着民众对美好生活的向往与对小区生活环境品质需求的不断提升，社区物业纠纷与投诉呈现爆炸性增长。而以街道和居委会为基础的城市基层组织，为突破业主、业委会与物业公司之间的结构性困境提供了可能。过去对小区业委会与物业管理采取“条块结合，以条为主”的管理体制时，由区房管局物业管理科负主要责任，街道和居委会履行的是辅助责任。彼时，街道与居委会对商品房小区业委会起指导与监督的作用，在协调业主、业委会与物业公司之间的矛盾方面持一种消极的治理态度，多一事不如少一事，社区“三驾马车”并未联动起来，容易出现相互推诿、指责甚至冲突。随着城市化的快速推进，商品房小区的大量兴起，物业纠纷的增长与矛盾上移，区房管局物管科又往往只有两三个人员，无力应对。因此，在中央强调城市管理重心下沉时，城市政府开始将业委会的成立、指导与监督调整为“条块结合，以块为主”的管理体制，即街道和居委会要承担起主要责任，这便强化了属地责任。那么，相较于过去而言，街道和居委会对业委会的成立、指导与监督，协调业主、业委会与物业公司之间的矛盾，便具有了更积极的治理动力与治理责任。

社区“三驾马车”中的居委会，实际上不是单单指居委会自身，背后还包括社区党组织、街道与区职能部门等政府资源：一方面“上面千条线，下面一根针”，上级职能部门与街道进入社区需要借助居委会；另一方面社区居委会需要协调街道与相关职能部门的资源，回应居民的需求与社区治理难题。以街道和社区居委会为基础的城市基层政权组织，可以为业主、业委会与物业公司之间面临的结构性矛盾提供突围之道。业委会成立或换届选举时，对候选人实施资格审查，尽可能动员真正有公心、有责任心、有能力，也有时间的业主出来竞选。而在业委会选举产生后，为了使得业委会能够有效运转，居委会需要利用其群众基础优势，帮助业委会在治理中树立权威与声望，建立社会性激励；同时，在其遇到困难的时候，还需要积极协调街道、区物管科等资源回应其治理需求。最后，还需要监督业委会履行业主公约与业主自治议事规则等相关制度。正是由于以街道和居委会为代表的基层政权组织的积极有效的介入，帮助培育业主自治能力，突破业主、物业公司与业委会围绕住宅小区物业管理而面临的结构性困境。建立有效的社区居委会、业委会和物业公司三方联动治理机制，有助于破解城市社区治理的难题，促进城市基层治理能力与治理体系的现代化。

10 / 城市基层治理中的问题、分析和策略

蒲亚鹏
上海社区发展研究会

本文从实践视角对城市基层治理工作进行归纳和提炼，分别对城市基层治理中的问题、问题的分析以及工作策略三个领域，从经济社会发展背景、治理主体、运行机制、方法手段等角度对城市基层治理进行多方位的阐述，是理清和勾勒城市基层治理工作基本脉络的有益尝试。本文未对城市基层治理进行全景式的呈现，主要的论述均直接来自对基层实际的反思，为研究和从事这一领域提供一定借鉴。

引言

本文是作者在从事城市基层治理工作中的一些思考。首先，在城市基层治理中必须不断地面对各类问题，要厘清这些问题，就不可避免地要去分析、去探究原因。当下，这种归因多数都会指向公共政策，但不可避免地会进一步地思考公共政策的制定与实施受何种因素影响。社会治理的问题不是线性逻辑的结果，也不会是简单的因果链。同样，将社会治理问题归因于客观条件也是合理的，但社会治理的核心是“人”，社会治理问题必须从“人”自身的角度“同时”找到原因。此外，虽然社会现实受到宏观因素的影响，但真正发生直接作用的是具体的、因人而异的社会行为，而影响这些社会行为的是“小事件”，很多时候必须认真审视这些“小事件”是否可以“自洽地”相容，所以，将策略定义为寻找社会治理的“规律”倒不如说寻求一种把握平衡的方法。本文采用了笔记体，每一段落大体都能单独成篇，文中的一些内容的实践背景是有局限的，是在很强的地域局限、时代特征和人群特点下产生的，而且，虽然是多视角的分析，仍然不太全面，希望为有意愿了解这一领域的人提供一些借鉴。

城市基层治理中的主要问题

- **理论的水土不服与实践的盲从。**在中国，关于社会治理的理论基础很长时期都由西方主导，但在中国的治理领域中，社会文化因素发挥着关键作用，西方理论的生成基础本身就不存在，又被拆解后生搬硬套，因而也不可能太有效。因此，由此形成的现状是，在基层治理中，经验主义和行政权威成为基层治理中秉持的圭臬。在面对基层这样的维度，宏观视角过大，象征与符号意义远远大于实际意义；微观视角太小且太过琐碎，往往会陷入具体问题的泥潭。

- **基层治理当中缺乏个体视角。**中国走向现代化的进程必然要求基层治理能力和治理体系的现代化，长期以来，关于该领域有着宏大的叙事和视角，既从人类历史现代化发展进程中把握中国的现代社会，也从中国社会的历史由传统向现代转变中把握中国社会的发展，但从基层而言，尤其要以不同群体甚至一些个体的发展视角来看待中国的现代化进程，理性分析这些群体、个体在其中所受的影响，既应理性分析，也应充满关怀，这一点对于基层而言应该体会尤深。

- **多元主体很难相向而行。**社会治理是多元参与的，因此，基层治理的参与人都需要一个正确的角色。社会治理中所面对的问题通常是一种利益分配和协调的问题，其次是一种社群、情感问题，再次是一种思想、精神和信仰问题。在基层治理中最应重视和协调的就是利益问题，对利益问题的协调规则可以推动形成解决情感问题、思想问题的氛围。而利益协调需要规则，这也可能是现代社会法治要求在基层的折射。在基层，各种群体秉持的理念是不对称的，居民在维权时使用的是一种逻辑，在承担责任时使用的是另一种；政府也是同样，时而拿起法律、政策的工具，时而又掉入界限不清的误区，经常无意中成为打破基层利益平衡关系的搅局者。公共政府、社会组织、居民个体在基层治理中角色是模糊的，造成基层治理的主体缺失。

- **快速发展形成的特殊性。**中国城市在快速发展当中形成了“时空压缩”的效应（图 10.1）。人群结构上，观念并行却相背；空间上，不平衡发展形成的巨大空间反差；因此，“特殊性”成为基层治理的吊诡和迷途。空间的特殊性、人群的特殊性、公共政策的特殊性，凡此种种。在这样的“时空压缩”之下，产生很多历史遗留问题。历史遗留问题其实就是公平性悖论，

图 10.1 上海某多层公寓小区鸟瞰
来源：作者提供

曾经被“公平地”执行的政策，经过历史的检验会被认为是相对不公平的；曾经在一地“公平地”执行的政策，在另一地并未被同样地执行。这其实本身并不会成为特别严重的问题，但由于时间跨度相对较小，空间的覆盖叠加，这种不公平的感受会被放大。

- **计划经济时代的惯性。**在“单位人”逐渐解体的今天，中国逐渐具备了现代社会的基本特征，社会人成为主体，但这一社会背景下的基层社会治理架构仍未健全，面对治理问题时，单位人社会时代形成的思想仍然有占据一定地位，或多或少地，仍希望通过自上而下整齐划一的制度或体制安排来解决基层治理中的诸多问题，而对于社会个体而言，总会找一个“他者”为社会问题归因。个人的自觉与迷失是当代中国社会心理并行的两条路径。

- **基层政府“负责”的方式不尽合理。**政府推进基层治理不断演进，什么样的方式是“合理的”？借用经济学上的帕累托最优，如参与者自愿且均认为获益，这样的演进是合理的。但在社会治理领域，“经济人”假设不成立，自愿交换原则也不适用，交易预期是经济问题，也是社会问题，尤其当交易一方是政府（或公共部门）时，不合理的交易预期就会产生，当前，由于政府的直接参与，催生了很多不合理的交易预期，经常无意中打破基层利益平衡关系。

- **公众参与未形成有效力量。**公众在基层治理中的参与意识在逐步提升，但另一方面，公众又对基层公共事务非常漠视，表现出对居民区事务的选择性参与、自利化的表达、缺少共同群体意识、缺乏灵活的妥协机制等，同时，对公权力、对“他者”群体表现出很大程度的不信任。

- **居委会的两难境地。**在基层治理体制中，居委会在职能设置上占据重要地位。但居委会本身在职能定位上就是一个矛盾体，既包含居民自治，同时又是行政职能的延伸。如何能实现矛盾统一，体现居委干部的“能力”，居委在具体的工作目标取向上都面临如何统一二者的挑战。将基层治理理解为“基层的事务”本身是一种偏差，基层治理需要更多的顶层设计，基层治理的主导权未在基层，小区治理的主导权也未在居民。在城市基层治理体系中，形成了一个权力的倒金字塔结构与事务的金字塔结构。

- **业主委员会（业主大会）是基层治理中的难点，一个没有义务的权利体，是基层居民心态的集中显现。**业委会在基层治理上很容易成为一个搅局者。同样，政府的一些公共政策经常将业委会置于无需负责的状态。基层政府在居委倾注大量精力，使其能在基层治理中承担应有职能，但对业委会却办法很少，无处下手。

- **物业管理表面上看是业主与物业公司的一种市场行为，但实际上还不尽然。**物业管理很难成为一个完全竞争的市场，因此，仅仅通过市场规则，无法筛选出优秀的物业服务。物业管理服务的购买交易和服务兑现过程比较复杂，服务的评估、监督、定价都非常专业，非一般业主群体所能胜任，业委会又有道德风险，不能始终代表业主大会的利益。目前的管理情况下，物业公司的理性取向是在不触犯居民众怒前提下或者是与业委会达成默契下的最低服务水平。

城市基层治理中的问题分析

- **基层治理是复杂但低风险的领域。居民区是社会的缩影，社会大环境决定了居民区的基本状态。**居民个人的行为受法律文化、家庭纽带、社会关系、自身素养等因素影响，有一套“自稳定”的机制，个体人心向善、人心思定，由此，形成了居民区内生的平衡机制，因此，在国家和社会稳定在大背景下，居民区固然矛盾复杂，但不会是高风险领域。

- **基层治理中的诸多问题都与基层政府相关。**基层治理状况分析的重要视角就是行政权力是如何进入居民小区的，行政权力进入小区必须符合公共权力的运行规则：公平、公正、透明、规范，实际工作中，这些规则并没那么容易实现。如果当一个老旧居民小区出现火灾而造成损失时，基层政府常规的取向是立即加强这个小区消防设施的配置，基层政府不会因为小区属于私人空间，而勒令小区居民集资来配备消防设施。因为不在自身职责范围内，基层政府也不会制订新的公共政策。分析一下政府在“邻避效应”下的一味退让，以及在棚户改造、旧住房改造中的“壮志凌云”，可能就会比较深入地理解行政权力进入小区空间时复杂交织的价值取向。

- **本应多元参与的基层治理领域在基层易于形成二元格局。**主要原因是基层政府“一元独大”的结果，在基层治理中基层政府充满了“善意”的主观冲动，但再好的项目，进入基层都会搅乱“一池春水”，打破原有平衡，再次形成平衡需要时间、需要多元力量的参与，更重要的是，需要一种众人皆知的、严格运行的规则。在这一规则下，党委政府主体也应纳入其下。目前很多的工作，政府主导的痕迹非常明显。实际上，在基层治理领域，即便政府完全从公共利益出发，也会与部分群体产生冲突。在基层治理中，政府能力强、意愿明确、资源相对无限，一元已经形成，无论其余有多少主体参与，都只能简化为另一个“元”，基层治理就易于形成一个二元格局：基层政府与其他主体们的一种对立。

- **基层治理中缺失真正意义的公共议题。**议题总是与需求和问题相对。城市中一个商品房居住小区，如果物业管理合格（姑且用这个词），城市基层民主几乎无事可议，小区层面居民很难形成公共话题。居民个体直接面对政府和社会，不会与居委会产生过多联系，居委会也以承担延伸的行政职能为主，基层治理没有社会基础。这是超大城市基层社会“原子化”的一个缩影，很多品质很高的商品房小区都面临社区活动参与度低的问题，有两种可能的解释：一是这类人群频繁从事经济活动，而基本不从事社会活动。二是这类人群也从事社会活动，但在居住空间很难产生交叉。

- **基层“三驾马车”的三角关系。**居委会（居民区党组织）、业主委员会、物业公司会形成一种三角关系。这个三角关系体现了在基层治理中的三种趋向：公共权力的运行机制、一人一票的民主决策机制和市场机制。三种机制之间产生很强的张力，每一个机制都有自身运作的内在规律以及围绕着的各种关系，而所有这些，都在基层交织在一起，尽管都很细碎，但是却是基层管理者每日必须面对的问题。

- **基层民主的实现形式简单化。**基层采用直接民主的方式，即使用一人一票的直接选举方式来实现。如何通过这一形式在基层有效地实现统一意愿？现实情况下，这一民主形式既解决问题，也在产生问题。很多基层工作者对这一重要工作的认识简单化，认为基层治理中的很多问题可以依靠这样一个民主形式来解决。一人一票就是同权，但对于小区事务，很多时候居民并不同权。基层的实际情况通常是：少数服从多数与多数服从少数，都是基层治理的中的常态，依情况而定，广场法则很多时候也在起作用（微信的朋友圈就是广场），选举产生出来的委员会或代表经常会失效，这些情况在基层的例子举不胜举。此外，针对不同事项，一人一票的机制是不同的，简单多数有效、绝对多数有效、全票通过有效都是选项，因此，这样的基层民主形式在基层的具体操作中存在很多需要细化完善的制度安排，而且这些程序安排必须在实践中不断被证明是有效而且简便的。

- **居民参与的空间社会学分析**。从不太严格的意义上来看，人类活动的空间主要可以分为三类：生产空间、居住空间和消费休闲空间。社会治理的难点之一是现代人的三类空间的重合度非常低，生产空间、居住空间与消费休闲空间是高度分离的，从任何一个空间都无法把握个体的全部状态信息。这一现象在基层治理中究竟产生了什么影响？回顾传统社会，在乡土社会，个人的这三个空间几乎是重叠的，形成的是“深度”的熟人社会，“关系”是决定社会治理的内在逻辑，“关系”也形成了对个人来说无法超越的约束。在城市的计划经济时期，“单位人”成为主导群体，个人至少在生产空间与居住空间是重合的，而且基本依附于单位组织，因此，“组织”是社会治理的内在逻辑，“组织”也对个体形成了很强的约束。进入现代城市社会，失去前两者的主导逻辑，三类空间的分离给了个体一个“逃离”无所不包的传统社会架构的机会，同样失去了对个体的强有力的社会约束，在这种条件下，只有“法治”才是社会治理的内在逻辑。

- **关于对基层治理的分析应该是一种多视角、或者多范式的分析**。借用社会学理论中的社会事实范式、社会释义范式和社会行动范式，对基层治理的分析，既要充分了解基层社会的诸多事实及相互联系并对它们进行提炼，又要对基层治理参与方的价值倾向、意愿、能力和认识方法等充分进行研究，同时，还要对参与各方行为及其实际效果进行分析。但实际上，面对基层，这些方法可能有所裨益，但也有可能的结果是使问题更加模糊不清，在基层的实际工作中，分析与干预是同时进行的，分析、决策、执行和反馈的大周期很可能被拆解成很多小周期螺旋推进，因此，不应有静态的思维，分析完全融合在基层不断变化的状态当中。

城市基层治理中的策略

- **基层治理的目标首先要放弃所谓的具体的理想模式的预设，而是一种自洽的平衡**。所谓“治天下”“安天下”均不如“与天下安”。如果最终具体的目标也得以实现，那也应该是“间接”地实现，而不是“直接的”实现。基层治理中各体系都应有稳定性、合理性，公众形成一种预期，这种预期就是价值观的一部分，是政府对未来某个时间点的承诺，是一种信用。在现代社会，由于发展变化比较快，问题层出不穷，对某种准则的承诺显得比具体操作的承诺更为重要。不能将治理问题等同为管理问题，甚至等同为行政管理问题，先定所谓目标再执行实施的工作逻辑是荒谬的。

- **基层治理从秩序导向到价值导向下的规则导向**。基层治理应该先从一种秩序导向为主转变到一种规则导向为主，在价值导向下，形成基层治理的新的规则体系。之前呈现的基层治理当中的诸多问题以及对问题的分析视角，核心是一种价值缺位，也很难形成基于这样一个价值导向下的规则体系。秩序导向必然隐含有预设的“静态”目标，而且有“标准化”的要求，价值导向是一种弹性的目标牵引，更重要的是激发一种内在的实现动力，使基层治理在一种“社会可容许”的界限内运行。

- **理解社会发展的有机性**。和谐的基层治理状态是动态平衡，是在各方力量参与下“生长”出来的。城市空间是“生长”出来的，社会文化是“生长”出来的，社会规则（公序良俗）也是“生长”出来的。必须承认基层治理这种内在的“有机性”，必须意识到在基层治理领域“强干预”与“不干预”是同样有危害的。基层治理的演进与平衡之间无疑会产生诸多悖论，可以说，基层治理在具体操作层面始终是在悖论中前行。追求平衡中也体现了一种风险意识，“稳定压倒一切”本身也包含价值追求，前提是不能以此阻碍演进。

- **公共政策的可预期**。实际上是一种价值导向的要求，也是一种重要策略的规则。可预期是在价值导向下完成的，政策更加公平、更加有效、更有前瞻性。公共政策体现出预见性、长期性和一致性。福利将可预期地增加对基层治理是非常重要、非常有利的。同时，政策可以可预期地被“生产”出来，在问题产生之后“最恰当”的时间出现政策。

- **基层治理中工作尺度与工作原则同等重要**。治理中产生悖论，在具体实践中体现为二者皆是或者二者皆非，主要原因是对悖论产生的主要矛盾、矛盾的主要方面把握不清，主次关系不明而导致的。在解决问题中问题把握、尺度把握、方法把握、次序把握出现问题。悖论产生于矛盾，悖论也解决于矛盾。以前，基层经常奉行尺度很大的纯粹的“结果导向”，成为庸俗化的原则性与灵活性的游戏，或者“一刀切”的刚性原则，不计对特殊个体的影响。实际上，原则始终是刚性的，应该遵守的是不损害原则下把握工作尺度：包括原则下的尺度、不同原则的适用、对个体特殊性的充分尊重等。

- **细节决定成败。**具体操作当中，面对公共利益问题应勿以利小而不为，否则，“破窗效应”就随之而至，基层治理中的很多积弊源头都是细小的问题，这在居住相对密集的大型城市尤为明显。当真正面对小问题时基层管理者会发现，表面上看面对的就是一个楼道、一个建筑、一个小区、一条街道，实际上，他们面对的是整个城市，甚至整个社会。

- **基层政府在治理中的作用更应倾向于间接化、简单化。**所谓间接化是指在现代社会，治理中的问题专业化、复杂化，应分流至相关专业机构和组织，最终由基层政府进行托底。所谓简单化就是在体制搭建时的哲学导向应该是从简，形成以简治繁的格局。基层治理之道在于执本，执本则末随，操作简约但效果明显。基层案牍劳形、疲于应付、本末倒置。中国古代社会为什么能在很长时期以非常低的行政成本达成社会治理目标，这是很值得借鉴的，尤其是在基层治理中值得借鉴。

- **调动资源使局部问题全局化之后推动解决。**太多不应由基层解决的问题交给了基层。在基层工作中，总感到基层比较繁忙，不断地应对各类问题，在常规思考中，总认为基层繁忙是正常的、应当的。但另一个思路来看，一个系统性问题让基层从局部去解决是事倍而功半的，这也可以作为理解基层繁忙的另外一个角度。如果在城市基层管理中法律与公共政策比较健全，责、权、利清晰，违规处罚及时，也许在很多领域节省了基层的人力和物力。

- **“情感治理与规则治理”是工作策略的“左右手”。**在一般意义下，人们总认为，居委会应充分了解居民需求，与居民保持紧密关系。这种工作是需要面对面的，可以称之为“情感治理”。在现代社会，在特大城市，还需要有另一面：规则与程序。在基层治理当中，两者同等重要。在很多情况下，“关系”逻辑与“组织”逻辑在基层治理中仍然发挥作用。

- **社区治理中各主体的相互关系结构（社区治理中的“中心化”与“去**

中心化”）。在基层治理中，参与主体相互关系结构是现实条件下生成的，更多的是扁平化的横向组织结构，各参与主体的去中心化倾向是明显的。与此相对，是基层治理过程中对“中心化”的需要。在治理结构中如果无中心，弊端也是非常明显的，会造成难以达成统一意愿，信息交互成本增加，资源配置低效等问题。但是，支撑这一中心地位的，更多地应该是非行政权力的因素。

- **内生动力与外部动力**。基层治理属于开放体系，但存在动态边界。如前述的居民小区，一般情况下，治理主体、公共议题、冲突矛盾，虽偶有外部力量介入，总体包含在小区之内。小区内的各类治理主体，包括涉及的公共议题以及由此产生的各类冲突都与整个社会同时在发生关系，但“相对有界”的这一特征是具备的。无论治理状态如何，都会形成一种平衡。如果失衡，外部力量会主动或被迫地进入小区治理领域，推动在外部力量的干预下形成平衡，但是，过多地引入外部资源进入，又会造成内生机制不稳定、内生动力弱化。

11 / 一个社区的成长：翠竹园社区营造解析[1]

吴楠
南京互助社区发展中心

2008 年以来，社区营造逐渐在中国社区中萌芽，至今已经成为社区治理的一种重要形式。本文以南京雨花台区翠竹园社区为例，探讨在大型新型商品房社区如何破冰，把社区中的陌生人变成熟人，促进结社和社会资本的产生，从而促进社区协商民主议事的可能性，促进社区的融洽度，提高居民参事议事的能力。本文通过研究该社区发展过程、运作状况及核心价值等，以期为我国通过社区营造方式提升社区治理水平提供借鉴。

引言

中华人民共和国成立以后，中国社会从私有制向公有制转型，计划经济体制逐步落实，国家以单位（行政机关、企事业单位、部队等）进行社会的福利供给，当时的社区体现出单位制的特征，呈自我封闭状态，在一定程度上体现出熟人社区的态势。单位福利使职工除了享有比较健全的劳动保险福利之外，还获得了以免费住宅为代表的生活福利，甚至包括医疗、教育这些较高层次的福利待遇。

改革开放以后，计划经济逐渐转型为市场经济，城市住宅的供给由单位负责慢慢转型为由市场负责，20 世纪 80 年代末期开始，商品房逐渐成为主流，打破了原有的单位制熟人社区的格局。大家来自不同的地方，基于购买房屋居住到一起，人们彼此并不熟悉，甚至存在矛盾、怀疑，遇到问题都选择逃避，感觉事不关己，甚至出现劣币驱逐良币的情况。同时由于房屋等私有物权的产生，也促进了权益意识的觉醒和公民意识的诞生。

我们怀念的到底是儿时的欢乐时光还是那日渐消失的彼此信任？信任缺失是改革开放几十年来市场经济高速发展遗留的社会问题，它不是某一个社区而是每一个社区亟须解决的问题，然而社区自治解决的路径、方法、切入点因各个社区生态差异具体又有何不同？中国的社区该往哪里去？

带着这些问题，我们来看看南京翠竹园的社区营造是如何起步、尝试和探索的。

社区互助会缘起

2004 年，还是一个建筑师的阿甘（吴楠）在翠竹园购置房屋并于 2005 年入住，2008 年参与“5 · 12”汶川地震救援后，阿甘前往欧洲探亲，前后所见的生死反差，让他开始思考个体价值——是否能为社会做一些更值得做的事。（图 11.1）

2008 年底回国后，翠竹园社区里有一个网球场建成了，作为一个网球爱好者，阿甘参与组建成立了一个网球俱乐部，一两年后它成为全中国最大的社区网球俱乐部。通过网络召集，阿甘很快和几位邻居相熟起来。“我们发现，每个人在生活中都有各种需求却找不到能帮忙的人。而说不定可以帮你解决麻烦的人，就是你的对门邻居，只不过你不知道而已。”渐渐地，随着参与人数的增加，原本只是希望改变个人生活的初衷，变成了希望增进邻里感情、建设美好社区的愿望。

图 11.1 翠竹园手绘地图

在翠竹园举办第二次业委会委员选举时，阿甘也曾试图参选，但看到邻居遭遇业委会“筛选风波”后，便主动退出了候选人行列，但他还是在BBS上发文表示，“我就算选不上业委会，也会为业主服务”。2010年11月，阿甘发起了社区公益组织“翠竹园社区互助会”，并从举办图书捐赠仪式和跳蚤市场等活动开始，展开社区互助参与营造模式的尝试。刚开始也遭到不少业主的质疑。有人问互助会是不是有所企图，还有人造谣说阿甘一行人拿业主的钱去美国旅行了。实际上，谣言中说的“去美国旅行”是指2011年夏天，阿甘带领一群致力于社区营造的邻居们飞赴美国，到美籍业主林老所住的加州太阳湖乡村俱乐部（Sun Lake Country Club）考察学习。这是一个封闭式的养老社区，共有3000多户家庭，拥有会所、高尔夫球场、网球场、游泳池等多种社区配套，和翠竹园很相似。不同的是，该社区有60多个俱乐部，各类活动丰富多样，还自办了社区电视台、月刊杂志，居民生活怡然自得。所见所闻，令阿甘大受启发：“我们为何不能积极发掘社区既有资源，加以综合整理利用，来营造我们自己的社区？”随后，社区互助会得到迅速发展。2013年3月，互助会在雨花台区民政局注册为民办非企业单位，被命名为南京雨花翠竹社区互助中心，并进行了系列的社区营造工作。

社区营造模式解析

翠竹园社区互助参与营造从“人、文、地、产、景”五个维度出发，激发社区居民的奉献和志愿精神，开展各种类型的社区活动、发掘社区领袖、倡导社区结社、培育社区组织、助力社区治理，将社区成员对生活和社会的要求转化为活动，为活动的实施提供专业服务，构建社区互助平台，激发志愿者精神，提升居民公益意识，提高社区幸福指数，变生疏的邻里关系为互相信任扶持的邻里关系，重拾契约精神，使更多的人能够参与到社区活动中，主动承担公共事务。

一、打造枢纽型社区社会组织

社区互助会作为自发性、内生性、支持性、枢纽性的社会组织，为扩大居民参与、培育社区文化、促进社区和谐，助力专项性社区自组织的创建和专业化及规范化发展提供了一系列服务和支持。同时，社区互助会还会参与社区治理规划，挖掘社区资源，打造以资产为本的社区发展体系，发挥了基层社会组织的重要作用。

社区互助会发挥其内生的扎根社区、贴近群众的优势，广泛动员社区居民参与社区公共事务和公益事业，丰富群众性文化活动，提升社区居民生活品质。与此同时，互助会通过积极倡导，将社会主义核心价值观融贯进各类社区自组织活动及服务中，弘扬时代新风；并鼓励社区自组织参与社区楷模、文明家庭等各种文明创建活动，弘扬优秀传统文化，维护公序良俗，为形成向上向善、孝老爱亲、与邻为善、守望互助的良好社区氛围，以及增强居民群众的社区认同感、归属感、责任感和荣誉感发挥了积极作用。（图 11.2）

二、构建协商民主议事平台，多维协同共治

为了解决社区存在的组织和信息不对等的两大问题，翠竹园已构建社区居委会、业主委员会、物业和互助会四方议事平台。居委会作为“掌舵者”，主要做好本职工作，做好政策的梳理和倡导，引入资金，赋权给社区组织，然后进行长期有效的赋能和培力。业委会作为业主共有资产共同决定的主体，通过业主大会选举出真正能够代表业主的委员，建立涵盖小区制度建设、建筑规划、设备设施、安保、卫生、景观绿化等各个专业委员会，对小区物业服务进行指导和监督，同时避免寡头业委会的出现。社区自组织

图 11.2 翠竹园互助会社区互助参与营造画布

积极推动社区发展，活跃社区氛围，通过长时间的努力发掘出没有私心、不违良心的社区领袖，承担社区中的公共事务。（图 11.3）

我们把居委会、业委会、物业、互助会在社区中的关系形象地比喻成一个足球队，它们各司其职又相互补位，既守清边界又紧密团结。针对社区中所存在的问题每月一次定期召开联席会议，尤其是对社区中的大事、急事、难事开展共同协商民主讨论，发挥联动机制，妥善解决社区内的各类问题。通过多个纬度的协商，既能够考虑到大多数居民的诉求，也能避免损害小部分居民的利益，从而达到社区善治的目标。（图 11.4）

三、发掘社区领袖、培育社区自组织，搭建志愿者服务体系

互助会作为从草根居民自组织发展成为枢纽型社会组织的典型代表，通过激发居民的社会参与，促进社区结社形成居民自组织，以实现社区居民自我服务、自我管理与自我造血。在建立相互信任的基础上，精细挖掘居民的真实需求，以大型活动、综合活动、自组织活动等为契机，主动引导相同需求的居民聚拢到一起，凝聚到社区这个大家庭中。

翠竹园社区通过每年举办 4 次跳蚤市场、3 次体育赛事、2 次大型活动聚集人气，同时展开全年不间断的数据采集及调研。以此为基础推进居民结社，成立专项型社区自组织。目前正常运行的社区自组织有公共事务类组织 18 个、文化类组织 11 个、体育类组织 17 个、教育类组织 19 个、扶贫帮困类组织 5 个、健康养老类组织 14 个、环保类组织 3 个，它们承载了居民各类需求，极大丰富了居民生活。

引导各类自组织规范化管理，对自组织进行“相信、参与、承担、互助”的价值观倡导。激发居民的主人翁意识，本着“公益不是免费”“谁主张谁负责谁受益”的两大原则，鼓励居民自发行动，为自己的需求“买单”，激发志愿者精神。基于此，社区自组织可以自我运营、自我管理，互助会在此过程中起着调配资源、协同发展的作用。在理念认同的基础上，从一个社区领袖承担事务阶段逐渐发展成一个核心团队共同分担阶段，社区领袖以身作则，对其他居民起到示范引领作用。当居民了解了如何做社区自组织时，更多的社区领袖就会脱颖而出。

互助会指导自组织实现架构清晰化、需求挖掘精细化、活动流程标准化、财务管理透明化、公益组织商业化。在自组织建立之后制定相关章程，有利于自组织的规范管理与良性发展。同时展开志愿者的维护和激励工作，

图 11.3 （左）四方议事平台
图 11.4 （右）“足球队式”四方合作

强调志愿者激励主要是对志愿服务行为的感谢，而不是交易，所以所有的激励都避免让补贴或物质奖励成为志愿服务的目标。一般会遵循能力建设、荣誉激励、制度激励、物质激励、补贴激励这样的先后原则，同时配合积分制度实现志愿者激励。

四、活化社区内核，打造社区特色精品文化

社区治理涉及社区居民需求的每个类别，这些类别中相互都有穿插，但是又各自独立。在社区中都应该有个少儿类的综合平台，比如激发家长开放资源、参与互助的无敌少儿团，以少儿阅读作为切入点的明志童书屋，以在社区中发现问题用设计思维解决问题的小小建筑师。（图 11.5）

对于中青年来说最容易切入的项目就是体育健身俱乐部、社区沙龙以及成人大学中的各类兴趣爱好结社。挖掘社区中的中坚力量，以兴趣爱好为出发点激发其成立自组织再转化为积极参与社区公共事务的社区领袖。

老年人作为社区中最容易参与的一个群体，老年大学提供给他们一个通过学习进行交往的平台，在这个平台上再把各类的学习转型为各种兴趣团体，同时通过互助式养老完善社区居家养老服务，解决老人们生活中的后顾之忧。

类似于跳蚤市场这样的市集活动在社区中最容易聚集人气，同时也可以在该类活动中把社区内的各个产品进行串联，进行自组织的宣传、招新，也可以征集居民的需求，并且有效挖掘社区的各类资源。（图 11.6）

社区帮扶社区活动以一个城市社区帮扶一个农村社区为出发点进行持续的互助式帮扶，我们在实践中发现，一大部分社区领袖及捐赠者都会在该类项目中积极参与，而且能够持续服务。（图 11.7）

图 11.5 翠竹园社区跳蚤市场

图 11.6 少儿类社区活动

图 11.7 社区帮扶社区活动

五、搭建多维度信息网络，进行立体化传播

由于每个居民在社区中认识的邻居相对有限，互助会一方面积极动员居民参与社区活动，另一方面要链接社区宣传平台为自组织宣传，需要打开各种渠道让有需求的居民知晓并加入，以便自组织队伍不断壮大。互助会通过网络集群宣传的方式，首先设立“互助会小秘书”微信工作号，建立了社区互助会、无敌少儿团、居家养老俱乐部等 10 余个社区大型微信群组以及微信公众平台，并通过《翠竹园幸福生活》社区杂志以及各类海报、横幅进行线下宣传，让居民从不同的渠道接收到社区相关信息。（图 11.8）

社区互助参与营造成效

截至目前，互助会运用该模式已在翠竹园范围内激发培育了 100 多个社区自组织，每年开展 300 多场社区活动，惠及 3000 多个家庭 10000 余人，打造了无敌少儿团、明志童书屋、小小建筑师、社区体育健身俱乐部、彩虹屋、社区沙龙、社区学院、居家养老、社区帮扶等九大品牌项目，涉及老、中、青、少、幼所有年龄阶段的居民，充分发掘社区领袖并带动他们参与社区公共事务和社区治理。与此同时，翠竹园社区还参与了“至善黔程”贵州山区乡村建设及支教活动，展开一系列社区帮扶社区计划。（图 11.9）

为了推广社区互助参与营造模式、促进中国社区发展，2013 年 12 月，互助会正式出台社区互助参与营造手册 1.0 版本，2014 年协同中国社区营造的热心社区工作者成立社区发展及社区营造社群，现已成为全中国最大的社区营造实践平台。2015 年初，互助会辅导南京大方社区进行社区营造，大方社区一年内建设社区组织 47 个；2015 年 6 月，互助会辅导无锡太湖国际社区进行社区营造，在 3 个月时间内先后成立 40 余个富有活力的社

图 11.8 （左）《翠竹园幸福生活》社区杂志

图 11.9 （右）社区营造网络

区自组织；2016—2018 年，对成都市社区总体营造进行技术指导，协力推动成都城乡社区可持续社区总体营造工作；2017—2018 年对武汉南湖街进行社区规划及社区营造的培训工作。社区互助参与营造手册系统地阐述了社区营造的做法，把相关经验分享到南京、成都、北京、武汉、顺德、泉州、深圳、珠海、苏州等 30 余个城市接近 5,000 多个社区，指导实践社区互助参与总体营造模式，让更多的社区居民拥有更幸福的生活。现在正在研发手册的 3.0 版本，将加入大量的案例和工作流程及表格，以指导社区组织专业化的运作。

社区营造反思

在我国，各地社区营造工作全面开展，不论是自上而下的政府推动，还是自下而上的草根发展，目前还普遍存在以下“困境”：

1. 社区行政化倾向严重，自治功能缺乏保障；

2. 社区居民人际关系生疏，居民对社区营造缺乏认同感，参与程度较低；

3. 社区营造缺乏资金保障，社区资源开发利用不足；

4. 社区自组织、社会组织没有得到充分培育。

以翠竹园社区为蓝本的社区营造模式已经初步探索出一条新的社区治理道路，初步解决了以上问题，对未来的社区发展有以下借鉴意义：

从单位制转化为社区制后，大量的居民缺乏社区共同体的意识，因而首先需要通过一些纽带和桥梁拉近居民之间的距离。通过社区营造的各项活动能够有效聚集人气，通过兴趣爱好及热点话题发掘出社区领袖（能人、志愿者），增加居民的参与意识，当陌生人变成熟人以后，中国人所崇尚的“关系”也就随之建立，当社区中自组织的密度到达一定的程度，自然会有社区的共同行动产生。

在这个过程中，支持型社区社会组织在社区总体营造工作中担负着举足轻重的角色。要以支持平台为主体，充分挖掘、调动资源，通过各种手段、活动激发社区的自组织、自发展、自治理，促进社区活化。在具体工作中，根据两大原则、五大运营规则行事。另外，不唯资方马首是瞻，在开展工作前期应充分和资方进行沟通，就社区营造的目的和期望效果达成共识，尽量避免仅以活动频次和人数评估项目效果。

由于社区情况千差万别，各个地方的社区承担的职能也不同。居委会应主要从事公共事务的处理，把握政策和方向，协调各类资源，将社区营造的公益事业交由专业的支持性社区组织运营。在社区营造过程中，经常会出现将社区组织视作下属机构，从而模糊了二者的边界与权限，忽略社会组织的独立性，让社会组织承担本应居委会承担的工作，甚至随意介入社会组织的内部事务。这样所带来的后果就是，在居民眼里，居委会和社会组织实际上是一个机构，反而不利于社会组织用他们的语汇帮助居委会解决问题。

当社区活化到一定程度，社区协商民主议事就会作为社区治理中的一个重要环节，起着积极有效的作用，首先应该赋权，让居民拥有发言的权利，不管是何种类型的发言，都积极鼓励他们表达出来。在表达出来以后，要建立对等的对话机制，鼓励居民有序参与，同时运用各种协商技巧进行赋能，引导合理合法理性地实现诉求。面对少数人的权益被损害的情况不能逃避，而且要主动提供帮助，要知道少数服从多数不是最佳的方案而是最无奈的方案。通过多个纬度的协商可以解决社区中存在的各种问题，既能够顾及大多数人的诉求，也避免损害小部分人的利益，从而达到社区善治的目标。

社区协商民主议事多方平台的建立是一个不断磨合的过程，各方之间一般会存在较多历史遗留问题，每个相关方又有千丝万缕的利益纠葛，如何说服各方整合和共享资源，需要根据具体的情况进行评估和分析。在开始建立社区协商民主议事平台的时候，由社区居委会牵头比较有说服力，如果参与各方不够积极，可以主动伸出橄榄枝，通过一些事件帮助各方解决迫在眉睫的问题，建立良好的互动关系。一般来说，社区组织在架构初期的能力较弱，要注重培力赋能，保证各个组织的平等性，同时社区组织应积极走出去调动各种资源，增加自己的话语权。而居委会、物业、业委会也可以主动让渡自己的权利给社区组织，使其能够全心全意地为居民服务。能够由单方解决的问题自己解决，解决不了的再放到协商会议中进行。协商中要注意提出问题方一定要开放心态，不隐瞒问题的原因，而其他各方要开放资源，从而争取达成多方共赢的局面。

持续的社区总体营造能够有效缓解社区矛盾，减轻政府行政负担，能够真正让服务对象受益，建设良好的社区氛围，进而促成居民愿意为建设更好的社区环境而做出共同努力，从而实现自我服务、自我管理的综合治理。

注释

1. 本篇文章图片均来源于作者。

第四部分 社区规划：从规划到设计

12 / 从整治“开墙打洞”到“街道与社区更新”：北京城市治理模式转型

唐燕
清华大学建筑学院

本文从北京 2017 年开始推行的“开墙打洞”整治行动说起，分析了社会各界对于这场运动式整治行为的不同看法和声音，并从首都人口和功能疏解的国家战略高度，揭示出“开墙打洞”整治行动的深层根源和目标所在，指出其在一定程度上促进了北京城市治理模式的转型。之后本文借助案例研究和实证分析，通过北京市《朝阳区街道与街区设计导则》编制、市政南和住总小区更新实践、奥林匹克广场整治等工作，具体剖析了“开墙打洞”整治行动带来的北京街道与街区更新中的治理变化，包括精细化管理、参与式规划、多元利益博弈、政府与居民角色转型等，进而提出北京城市治理转型的未来走向和工作重点。

2017 年以来，北京市民能够切身感受到的一个显著的城市变化是大街小巷的许多沿街经营性商铺等或被拆除、或被关闭、或被封堵了门窗（图 12.1）。从街道宣传栏、媒体报道和大街上悬挂的条幅中我们可以了解到，这是政府开展“疏解整治促提升” 三年专项行动中的一项重要举措：整治“开墙打洞”。所谓 “开墙打洞”，是指居民楼的一层业主或租户在没有获得相关政府许可的情况下，自行将住房“由居改商”的现象，因普遍涉及将住宅外墙打破并拆改为门窗洞口的举动而得名。业主或租户通过将沿街的 1—2 层居住用房改造成营业场所等，获得居住建筑本身所不能带来的额外经济收益。这一现象于 20 世纪 80 年代末在我国城市中涌现，并伴随着改革开放和城市发展的进程逐步增多。北京近年来全面推行的 “开墙打洞” 整治计划，便是专门针对这种建筑用途变更、建筑外立面拆改等违规建设现象进行的政府专项清理行动。

图 12.1　北京整治“开墙打洞”行动中对沿街店铺进行拆除
资料来源：作者

关于开墙打洞的两种不同声音

这场带有一定“运动式”整治特点的“开墙打洞”封堵行为，引发了社会上两种截然不同的声音和看法。就支持的声音来看，按照我国“有法可依、有法必依、执法必严、违法必究”的法制建设要求，通过整治“开墙打洞”来拆除和清理长期存在的违法建设、违章营业、违规占道等现象合理合规，其必要性和意义十分明显——有助于减少安全隐患，树立法制威信，维护社会秩序和保障社会公平。从部分居民的反映来看，由于一些通过“开墙打洞”实现经营的酒吧、俱乐部等，给周边地区长期造成了噪声干扰、公共环境破坏、安全与消防隐患等问题，许多饱受其扰的居民十分乐见整治行动的开展。从北京市相关政府管理机构公布的《首都核心区背街小巷环境整治提升三年（2017—2019 年）行动方案》中，我们可“窥豹一斑”地看出此次整治的目标（北京市城市管理委员会，首都精神文明建设委员会办公室，2017）：实现“十无一创建”，即街道“无私搭乱建、无开墙打洞；无乱停车、无乱占道；无乱搭架空线、无外立面破损；无违规广告牌匾、无道路破损；无违规经营、无堆物堆料”，以及“开展以公共环境好、社会秩序好、道德风尚好、同创共建好、宣传氛围好为主要内容的文明街巷创建活动，打造一批文明示范街巷”。由于封堵“开墙打洞”主要针对违法违规行为，通常整个过程几乎不涉及拆迁赔偿。在对“开墙打洞”采取正式行动之前，街道会通过在街巷的墙面张贴公告、给每家每户发送传单，以及亲自上门沟通等多种形式提前告知租户和产权人；在具体拆除和封堵墙面的施工过程中，施工方会根据房产的原始图纸，保留符合图纸的门窗洞口。

然而另一方面，诟病“开墙打洞”整治行动的呼声同样很高。很多市民认为整治后的社区生活变得不那么便利了，能享受到的便民服务设施减少了，街道的活力也随之消失了。那些通过“开墙打洞”而产生的店铺之所以能够长期存在并经营下去，很大程度上反映了市民的生活服务需求——这种大多以零、小、散方式存在的“非正式”商业服务，有效弥补了政府在公共服务设施提供上的不足，并由此带动出了丰富的街道活动。“开墙打洞”店铺在经营内容和形式上十分灵活自由，具有良好的市场适应能力，可及时根据市民需求的变化做出营业品种和营业模式上的调整。从这个视角来看，这些非正式的存在也曾为城市的有效运行贡献着一份薄力，因此因整治“开墙打洞”导致的生活不便与街道活力下降成为该行动引发诟病的重要原因。而那些最直接受益于“开墙打洞”违规经营的业主或租户，自然更不愿意因整治行动而打破这份稳定的经济来源。在严格的政策执行面前，“不合规、不合法”使得这项治理行动没能给予他们任何谈判和协商的空间，一些外地租户由于失去了廉价的营商机会而不得不考虑离开北京，另谋生路。

在拆除和封堵“开墙打洞”之后，如何对街道和街区进行景观整治和功能修复成为亟待解决的重要后续问题。那些被砖瓦砌筑之后的门窗好似建筑外立面的一个个伤疤，刺目地分布在城市街道的各个角落，很多胡同街巷也因此失去了往日人头攒动的热闹场面，变得十分萧条和冷清。部分建筑在整治之后依然顽强地坚持营业，延续着业主或租户的谋生需求，满足着市民对“小东西”的购买和休闲需求，尽管有时候这种营业方式显得无奈又可笑。有些店主通过在室外悬挂广告牌、搭建楼梯来进行窗口式营业，例如方家胡同原来的 Cellar Door（酒窖的门）酒吧在门被堵上之后，通过留下的两扇小窗和梯子继续营业，招牌也因此换成了 Cellar Window（酒窖的窗）（图 12.2）。

从首都人口与功能疏解看开墙打洞

曾经默默存在的“开墙打洞”为什么会忽然成为重要的整治对象呢？是城市的包容性降低了吗？答案不只关乎建设经营的合法性问题，更与北京作为国家首都的未来发展战略紧密相关。作为中国典型的特大城市，北京一直饱受空气污染、交通拥堵、水资源匮乏等诸多“大城市病”的困扰，

图 12.2　开墙打洞整治后继续通过小窗营业的商家
资料来源：宰飞摄，https://www.jfdaily.com/news/detail?id=63811

其根源与过度密集的人口和众多的功能分不开。2017 年 9 月，北京公布了新一轮的城市总体规划《北京城市总体规划（2016 年—2035 年）》，明确了北京作为全国政治中心、文化中心、国际交往中心、科技创新中心的职能定位，指出要“大力实施以疏解北京非首都功能为重点的京津冀协同发展战略，转变城市发展方式，完善城市治理体系，有效治理‘大城市病’”，并具体提出了 2020 年、2035 年首都人口与职能的疏解和优化目标。

据此，为推进人口和“非首都功能”的外向疏解，北京近中期发展的工作重心在于严格控制城市人口规模和实现城乡建设用地规模的减量，即通过用地规模、建筑规模的“双减少”来破解“大城市病”。这里所说的“非首都功能”具有相对清晰的内涵，即在北京“四大中心”职能定位之外的，诸如区域性批发市场、初级制造业、污染性产业等不是首都城市必须具有的功能。为了“通过疏解非首都功能，实现人随功能走、人随产业走”，中央和北京市等各级政府自上而下地发起了一系列从区域到城市和社区的重大行动举措——整治“开墙打洞”就是其中的一个组件。封堵“开墙打洞”可以有效减少城市的建设用地面积，并带动部分就业人口的外迁。

北京的疏解举措反映在不同空间尺度上，并受到国内外的广泛关注。例如，在北京南部约 150 千米处建立雄安新区；在中心城东侧约 30 千米处设立城市副中心；在中心城区内部探讨建立中央政务服务区的可能性，并全面推进功能调整和疏解整治等。具体来看包括以下几个层面：

（1）在区域层面上，2017 年 4 月 1 日中共中央、国务院决定在河北设立国家级新区“雄安新区”。作为京津冀协同发展的重要手笔（图 12.3），新区总面积约 2,000 平方千米，主要开发建设区约 200 平方千米。雄安新区是北京非首都功能疏解的集中承载地，将采用世界上最先进的理念和国际一流的水准进行设计和建造，以探索人口经济密集地区优化开发的新模式，培育京津冀地区创新驱动发展的新引擎。雄安新区的建设将改变京津冀地区以“北京—天津”两大都市为核心发展走廊的轴线结构，重新建立起由“雄安—北京—天津”组成的三角形中心发展区域，加之河北唐山的同步发展，以有效改善北京、天津和河北之间发展的不均衡性。

（2）在市域层面上，经过多年的探讨和论证，2016 年北京正式启动将东部的通州新城建设成为“北京城市副中心”的政府决策和相关规划设计国际咨询工作，北京市级政府机构将逐步从中心城搬迁至北京城市副中心（图 12.4）。北京城市副中心总面积约 155 平方千米，外围控制区约 906 平方千米，旨在打造国际一流的和谐宜居之都和京津冀区域协同发展示范区。在历经了 3 年的规划与建设之后，北京市级行政机关于 2019 年 1 月 11 日正式迁入通州，这标志着北京城市空间和管理格局的重组。未来，北京中心城将更多地用于服务中央和首都职能，而城市副中心将更多地聚

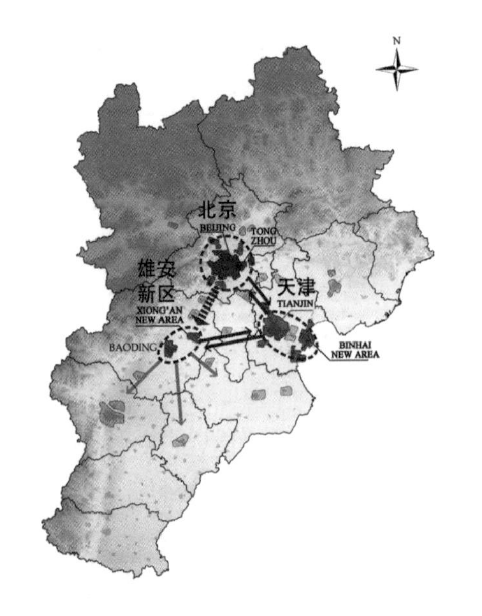

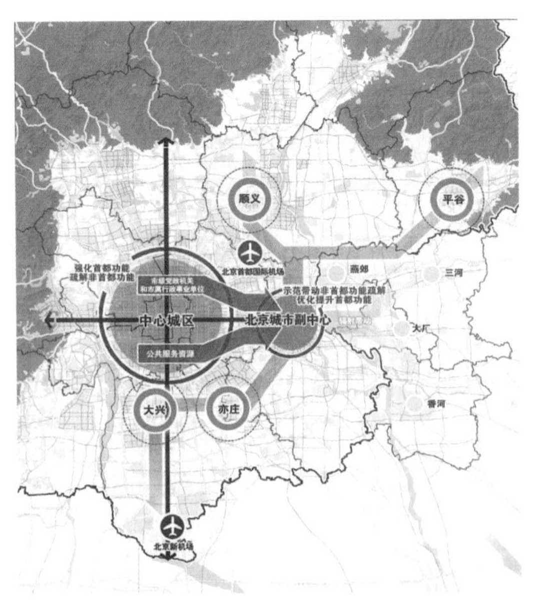

图 12.3 （左）国家设立雄安新区
资料来源：作者自绘
图 12.4 （右）北京建设城市副中心
资料来源：北京市人民政府，2017

焦于管理北京地方事务。

（3）在中心城层面上，北京正在逐步摸索建设中央政务服务区的可能做法，并全面推行产业调整、区域市场外迁和整治“开墙打洞”等疏解行动。随着北京市级政府机构迁入通州，将东城区和西城区组成的核心区（总面积约 92.5 平方千米）打造成为专门服务于中央行政管理职能和国家政治集中展示地的构想得到了良好的实现机遇。因此，借鉴美国华盛顿的相关经验，北京市正在紧密研究通过人口和功能疏解，腾退和重新组织利用核心区空间以建立中央政务服务区的可行路径。而从其他细节的疏解行动来看，依据《北京市人民政府关于组织开展“疏解整治促提升”专项行动 (2017—2020 年) 的实施意见》，北京市的相关疏解行动要“以服务人民群众为工作出发点，疏解整治与优化提升并举，专项行动任务与人口调控目标挂钩，全面推进与重点突破相结合”，内容包括多个方面（北京日报，2017）：拆除违法建设；占道经营、无证无照经营和“开墙打洞”整治；城乡结合部整治改造；中心城区老旧小区综合整治；中心城区重点区域整治提升；疏解一般制造业和“散乱污”企业治理；疏解区域性专业市场；疏解部分公共服务功能；地下空间和群租房整治；棚户区改造、直管公房及“商改住”清理整治。

推动城市治理转型：迈向设计导则指引下的街道与街区更新

由此可见，北京的非首都功能疏解工作具有“自上而下”的管控与执行特点。中国自古以来长期实行的就是垂直式的政府管理，因此在经济高度发展和民主意识日益高涨的今天，如何促进城市从“管理”到“治理”的转型，从“垂直”到“水平”管理的优化，从“自上而下”到“自下而上”的多途径融合等，已经成为新时期国家建设的重要议题。为此，北京市总体规划明确提出要“提高多元共治水平”，“坚持人民城市人民建、人民管，依靠群众、发动群众参与城市治理”。[1]

与此呼应，北京的人口与功能疏解工作除了自上而下的大手笔动作之外，也细化和深入到了强调“自治”的社区和街道层面，一定程度上切实推进了政府与社会各界的对话与合作，从而有效推行诸如修复“开墙打洞”、老旧小区更新等基层整治提升行动的落地。前面提到，很多经过“开墙打洞”整治后的街道面临着便民服务设施减少、休闲文创簇群解散、街道形象和公共空间环境亟待改善等一系列后续问题，这显然无法再次通过简单的运动式整治加以应对，而需要调动社会各方力量进行持续的环境优化提升、设施配套完善和跟踪维护。“不是说封完就了事，这不是目的，而是要将整治与便民服务设施补齐和环境综合提升相结合，先立后破。”（北京日报，2018a）“疏整促”不光要让居民觉得街巷环境变好了，还得真正方便居民生活，“既要有面子，还得有里子”。（北京日报，2018b）

因此，为了解决封堵行动之后的后续问题，一方面，北京市各级政府开始积极推动城市设计指引、街道整治规划、街道与街区设计导则等的编制与实施，以有序引导相关整治和维护工作的长期稳定开展；另一方面，政府部门积极投入公共资金和专业技术支持，倡导公众参与和协作，对老旧街道和住区等不断进行环境整治、建筑加固和设施维护等城市“微更新”。这些举措为实现城市精细化管理、倡导参与式规划、平衡社会多元利益、促进政府与居民角色转型等城市治理建设提供了重要的行动机遇和实践平台。

街道与街区导则在北京的广泛推进与国际趋势不谋而合。国际上不同国家和地区自 2000 年以来开展了大量街道与街区导则的研究与实践工作，并相继发布了一系列成果，如《全球街道导则》（*Global Street Design Guide*）、《伦敦街道环境设计导则》（*Streetscape Guidance 2009: A Guide to Better London Streets*）、《纽约街道设计导则》（*New York Street Design Manual*）、《印度街道设计手册》（*Better Streets, Better Cities: A Guide to Street Design in Urban India*）等。这些导则整体呈现出人本导向、分类分区管控、多部门协调、跨专业合作等工作特点与趋势，对街道和街区的关注焦点从纯物质空间扩展到以人为本的发展路径上，从空间路权扩展到关心人的行为活动，从强调设计与建设扩展到倡导精细化的城市治理。下面将通过笔者主持的《朝阳区街道与街区设计导则》编制、市政南和住总小区更新改造、奥林匹克广场整治等实践工作，剖析“开墙打洞”封堵之后北京街道与街区更新中的治理变化及其成效，并提出北京城市治理建设的未来走向与工作重点。

从城市到社区的多层级街道与街区设计导则指引

随着生活条件的不断改善和民主意识的强化，北京市民对于城市建设与自身生活环境的关心程度和参与意愿日益增强，这为推行基于多元角色参与的城市治理活动奠定了重要的群众基础。例如，2017 年 4 月，在《北京城市总体规划（2016 年—2035 年）》公示后，两位北京市民创作了《北京城市规划设计导则——非官方版》，通过生动的图画和简洁的文字指出北京现存的城市空间建设问题，并给出对于未来变化的期许，如要细密路网，不要大马路，要下楼就有便利的街区，不要拒人千里的板楼，等等。（图 12.5）这份导则是普通公众关于北京城市建设的直接理解和未来愿望的缩影。

在街道与街区的建设和整治工作不断深化的过程中，北京市、城区、街道、社区等各级政府和基层治理组织针对不同尺度的空间问题，结合城市发展要求，陆续出台了一系列指导意见、规划设计导则和设计方案，形成了以“城市设计导则—城区设计导则—街道 / 社区设计导则”为核心的三级设计指引体系。指引体系实现了街道与街区更新改造的全覆盖，使得各类街道与街区建设项目在以下层面都有规可依、有例所循。

（1）在城市层面，北京在编制新一轮城市总体规划时，就配套开展了“总体城市设计”研究，明确了展现“首都风范、古都风韵、时代风貌”的城市特色建设目标。2018 年 9 月，北京市出台了《北京街道更新治理城市设计导则》，更加有针对性地对街道和街区开展分类型的设计整治指引，是各类街区要素规划设计和建设管控的重要依据。导则将城市划分为大型居住区、商业商贸区、交通集散区、产业集聚区、国际交往区、政务保障区六种类别，并从街道的交通服务和公共服务维度出发，将街道划分为交通主导、生活服务、综合服务、静稳通过、特色街道五大类，再根据各类功能区和街道的特点提出建设的目标定位和规划设计要求。

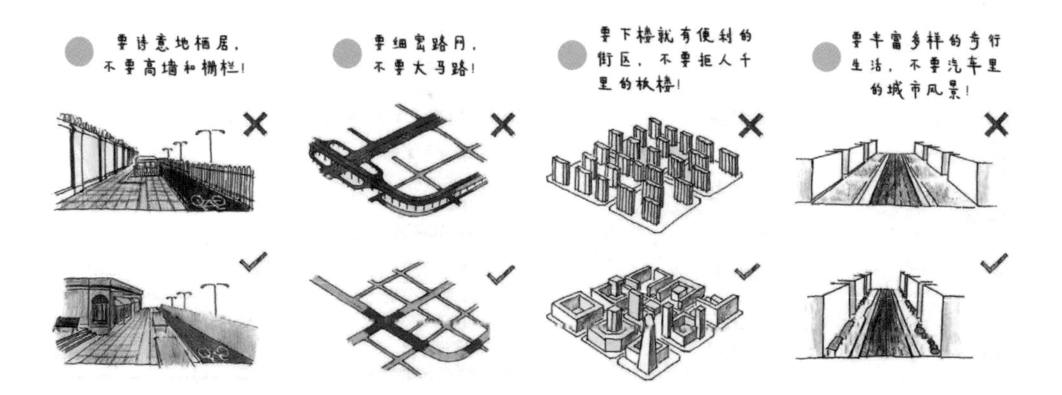

图 12.5《北京城市规划设计导则——非官方版》内容摘选
资料来源：光天殿匠人，小妮子，2017

（2）在城区层面，东城、西城、朝阳[2]等区先后出台了各区的街道与街区整治导则。例如，北京市规划和国土资源管理委员会朝阳分局在2018年1月组织编制了《朝阳区街道与街区设计导则》，这是设计导则体系中承上启下的重要一环。该导则通过搭建“一个纲领，十个原则，一个3+*X*框架，三十项重点控制内容，五类管理实施机制”的综合体系，明确了街道和街区设计管控的具体技术要求。该导则的编制以大数据分析和实地调研为研究基础，一方面以弹性引导为主要手段，构建了“界面—街道—街区”三层级管理架构（表12.1），另一方面通过便于查阅与和使用的街道类型划分与导则索引推动导则的使用和推广，并提出公众参与、资金保障、街巷长制、跨部门协作等多元创新机制（图12.6）。该导则是朝阳区进行沿街界面风貌整治、街道环境优化改善、街区空间品质提升的重要技术参考。其中，减少封闭围墙、建立开放小区、实现15分钟服务圈等导引都突出了以人为本、服务基层民众的重要基本理念。

表12.1　30项重点控制内容

风貌控制导则	整体控制	第1项	整体协调
	界面要素	第2项	墙面要素：立面门窗、屋顶、台阶、无障碍设施
		第3项	围栏围墙
		第4项	附属设施：牌匾与侧招、空调室外机、雨棚等
	建筑形式	第5项	建筑立面形式：风格、近人区域、街角与对景、细节
		第6项	建筑体量
		第7项	建筑高度
	建筑材质	第8项	建筑材质与颜色
	建筑性质	第9项	建筑性质
		第10项	出入口设置
	界面空间	第11项	建筑控制线与贴线率
街道设计指引	街道设计	第12项	完整街道设计
		第13项	步行通行区与无障碍设计
		第14项	建筑前区
		第15项	设施带
	街道要素	第16项	街道家具
		第17项	公共艺术
		第18项	地面铺装
		第19项	街角公园及绿化
		第20项	信息设施
		第21项	公交站点交通组织与停车安排
街区建设指引	街区设施配置	第22项	完整街道与活力共享
		第23项	开放街区
		第24项	精准服务街区
	小街区制	第25项	密路网与小街区
*X*拓展指引	外部设施	第26项	其他外部设施
	绿色智慧设施	第27项	智慧设施
		第28项	生态街道
		第29项	海绵街道
		第30项	绿色技术与绿色材料

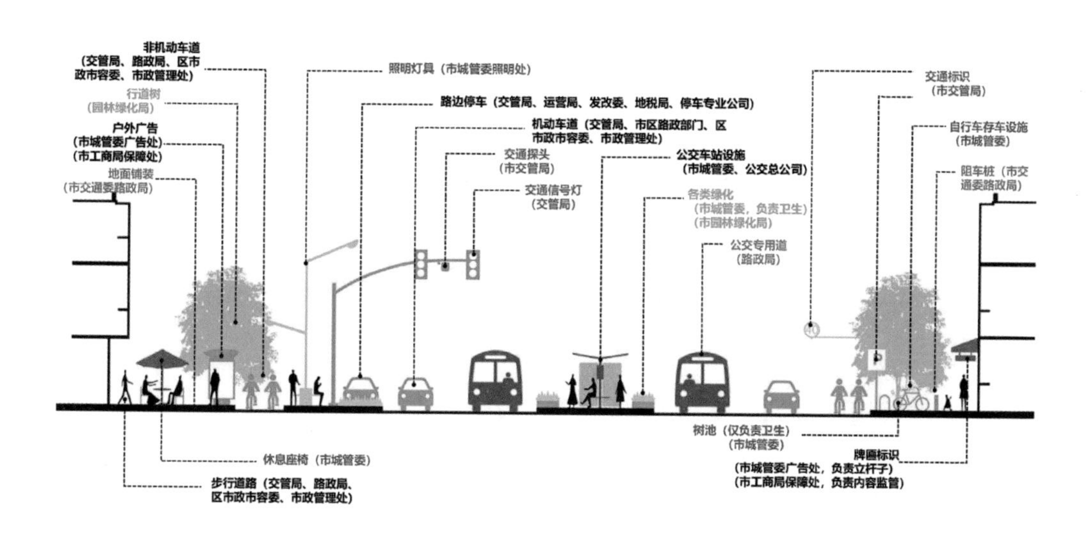

图 12.6　街道要素的不同管理部门
资料来源：北京市规划和国土资源管理委员会朝阳分局，2018

（3）在街道和社区层面，朝阳区很多街道都组织编制了街道整治规划设计导则，这是设计导引系统最末端的一环，既承接上级导则的技术要求，又与实施性的社区设计方案紧密结合，更具针对性。2018 年 12 月，笔者编制的朝阳区《小关街道整治规划设计导则》（北京市规划和国土资源管理委员会朝阳分局，2018）从技术维度对小关街道的发展历史、人口构成、建筑功能、建筑状况等开展整体分析，并自下而上地收集和汇总了各个社区的信息与意愿，为每个社区建立了一张“社区档案”。在此基础上，该导则提出了“一图一表一库”的项目实施计划（图 12.7），通过图表形式明确了未来 5 年中小关街道将逐步开展整治工作的街道和社区名录，形成了详细的工程项目库和实施时序安排表。

朝阳小关街道：街道与社区更新的实践探索

在北京，朝阳区的“开墙打洞”街道整治工作启动最早。2014 年北京“两会”后区政府就将整治“开墙打洞”列入了夏季环境大整治六大专项治理行动。据媒体报道，截止 2018 年 8 月，朝阳区已清理整治无证无照经营单位 34506 家、开墙打洞 8408 处。在后续政府投资开展的街道景观与设施修复、老旧小区微更新等过程中，由于政策要求关乎居民意愿的项目只有实现 100% 的居民同意才能够实施整治工程，以前由政府和规划设计技

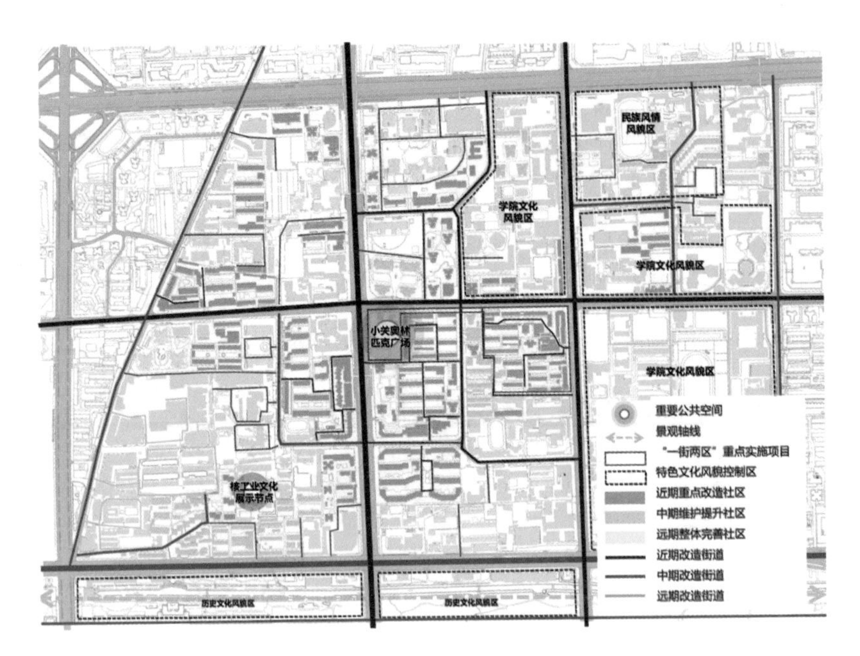

图 12.7 小关街道整治规划设计导则中的一图
资料来源：清华大学建筑学院，2019a

术人员主导设计实施方案的传统管理模式被打破，更加关注居民需求和整治愿望的“参与式”规划设计开始得以推广，以使政府、居民和规划设计人员能够通过“共商共治”形成互相认同的行动决策。

小关街道的市政南和住总小区更新改造、安苑路与奥林匹克广场整治是《小关街道整治规划设计导则》中确定的近期重点实施项目。在设计方案形成过程中，规划设计团队和街道办采用“居民议事会 + 问卷调查 + 深度访谈 + 入户采访 + 新年活动”等多种途径组织和培育公众参与，从而准确掌握居民需求，并积极获取居民对项目改造的认同和支持。从两个小区处于萌芽期的社区营造情况来看，居民最为关心的改造内容按照优先权排序可以概括为四类：楼栋内部设施与安全性改造、机动车停车位增补与布置、小区内外部环境的优化、公共活动场所的提供。值得注意的是，由于住总和市政南小区的自治程度明显不同，两个小区在社区参与过程中的表现亦显著不同：住总小区的居民自治程度高，对小区环境的管理和维护已经建立起良好的自我运作系统，因此居民对政府投资改造的需求明确且聚焦，相对于外部环境他们更加关心楼栋改造；相反，市政南小区的居民自治现状偏弱，对政府的投资改造计划寄予希望大，具体表现在居民的支持和信任度高、积极性强，对楼栋和小区外部环境改善的需求同样明显等方面。

缺少公共绿地和活动场所是北京老旧小区最为常见的问题之一，但受制于狭小空间的限制，在小区内部进行绿地增补等十分困难。因此，对小关街道中唯一一片成规模的社区中心绿地“奥林匹克广场”进行积极改造和充分利用，是提升周边社区整体服务品质的重中之重。设计团队通过对广场人群活动和使用情况的多天 10 小时连续监测，以及对访客的深度访谈，发现广场使用的对象主要局限于不工作的老人和小孩，因此需要通过合理的设施增补与错时利用，将中青年的活动植入广场中，以实现广场的全龄化使用。因此，设计团队提出了打造“一条跑道、一个球场、一片社区花园、一块综合活动场地、一处可识别的文化阵地”的五大更新策略，并依此完成了广场的微环境改造方案（图 12.8）。

讨论与未来展望

综上所述，尽管北京整治“开墙打洞”这一行动充满争议，但从其后续的规划设计指引编制、街道和街区更新建设等实践来看，北京在落实自上而下的功能疏解策略的同时，也倡导和引发了以“多元参与”和“微空间改造”为核心的，从传统“城市管理”向现代化“城市治理”转型的综合变革（图 12.9）。

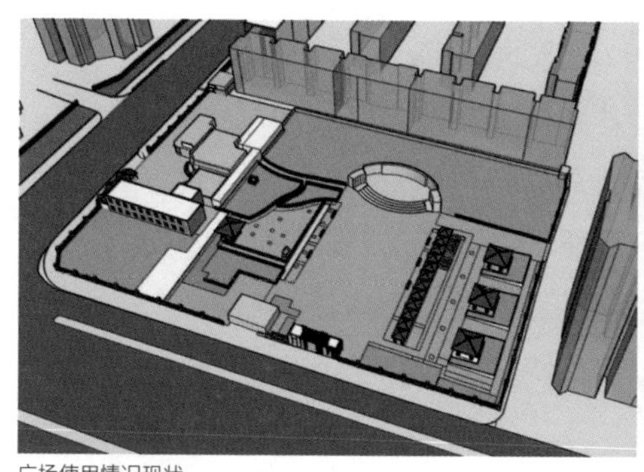

广场使用情况现状

增补运动设施以促进社区对广场的全龄使用

图 12.8　奥林匹克广场改造调查与初步方案
资料来源：清华大学建筑学院，2019b

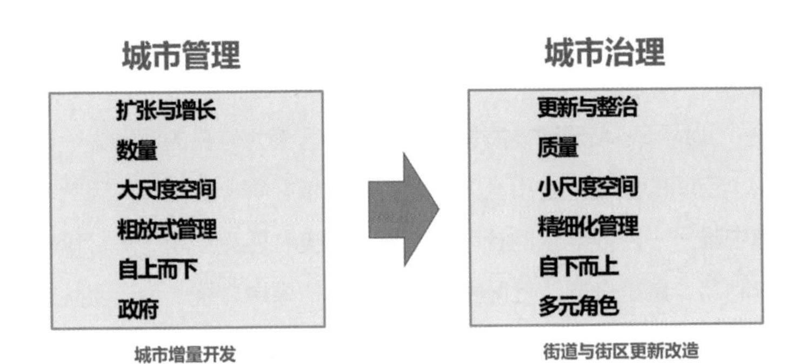

图 12.9 从城市管理到城市治理的转型
资料来源：作者自绘

首先，城市建设不再像过去那样一味强调扩张和增长，而是注重通过小规模、小尺度、微动作的更新整治工程来实现对已建成区域的环境改善、设置配套和品质提升。这也意味着城市建设开始从过去的注重规模和数量转向品质和成效，从以前对大尺度空间的关注转向重视细微空间，从以前的粗放式管理走向了更加精细化的管理。其中，最难能可贵的变化是，街道与街区的更新改造越来越多地尝试并实现了不同程度的社区居民参与，改变了以往自上而下的单一决策模式，真正走向了多元参与、利益协商和角色转型的城市“治理”。

未来，北京在进一步迈向综合城市治理的过程中依然面临着诸多挑战，具体表现在：居民参与意识薄弱，参与能力不足，参与程度很多浮于表面；政府和规划技术人员对城市更新行动的“精英式”干预和管控依然占据主流，还需不断转型并学会如何“放权于民”；保障公众参与城市决策的制度和途径始终匮乏；城市建设能否实现“共治共享”仍取决于各社区自身的发展机遇和各方条件；等等。此外，从优化城市公共空间建设、提升城市魅力与活力来看，北京市街道与街区整治的下一步重点应关注：优化街道空间使用的优先权和街道环境提升；创造性地塑造高品质、人性化的公共空间；强化公共空间建设从规划设计、审批施工到管理维护的全过程指引和公众参与；建立责任规划师制度；推进老旧小区综合整治，逐步打开封闭小区和单位大院；提升街区生活服务品质，补齐短板，提高生活便利度和民生保障和服务水平；等等。

注释

1. 北京市总体规划提出要“畅通公众参与城市治理的渠道，培育社会组织，加强社会工作者队伍建设，调动企业履行社会责任积极性，形成多元共治、良性互动的治理格局。整合行政、市场、社会、科技手段，实现城市治理方法模式现代化”。
2. 北京朝阳区总面积 470.8 平方千米，下辖 24 个街道办事处和 19 个地区办事处，常驻人口约 370 万人。朝阳区作为北京最为现代化、国际化的城区，是北京金融中心所在地，坐落着三里屯、CBD、望京、使馆区等声名远播的重要城市吸引点。

参考文献

北京日报 . 北京市“疏解整治促提升”专项行动 2017 年工作计划 [N/OL]. (2017-1-26) [2019-2-5]. http://bj.people.com.cn/n2/2017/0126/c82840-29648962.html.

北京日报 . 北京新整治 3218 处“开墙打洞”拆违换来 1.2 个“奥森公园”[N/OL]. (2018a-7-27) [2019-2-5]. http://www.takefoto.cn/viewnews-1524705.html.

北京日报 . 北京：五千余处 " 开墙打洞 " 优先修补 保障居民基本生活需要 [N/OL]. (2018b-6-6) [2019-2-5]. http://bj.people.com.cn/n2/2018/0606/c82840-31670599.html.

北京市城市管理委员会，首都精神文明建设委员会办公室 . 关于印发首都核心区背街小巷环境整治提升三年（2017-2019 年）行动方案的通知（京管函 [2017]162 号）[EB/OL]. (2017-4-10)[2019-2-5]. http://www.bjwmb.gov.cn/xxgk/xgzl/ggl/t20170410_819373.htm.

北京市规划和国土资源管理委员会朝阳分局，清华大学建筑学院，北方工业大学建筑与艺术学院 . 北京朝阳街道设计导则 [R]，2018.1.

北京市人民政府 . 北京城市总体规划（2016 年—2035 年）[R], 2017.9.

光天殿匠人、小妮子 . 北京总规公示后，市民提出了自己想要的城市规划设计导则 [EB/OL]. (2017-4-25) [2019-2-5]. https://www.sohu.com/a/136291118_651721.

清华大学建筑学院，北方工业大学建筑与艺术学院 . 小关街道整治规划设计导则 [R]，2019a.1.

清华大学建筑学院，北方工业大学建筑与艺术学院 . 小关街道一街两区更新设计 [R]，2019b.1.

13 / 对于社区更新的几点反思

冯路
无样建筑工作室

上海近年来的社区更新，除了关注环境美化外，还应该更多地思考如何建构居民与场所的关系，如何在空间场所的更新改造中重新建构居民的身份认同。本文使用浦东新区北蔡镇的“缤纷社区”项目作为案例，探讨在居民与场所关系的建构中，“设计”工作如何跳出“解决问题”的传统认知模式，成为一种“触媒”，去激发社区更新中潜在的可能性。

“社区”包含着复合多样的类型和内容。在建筑学的语境中，“社区”这个词通常更多意味着以场所空间为依托的社区类型，包括人群和特定场所组成的有机整体。人们或者共同居住于某个场所区域，或者依赖于特定的场所空间而获得群体的身份认同。中文词语“社区”一词最早在 1933 年由费孝通从英文 community 翻译而来 （马士奎，邓梦寒，2014）。这个英文单词的内在含义在于“共同分享”，由此出发，我们可以获得认知“社区”的两个基本层面：一个是共享的场所、空间或区域，另一个是人群分享着共同的身份、兴趣或价值。这二者之间的链接是“社区”这一概念的重要内容，也是建筑学介入社区发展和更新的关键点。

社区更新，在最近几年，已经成为上海城市更新的关注热点。上海城市公共空间设计促进中心发起的“行走上海 2016——社区空间微更新计划”，一方面标志着上海城市发展的重点开始从都市扩展向城市更新转移，另一方面也是上海市政府推进社会基层治理在空间层面上的实践。在城市规划和基层治理的双重推进过程中，上海社区更新的关注点主要集中于居住社区，尤其是老旧社区公共空间环境品质的提升。这和 20 世纪五六十年代兴起于英美的社区发展或兴起于日本的社区营造运动显然有所不同。

目前上海的社区更新主要关注物理环境的转变，如公共设施的更新改造、绿地景观的美化提升等；相对而言，虽然居民参与被认为是社区更新过程中的重要内容，但是居民的自我组织、教育培训、公民赋权等方面并没有获得足够的关注。

上海在当下阶段的社区更新有以下四个特征。第一，更新是由政府主导的，虽然政府希望居民能够积极参与其中，但更新并非居民主导的过程。第二，更新较为关注建筑设施和环境景观的优化，通常由政府出资，街道办事处或镇政府具体负责执行。很多项目更类似于环境美化运动。第三，项目的时间周期较短，政府往往希望短期见效，通过环境更新而快速获得视觉上的效果呈现。第四，更新的效应更多地体现为政府对社会更有效、更精细化的管理，而不是社区自我治理的建构。

上海的社区更新显然带有当代中国社会、经济、政治和文化机制的特征。对于以场所空间为依托的“社区”而言，很多社区的居民都面临着对于身份定义的困难。在过去三十年高速的都市变迁过程中，很多居民都离开了原来的居住地和社区，或因为动迁，或者因为购买住房而搬迁到新的社区。他们面临着新社区与个体身份之间关联的重新建构。而中国特有的土地和房屋产权制度也对居民与住区之间的稳固关系存在一定程度的影响。即便对于那些依然居住在原来社区中的居民而言，他们通常是老旧小区中的退休居民，也面临着转变。过去三十年间，与都市空间的高速变化相伴生的是社会机制的巨变和重构。人们不仅可能搬离了自己原来的居所、社区，也可能与个人在社会中原来的身份和位置相脱离。例如，在过去的半个多世纪中，“单位”是集体主义社会中最普遍和重要的社区模式之一。而自 20 世纪 90 年代以来，“单位”作为一种工作生活一体化的社区模式逐渐弱化，这其中有着住房商品化带来的影响，也归因于很多单位本身的转制甚至解散。在这样高速而巨大转变的社会背景下，通过重新建构居民和社区场所的链接，“社区更新”实际上为重构居民的社区乃至社会身份提供了一种可能性。

2018 年，浦东新区在全区范围内宣告实施“缤纷社区”三年计划。“缤纷社区”项目每年初由各街道和镇选点申报，并要求年内完成。对于具体项目要求，区政府提出了九个类型供选择，包括“活力街道、口袋公园、慢行网络、公共设施、艺术空间、林荫街道、运动场所、透绿行动、街角空间”。从年终完成的情况来看，大部分项目都选择了像口袋公园、林荫街道这样的景观绿化工程。究其原因，一方面是因为这类项目内容简单，实施容易，施工便捷；另一方面绿化工程不容易碰触到居民的空间权益和邻里关系，选址通常都是空间属性明确的公共场地，如城市街道和街头绿地等。绿化景观的美化当然可以提供一个更舒适和愉悦的场所环境，从而鼓励社区居民更多的交往行动，也可以提高居民对于社区的认同感和自豪感，因而带来更多的社区归属感，但是，单纯依赖环境美化并不能充分建构居民的社区主体身份，也不能直接产生社区身份与共享场所之间的链接。

浦东新区政府给下属 36 个街道和镇分别聘请了社区规划导师。导师通常是建筑或规划专业的大学教授，或者是资深的建筑师和规划师。社区规划导师类似于顾问，没有明确规定的任务要求。于是，当我被指派为北蔡镇的导师之后，我开始思考社区规划应该做什么。北蔡镇最初计划申报的“缤纷社区”项目也是景观美化类，但在研究之后我建议北蔡镇把社区公共空间系统的梳理纳入“缤纷社区”项目之中。

2018 年春季，我在上海交通大学建筑学系担任城市设计课程的客座导师，借此机会，我让学生们对北蔡镇中心区域的社区空间做了一些初步的调研。在课程讨论中，我们发现这一区域有以下几个特征：①除了沪南路两侧有一些办公及商业建筑外，该区域主要是居住建成区。大部分住宅建造于 20 世纪 90 年代以及本世纪初，作为早期的动迁安置基地，住宅基本成套化，以五、六层行列式住宅楼为主，以住宅小区的方式开发建设。②因为开发商和建造时间各不相同，同一个街区组团内常常由几个小区组合在一起，它们之间最初由围墙隔开，边界清晰，但后来围墙逐渐被拆除，其位置反而变成了街区内部的共用通道，成为空间权属模糊的半公共空间。但这种共享的“界面”恰恰是社区内部协商关系的直观呈现。这种共用通道在几个街区内都存在，它们实际上构成了一套潜在的步行系统，可以把各街区连接起来，但是这种潜在的系统性因为一些空间节点被围墙或设施打断而难以察觉。③社区内部有许多类型各异的社区公共设施，如社区活动室、居委会和物业用房、室外活动场地等。这些设施都与共用通道相连，但是有些设施并没有被积极地使用，有些甚至成为通道的阻隔。根据这样的情况，如果能够梳理社区共用的空间系统，连接共用通道，并使公共设施被更积极地使用，那么它们可以共同构成一个步行的、友好的社区空间系统。对于该片区的城市空间而言，沪南路是大尺度的快速道路，其他城市道路两侧很多都是小区围墙，因而“街道”并不能成为有效、友好、鼓励交往的城市公共空间。而北蔡镇中心社区内的共用步行通道系统，作为一种共享的、链接式的步行通道，可以和各种公共设施一起构成一种积极的、特有的社区公共空间。

作为“缤纷社区”第一期的启动项目，我建议了两处选点。它们正巧在莲中路的两侧，隔路相对（图 13.1）。第一个选点是道路东侧的一条小弄堂。弄堂两侧是一层高、隔成很多小间的建筑物，中间通道上面是彩钢板顶盖，里面很阴暗。大门上方有北蔡镇劳动保障事务所的牌子，但是实际上这里只有一部分房间被使用，而且里面用户混杂。弄堂的尽端是围墙，但实际上围墙后面就是莲溪第八居委会。围墙两侧的建筑物实际上是一个整体，只不过中间被围墙隔开，以致互不知晓。而居委会的东侧是街区内的共用通道，还有正在改造的社区健身活动场地。因此，我的社区更新建议就是首先拆除弄堂尽端的隔墙，打通弄堂，然后用透光的顶棚替换现在的彩钢板棚子，在通道中种植绿化，设置坐凳，整修两侧的墙面，增加落地门窗以提高界面的友好度。把彩钢板下面阴暗的弄堂转变成一条绿色的、明亮的内街，连接居委会、社区公共通道和新建的健身活动场所。最初的

图 13.1　北蔡镇城市肌理与“缤纷社区”项目选址

设想只是把内街两侧的闲置用房重新利用起来，但在与北蔡镇镇长等政府人员一起现场踏勘后，项目产生了新的变化契机，他们发现劳动保障事务所实际上应该搬迁到镇上新建的政务办公区，因此弄堂两侧的房屋可以置换成新的使用功能。我们为它规划了小邮局、理发店、小卖店等社区服务设施的置入，希望它能转型成一条提供便利服务的社区公共通道（图 13.2，图 13.3）。这个案例很好地展现了社区更新过程中“设计”所起到的触媒作用，即通过设计而引发，而后又在超出设计预期的多方协作下，在社区更新项目中产生了新的价值。这显然并非传统意义上设计所能带来的结果，而是设计作为触媒在推进过程中吸附了参与者的能量而催生的空间生产。在弄堂转变之前，作为劳动保障事务所使用的场所和周边居住社区是相互隔离的关系，就像一处飞地。但是当它转变成社区通道和服务设施之后，因为使用主体和空间权益的转变，这一片空间场所重新被纳入社区之中，成为社区公共空间的一部分。

小弄堂的斜对面，即莲中路西侧，有一栋独立的两层小楼，它是莲溪第七居委会所在地。小楼东侧紧贴着莲中路，但却被围墙和铁门与街道隔开，建筑与围墙的间距不足一米，间隔里都是废弃物。在小楼隔壁有一个围墙上的广告栏，而墙后是一小片封闭的荒废空间。居委会的西侧是一处比较大的室外公共活动场地，穿过这片场地继续往西，再经过一片绿化就是这个街区的共用通道。对于这一个选点的社区更新，我们的建议也并不复杂。改造设计策略主要就是把莲溪第七居委会小楼与街道之间的围墙和铁门拆除，重新设计小楼的沿街立面，利用原来小楼与围墙之间的空档设计有雨棚的沿街坐凳（图 13.4）。与此同时，围墙的拆除还释放出旁边报栏后面的空地。这块空地原来被围墙封闭起来，毫无用处，现在打开后变成街道空间的一部分（图 13.5）。空间界面从封闭隔离到共用的转变不仅仅是所谓的使用方便，更是关于空间权益的更新。原本无法进入的“公有”空间被转换成社区居民可以共同使用的场所。

北蔡镇这两个社区空间更新项目不仅改善了单个街区尺度上的微环境，更重要的是，作为重要空间节点，它们开始通过社区公共空间系统的建构服务于更完整意义上的社区更新。这里并不是说，对于物理空间环境的改变会立即帮助建构一个积极友好的社区，并直接提升或加强居民对于自身社区身份的认知和感受。但是，这两个空间更新项目可以引发我们对于社区更新中三个有关问题的关注和讨论。第一，空间使用权被改变了。

图 13.2　项目 A 沿街界面改造提案（上图：现状；下图：设计方案）

图 13.3　项目 A 弄堂改造提案（左图：现状；右图：设计方案）

图 13.4 项目 B 沿街界面改造提案（上图：现状；下图：设计方案）

图 13.5 项目 B 改造提案

在上海很多老旧居住区里，我们常常可以看见一些被不同的政府机构使用的建筑和庭院，它们与周围的社区通常被围墙和大门隔开，就像一块块飞地。更新这样的建筑和场所的空间属性，把它们转变为居民可以使用的空间，这显然可以重新定义居民和社区空间领域之间的关系，因而帮助居民在其所处之地拥有更强的社区身份感。第二，在很多居住区里，街道只用于行人或车辆单纯的“路过”，道路两边被围墙封闭，从空间属性上来说更多地只是用于交通的空间技术工具而无法成为有效的城市公共空间。在过去数十年的都市化发展进程中，无论是早前的集体化单位大院模式还是后来的私属化的住宅小区模式，它们都是围墙封闭的空间单元，因此由它们组成的街区也都是封闭的，街道两侧都是围墙。面对这样一种城市空间状况，除了开放式街区的概念外，我们也许可以探讨另一种空间类型，即一种不同于“城市街道”的社区空间系统。类似于本文所描述的北蔡镇街区内部的共享步行通道系统，它可以被称为一种社区居民所拥有的共有空间，而不是宽泛的所谓的城市公共空间（图 13.6—图 13.8）。这种由社区成员所共享的空间所有权，显然是社区建构的重要内容。第三，在社区更新中，“设计”的角色和作用应该被重新思考。通常，我们把“设计”看作“解决问题”所提供的结果和答案，与此相对，“设计”更应该被理解为一种社区更新过程中的“触媒”，作为一种触动和激发的力量介入其中。“设计”并非着重于一个设计项目完成的那一瞬间，而更应该着重于设计的过程。在设计的过程中，各种不同的力量和资源被集合在一起并相互协商与合作，从而给空间环境的转变不断带来新的可能性。

图 13.6　（左）场地现状总平面
图 13.7　（中）现阶段总平面设计（红色：社区服务设施；灰色：社区共享步行通道系统）
图 13.8　（右）下一阶段总平面设计（红色：社区服务设施；灰色：社区共享步行通道系统）

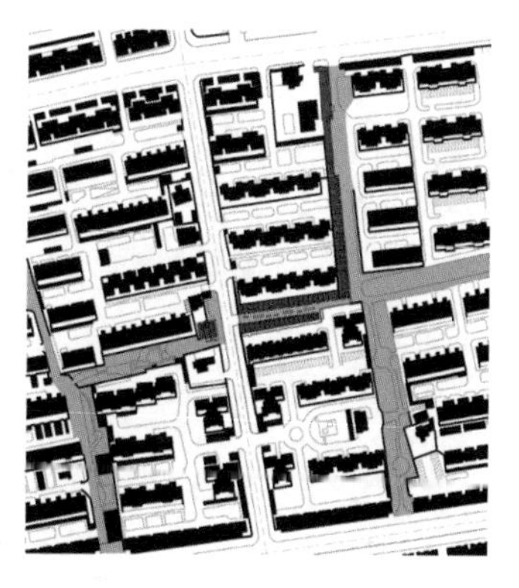

注释

1. 本篇文章图片均来源于无样建筑工作室。

参考文献

(美）大卫 · 哈维 . 黄煜文 , 译 . 巴黎城记：现代性之都的诞生 [M]. 桂林：广西师范大学出版社，2010.

“多元主体参与下的社区微更新”专辑 . 城市中国 [J]. 北京：中国出版期刊中心，2018(1).

“中日社区营造”专辑 . 城市建筑 [J]. 哈尔滨：黑龙江科学技术出版社，2018(9).

马士奎，邓梦寒 . 费孝通的社会科学翻译成就 [J]. 中国科技翻译，2014(2)：56.

14 / 边界定义与内容协作：城市社区更新设计方法思考

张淼
MAT 超级建筑事务所

当城市建设增量的速度逐渐放缓的时候，城市规划师和城市设计者们开始关注城市存量空间，而居住社区又在此存量中占比最高，所以此类空间成为城市存量适应性更新的主要工作对象。以北京为例，快速的城市化进程使城市中心区大量的居住小区已无法满足城市居民新的生活需求。截至 2014 年的数据表明：北京市住宅项目（含住宅组团、单栋住宅）累计 4185 个，总面积约 2.4 亿平方米；其中 1990 年以前建成使用的老旧住宅项目共 1582 个，总建筑面积约 5850 万平方米，占城市总住宅量的 25% (李倢，2007) 。

住宅规模量级，尤其是老旧住宅小区的规模量级，反映的是不断密集的城市居住人口、随时间逐渐增多的“老旧”居住环境，以及应当随之升级与改善的社区配套设施需求。居住社区在物质性层面的升级可量化实现，而在经济性、文化性、社会性以及生态环境等综合层面，实现与城市其他功能空间同步的适应性迭代，才是真正的挑战。这样的迭代过程将超越居住物理空间硬件本身，让个体的日常生活与社区治理、城市文化、社会活化等紧密相连，从而将居住小区塑造为真正意义上的“社区”，以实现更广泛的社会目标。

以下将通过六个社区公共空间设计案例，在社区更新设计方法上提供几个思考角度，即系统化介入策略、空间边界再定义、新空间类型塑造、功能需求的引导、多内容协作机制及个体价值的实现等。

系统化介入策略

社区是一个复杂的空间体系。社区空间的信息由地域的特点、时间的痕迹、历史的讯息、人群的构成等无数层指标叠加而成。与城市中配套设施成熟的商业地块相比，社区物理空间中能够提供给居民的生活配套设施十分有限，而居民的生活需求又要求社区空间不断地趋于综合化、精细化。因此建筑师需要对社区现有的存量空间进行分层梳理，形成系统化的空间设计策略。一方面从社区宏观环境着手，整理人车流线、绿化休闲空间，建立社区外部空间的调整机制；另一方面，从社区微观空间切入，针对社区中的废弃场地、消极空间、微型公共空间等进行调研与分析，梳理社区配套功能的分配体系。这种宏观与微观联动的系统化介入，将有助于社区管理者、社区居民、社会组织、空间运营者与设计师等多方参与者 (张垒，2018) 在可控的工作界面协作。

以北京朝阳区新源西里社区的更新设计为例，由于周边城市地块发展的影响，它已逐渐成为半开放式的城市社区。设计的出发点在于从城市街区层面整理新源西里社区地块的城市界面，重新梳理出社区内“Y”形车行路网以及网格型连通的人行道路，从而释放出那些因为历史原因无法连通的道路和消极使用的公共空间（图 14.1）。随着道路的疏通与违建的腾挪，更多的社区公共空间和配套设施的潜在场地得以浮现。最终，设计梳理出社区里 10 处依托现有建筑或独立地块作为研究对象（图 14.2）。

图 14.1 新源西里社区总平面

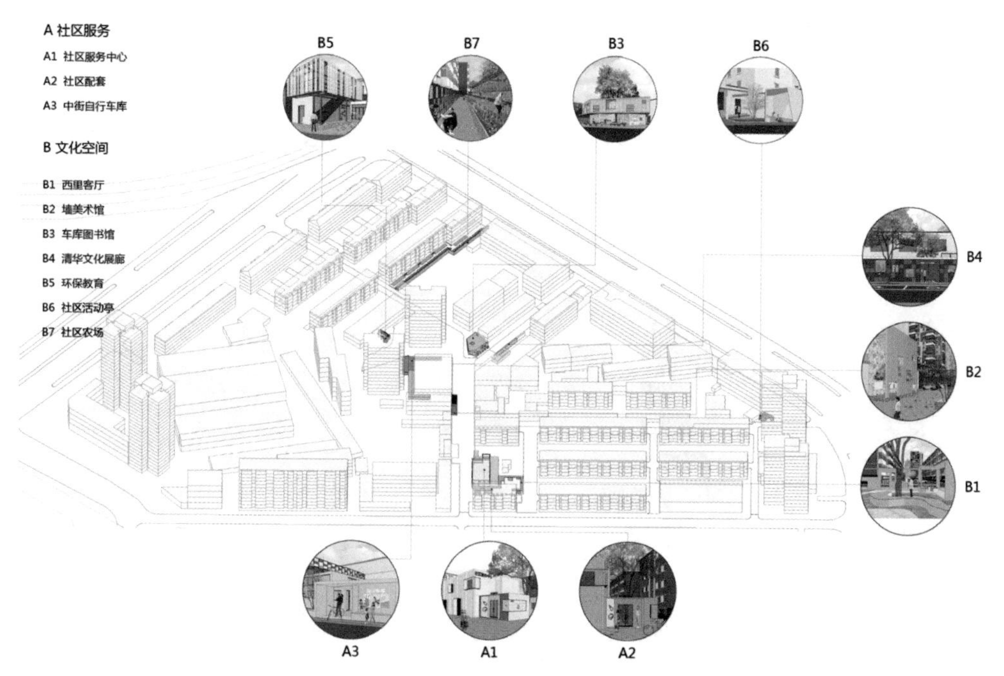

图 14.2　新源西里社区研究地块选址

通过对筛选出场地的适应性改造设计测试，在整体空间框架之下形成了一系列潜力空间场景。这些场景分为社区服务空间和社区文化空间两种类型。场地选取涉及社区中现有的废弃停车棚、公共卫生间、垃圾回收站、开放场地、社区入口广场、道路节点空间等。通过空间和需求调研开发设计测试功能，形成一系列补充社区服务的配套设施，如社区服务中心、社区生活配套、社区客厅、墙美术馆、车库图书馆、文化展览亭、环保教育馆、社区农场等（图 14.3）。这些场地的选取和设计测试成为进一步通过居民参与、社会组织、行政管理和社会资本等，与设计师一起搭建合作平台的工作素材，也是渐进式推进社区工作的一个空间起点（图 14.4，图 14.5）。

空间边界再定义

牛王庙南院小区是一个毗邻东二环高档写字楼区域的老旧居住区。小区经过上一轮的翻新整治已完成了住宅楼基本硬件的升级改造，即将面临

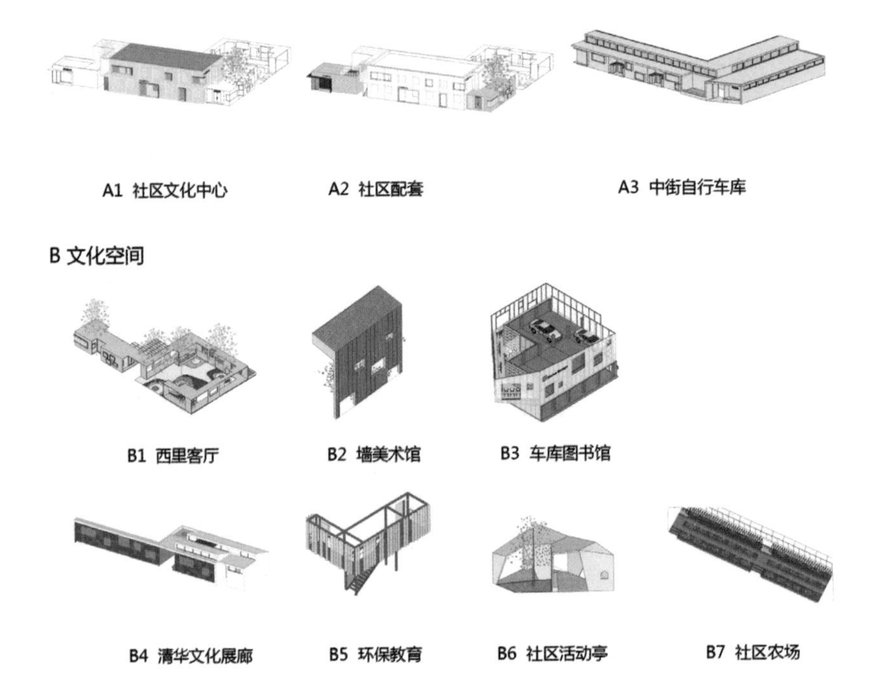

图 14.3 新源西里社区介入类型

图 14.4 车库图书馆设计提案

图 14.5　车库图书馆设计提案

的是社区公共生活设施的升级与内容的引导。针对这个极具社区邻里生活气息的老小区，提升策略围绕社区公共空间界面的再定义而展开，试图借用设计的手段，对现存公共空间进行产权整理和功能再定义（图 14.6）。

例如：临近社区入口的自行车棚长期处于低效使用状态，部分面积被租赁给相邻园区作为办公用房。在之前的物业改造中，车棚三面临近住宅楼道路和活动广场的位置被改为划线停车位，公共座椅和居民休闲空间被挤压到车行路邻侧。于是设计师提出整理车棚周边道路与停车流线，在满足消防疏散的前提下，释放出车棚前的空地，并使之成为临近社区入口真正意义上的公共广场。同时，结合车棚现有的入口门厅结构，将之改造为社区花房，为热爱花草植物的居民提供集绿色、休闲于一体的温室活动空间。此外，通过收回车棚的外租产权，将自行车棚向靠近围墙侧腾挪，将临近公共广场的原车棚空间转变为集聚会、培训、阅览、展示等为一体的复合型社区空间（图 14.7，图 14.8）。

这种面向社区内部的空间整理，不仅高效地转化了社区的空间存量，更重要的是通过完善本地化的配套，为居民提供了与他们生活状态相匹配的服务内容，也缓解了城市公共设施的压力。

新空间类型塑造

20 世纪八九十年代，在我国城市内部城区，为了平衡城市工作人口的职住关系，各企业单位组织建设了大批的住宅建筑，集中为居民提供生

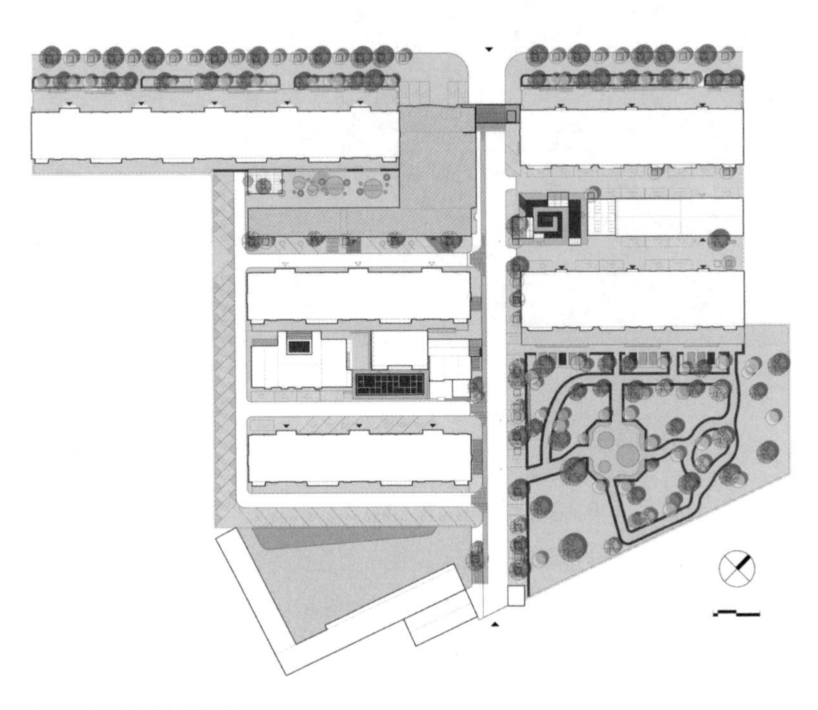

图 14.6 牛王庙南院小区总平面

图 14.7 牛王庙南院小区车棚改造提案

图 14.8　牛王庙南院小区车棚改造提案

活配套。随着住宅商品化和物业管理方式的变化，老旧住宅经多次硬件整治和修补后，仍无法充分解决配套设施问题。从住宅建筑空间元素入手进行潜力挖掘，实现旧建筑类型在新生活方式要求下的适应性改造，这是值得尝试的方向。

老旧小区的多层单元住宅建造中利用建筑结构空间而设置的普通地下室，曾作为贮藏室为居民所用，后被改造用于商业经营、临时居住等，但是这会带来安全隐患。如果能依托既有建筑空间进行功能组织的创新研究与设计，则有利于将老旧社区中的存量空间进行类型化、适应性地改造，打造基于社区的本地化生活配套（图 14.9）。

在北京西城区槐柏树北里一栋多层住宅楼的普通半地下室里，设计师通过对空间的类型研究与功能创新处理，将地下空间转变为集社区教育、文创活动、休闲社交等复合功能于一体的社区公共图书馆（图 14.10）。在砖墙承重的多层住宅楼地下室，空间被承重墙体分隔为若干尺度不一的零散房间，层高和采光的限制使得空间使用受限。设计师从地下室的安全疏散着手，将线性的顶棚造型与地面导视系统结合，形成串联两端疏散出口的明晰流线。同时，他们将社区配套功能落需求与承重墙的分布规律结合，进行空间落位，并以固定式、半固定、活动型等几种不同的家具元素，将使用行为通过家具尺度进行量化，营造出既有整体空间秩序又有多样场景体验的一系列空间（图 14.11，图 14.12）。

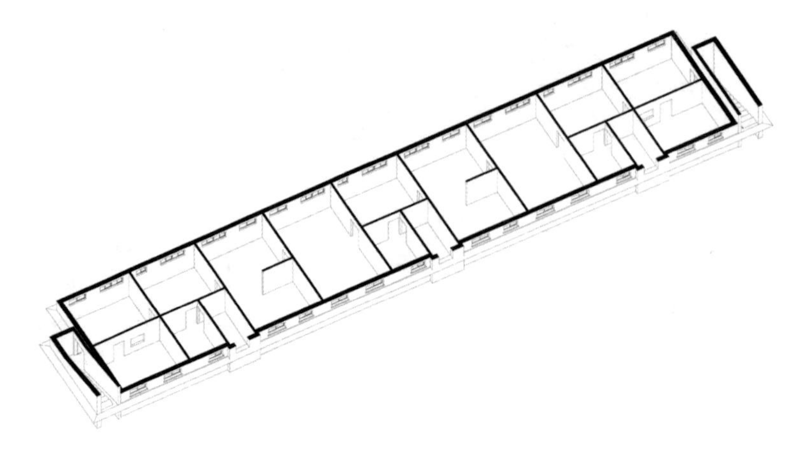

图 14.9 多层单元住宅地下室

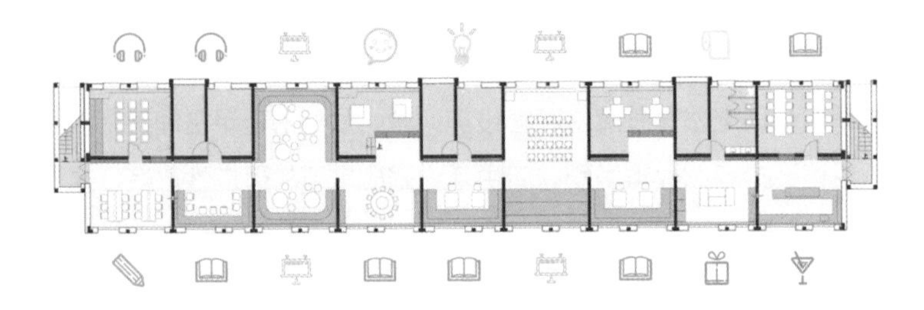

图 14.10 槐柏树北里社区地下室改造提案平面图

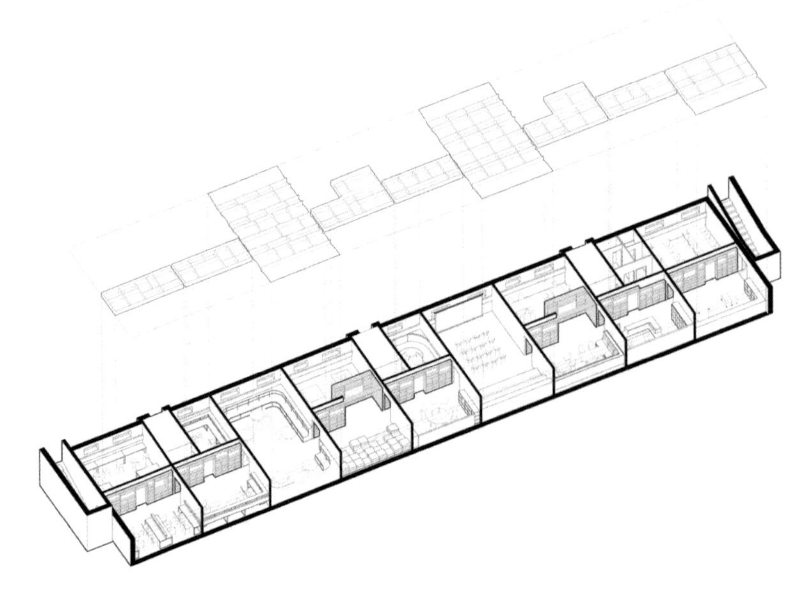

图 14.11 槐柏树北里社区地下室改造提案轴测图

图 14.12　槐柏树北里社区地下室改造提案效果图

功能需求的引导

在我国城市居住区的早期开发建设中，小区的环境设计大多数以达到基本景观指标为任务，缺乏对外部公共空间的精心设计。当公共空间的营造不能促进居民的熟识和邻里交往时，社区的归属感和参与意识就无从谈起。随着社区更新的逐渐推进，这些单调的外部空间需要借助设计的手段引导出新的使用方式，为居民的日常生活注入活力。

在北京百环社区的社区广场空间更新中，场地初步的使用需求围绕着休闲座椅、休闲场地、文教宣传等基本层面展开。如何通过系统的空间组织方式，在既能满足基本功能需求又能尊重现状的基础上，营造出与原先空旷的广场截然不同的空间氛围，是最初的挑战。

于是，一套基于现有铺装尺度衍生出的网格模数成为设计操作的出发点，即根据网格模数衍生出铺装、座椅、台地、树池、雕塑等不同类型的空间和家具形式，在场地的出入口和景观视线节点位置形成不同主题的热点空间，并结合导视雕塑融入宣传展示内容等（图 14.13）。这种以小尺度单元和相似空间语言来统筹处理公共广场环境的操作方式，丰富了高层住宅俯瞰小区环境的视觉效果，同时带动了居民主动地体验和融入社区公共生活空间（图 14.14）。

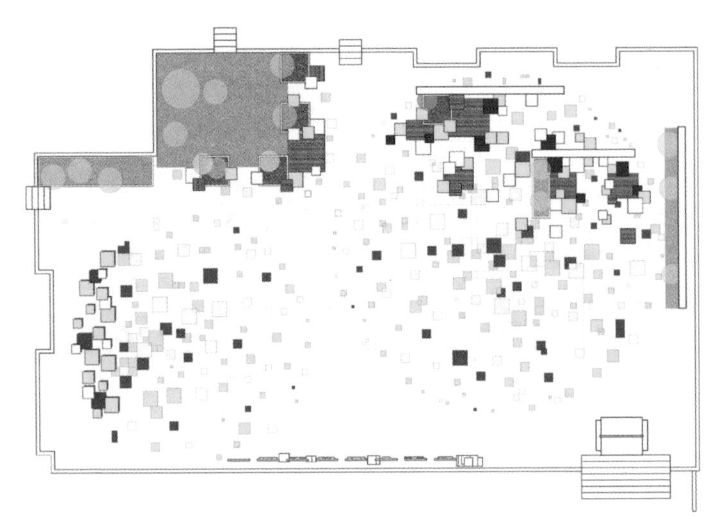

图 14.13 百环社区广场空间更新设计总平面图

图 14.14 百环社区广场空间更新后居民使用状况

多内容协作机制

当开发成熟的住宅小区已经拥有高质量的建筑营造标准和物业管理水平时，社区服务需求会转向服务内容的升级。当居民的生活需求根据年龄、职业、兴趣等标签多次细分时，社区居民生活配套空间的组织逻辑也将发生变化。从功能需求任务书的制定、空间设计方式到未来的空间运营，每一个推进阶段成果都将是多方合作与多重要素权衡的结果（赵民，2009）。

位于北京市朝阳区劲松街道大郊亭社区的“大家庭”居民活动中心，升级改造之前是社区内的一个地下闲置空间。居委会希望通过对地下空间的改造，创造一个供居民交往和活动的公共空间。高层住宅楼的地下空间里承重墙体较多，空间格局无法做大改动，而使用需求又关联到老人、儿童、业主委员会、社区社团等多方人群，于是在多样需求和多方参与的前提下，街道办事处、居民委员会、业主委员会、社团代表、居民代表与建筑师通过若干轮的议事会议讨论，共同制定了设计的任务书，从而促成以“共享”为前提的空间运营管理方案（图 14.15，图 14.16）。

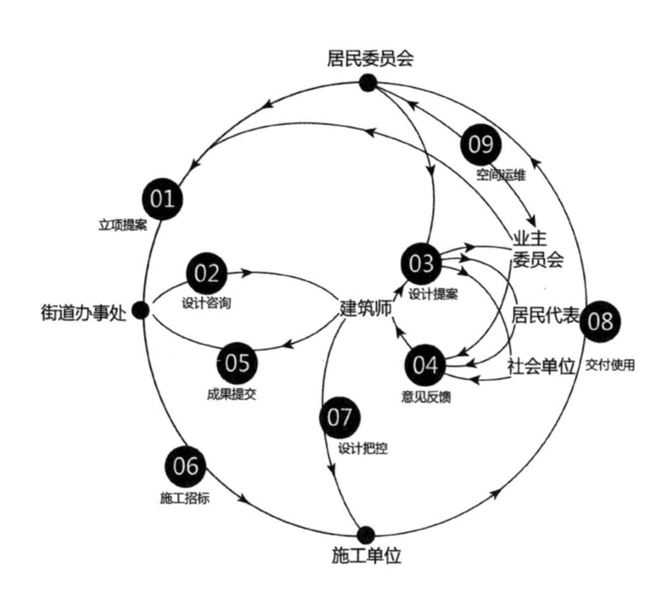

图 14.15 （上）大郊亭社区项目实施流程图

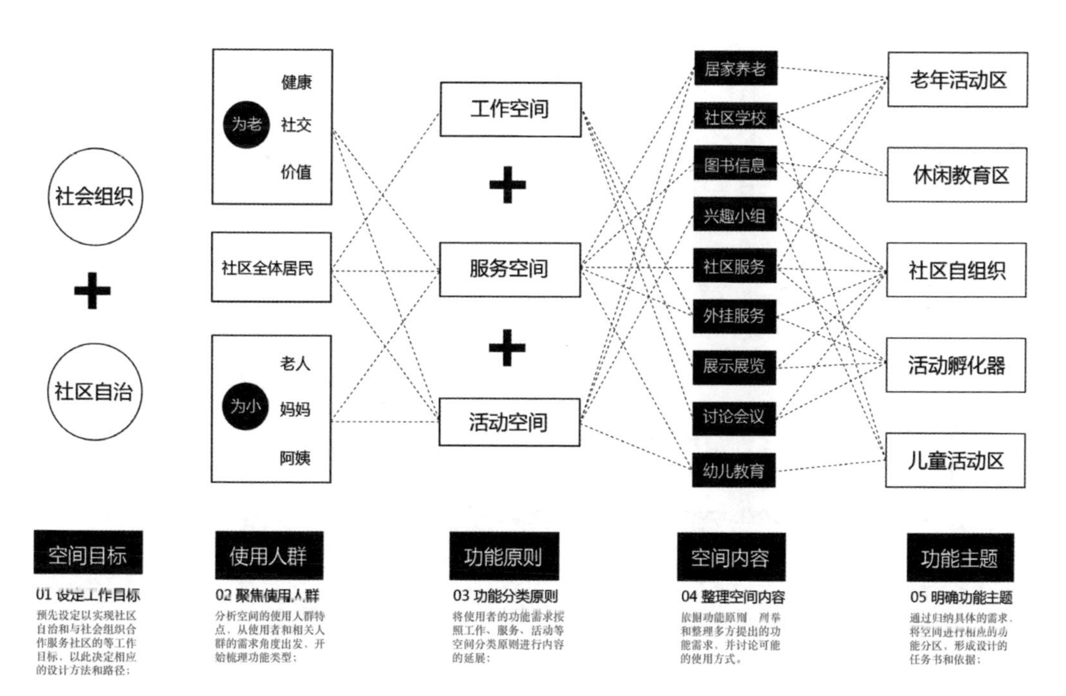

图 14.16 （下）大郊亭社区项目功能梳理过程

经过大家多方采集和梳理使用需求，场地功能被归纳为社区教育、社区组织、儿童活动、老年社团四大区块。在确保各功能区域动静分离的同时，利用共享中厅的核心位置打造出多功能活动空间，分时段为各功能区提供会议、沙龙、教学、阅览、游戏等弹性服务内容（图 14.17）。结合该社区的藏书优势，地下空间的路径动线被转换为一面长达 28 米的书架家具墙，从室外入口一直延伸到中厅空间。由此，不同的运营需求不仅通过空间共享机制得以实现，而且以阅读和学习作为共同的背景，将空间参与感传递给每个社区居民（图 14.18）。

个体价值的实现

在城市老旧社区更新设计中，除了改善硬件配套设施外，更多的是注入与日常生活紧密相连的生活服务内容。提供这些服务内容的个体或者组织，经过长时间与社区居民的熟识和互动，成为社区交往关系中不

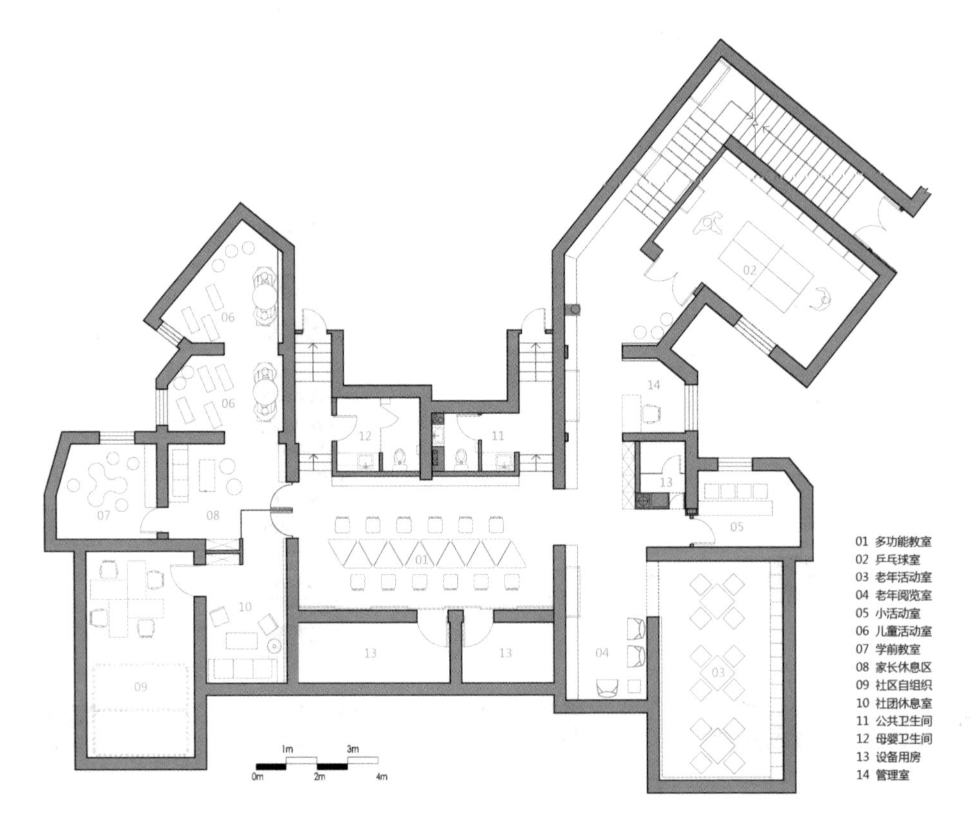

图 14.17 大郊亭社区服务中心设计提案平面图

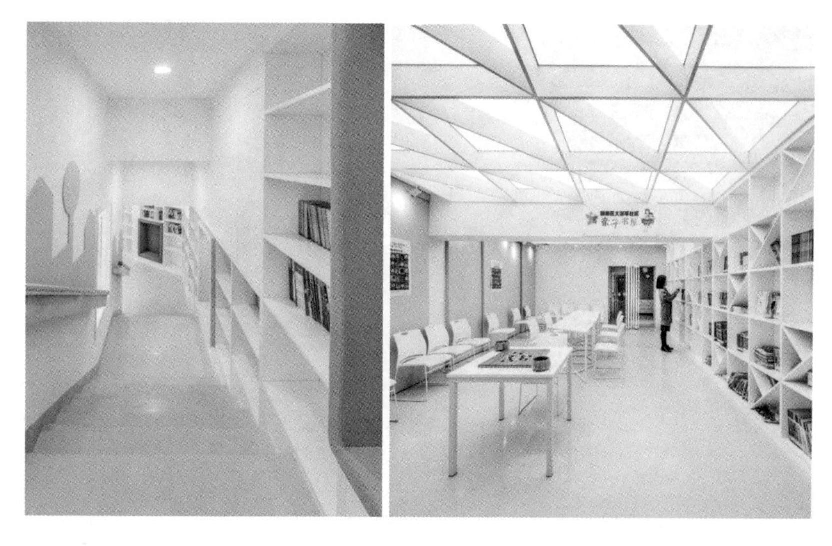

图 14.18 （左）大郊亭社区服务中心书架家具墙（右）大郊亭社区服务中心中庭空间

可或缺的参与者和联结者。尤其当服务提供者也是社区成员时，社区个体不仅通过技能交换获得自身的发展机会，而且促进了稳定的“熟人社会”型社会空间的形成，社区也更有可能以公众参与的方式实现“自我造血”(于文波，2015) 。

“2 平方米的修车棚”是为北京团结湖的一个临时性社区服务配套定制的临时建筑装置。 在该地已居住数十年的修车棚主人长期在社区入口以提供修车、换锁、配钥匙等便民服务谋生。由于被社区居民熟识，修车棚成为聚集居民驻足攀谈的空间节点，是该社区鲜活公共生活的一个缩影（图 14.19）。

由于现有修车棚是一个依附值班室建筑、用废料进行的临时搭建，所以改造设计试图基于对社区生活场景的捕捉和现状条件的观察，通过对旧车棚建筑进行适应性改造，实现社区微观空间的提升，从而将这种个体对社区生活的参与活动以临时建筑装置的形式得以留存和发扬（图 14.20）。改造后的箱体装置中，有便民服务所需的储藏空间等基本功能。家具的折叠与色彩导视的处理，也营造出修车棚所在场地的公共空间感。设计希望借助设计的手段，丰富社区的服务内容，并调动更多的居民交往与个体参与（图 14.21）。

图 14.19 团结湖修车棚现状

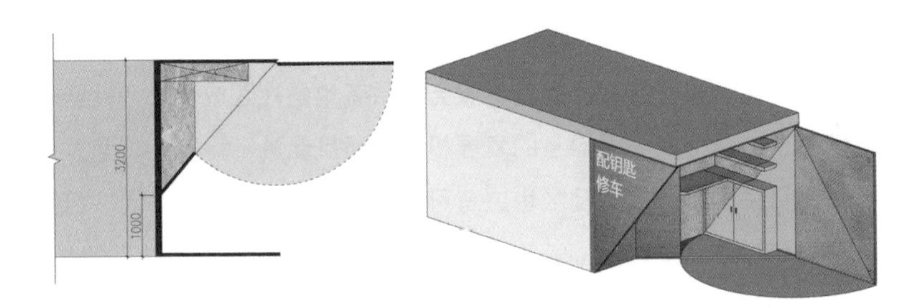

图 14.20 团结湖修车棚改造概念方案

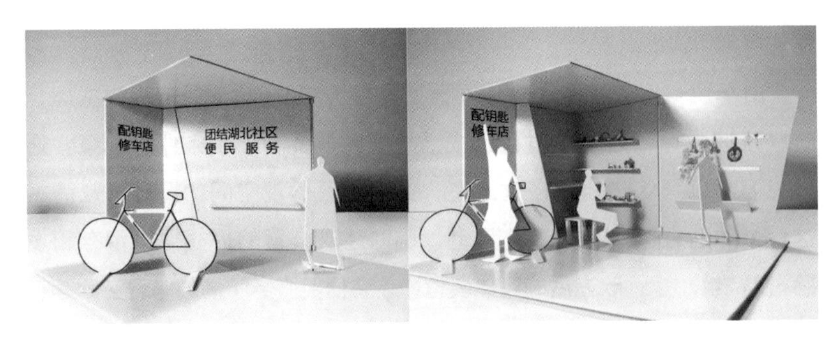

图 14.21 团结湖修车棚改造设计模型

结语

城市社区的更新是一个随社会发展不断变化的动态过程。城市社区的更新设计，不仅需要从日常生活的视角，关注设计上的美感，更需要转向更广泛的社会目标、时间—空间的平衡、社区精神的塑造等。这对社区更新设计在方法论上提出了更全面的要求。

在城市大量的老旧社区面临更新迭代的情况下，社区更新设计的核心是要建立一种工作统筹机制，从社区物理空间层面切入，将空间的规划、更新设计与居民参与、社会设计等结合起来（许懋彦，弋念祖，2019）。建筑师、规划师的设计思维为多方参与者的工作界面切分提供了空间支持。基于一定时间阶段的目标约定，参与者们以平台化协作、效益共赢的方式面对共同的工作对象，因此，在社区设计的具体实践操作中，设计视角的转换、设计方法的建立、设计成果的传达、时间—空间—成本—效益的统筹都会在一定程度上成为影响社区更新机制的重要指标。

注释

1. 本篇文章图片均来源于 MAT 超级建筑事务所。

参考文献

李倢．北京亟待更新改造老旧小区的现状及评估 [J]. 城市管理，2007(3): 59-63.

许懋彦，弋念祖．从社区营造到社区设计都市观视野下的日本社区设计发展观察 [J]. 时代建筑，2019(1): 152-159.

于文波．城市社区规划理论与方法研究——探寻符合社会原则的社区空间 [D]. 杭州：浙江大学，2015.

张垒．社区营造导向下的城市更新探索 [J]. 重庆建筑，2018(12): 22-25.

赵民．简论“社区”与社区规划 [J]. 时代建筑，2009(2): 6-9.

15 / 基于社会—空间生产的社区规划："新清河实验"[1]

刘佳燕
清华大学建筑学院

我国快速城镇化进程和多元的社区发展需求对当前社区规划从理论到实践都提出诸多新的挑战，尤其对于具有显著在地化特征和实践导向的社区规划而言，面临来自既有规划方法的诸多困境制约，包括传统城市规划技术对于空间成果的过度聚焦，以及大量规划基础理论沿袭西方而存在的水土不服的局限。借助社会—空间辩证法视角，本文总结了我国现代居住空间规划模式的发展，即从计划经济体制下的住区规划到房地产开发背景下的小区规划，再到当前社区规划的转型历程，并呈现出从"生产空间"到"空间的生产"这一重要的转变特征，以及"社会"逐步取代"空间"重新成为核心理念的过程。基于对前一阶段社区规划工作中主要问题和局限的反思，本文以北京市海淀区"新清河实验"中的社区规划实践探索为例，针对清河地区目前空间发展与社会发展之间高度不均衡的突出问题，提出了新型社区规划的核心目标、手段和路径，并将其概括为从"需求导向"到"资本导向"、从"利益干预"到"关系干预"、从"社区建设"到"社区营造"的三个转向。

社区规划的背景与挑战

我国城镇化高速发展至今，空间城镇化长期占据主导地位，人的城镇化严重滞后，这带来了一系列社会发展与空间发展之间的失衡问题。2015 年 10 月，党的十八届五中全会提出了构建多元主体、平等协商、合作共治的社会治理格局，城市社区成为加强社会建设的核心阵地（张康之，2014）。相较于近年来迅速发展的社区建设和管理领域，传统的住区规划及建设模式暴露出种种不适应问题，因此我们亟须探索面向社区规划的转型。而社区规划在我国当前无论是理论还是实践层面都尚处于起步阶段，需要切实回应特定国情和发展需求。

当代城市发展面临不同维度和复杂多样的实践问题的挑战，迫切需要跨学科整合的城市研究和规划响应。然而，简单依赖“社会研究”和“空间规划”的机械式叠加，难以很好地应对和解决当前复杂的社区发展问题。回归社区作为社会—空间统一体的认识论下，需要重新思考社会与空间的相互生产关系，从跨学科的理论整合到行动整合，以此探索适宜而有效的社区规划模式。

城市规划致力于“从城市现象的解释去寻求城市问题的解决”，这必然离不开解释性理论和指导性理论的整合（梁鹤年，2012）。落脚于中微观层面的社区规划对于理论整合和在地化的要求更为迫切。但是，它在现实中却长期受制于以下理论困境：

（1）传统规划技术路线缺乏对社会力和规划过程的关注。首先，长期以来，在物质空间决定论的主导下，规划技术方法聚焦于空间形态设计，而较少关注社会经济要素及其与空间形态之间的关系；其次，规划往往关注空间产出成果，而空间生产过程中的决策机制和各类社会性产品却普遍被忽视。

（2）社会—空间辩证法研究视角难以为具体行动提供指导。尽管社会—空间辩证法为整合社会与空间研究提供了重大突破（Soja，1980；Lefebvre，1991），但要用它来指导社区规划却仍有不足：一是它认识到了社会—空间的互动关系，却无法为实践活动提供指导性的行动理论；二是其研究视角主要集中在宏观的城市和区域层面，对于中微观的邻里社区层面考虑有限；三是其基于阶级视角从理论层面强调了资本和权力之间的张力，而较少关注现实生活中日益多元化甚至不断分异的社会力量。

（3）大量源于西方的规划理论难以适用于中国的规划实践。这是由于这些理论多为指导性理论，缺乏必要的在地化的解释性理论基础和实践验证（梁鹤年，2014）。特别在社区层面，面对差异化的邻里空间、社群网络和制度环境，我们更需要基于特定国情和地域背景的理论与实践探索。

居住空间规划的演进：从“生产空间”到“空间的生产”

总结我国现代城市居住空间规划的主要模式，经历了从单位制背景下的住区规划到房地产开发浪潮下的小区规划，再到当前社区规划的演变历程。直观看来，这是社会经济体制转型的产物，但这种过于简单的因果解释忽略了规划的核心概念——“社会空间的生产”，以及它与特定的社会和空间之间的相互关系。

探究邻里社区的本质，我们发现其中三大核心要素相互交织，即地域（空间）、人口（社会）、文化和地缘感（关系）（刘佳燕，2014）。由此，社区作为社会—空间统一体，带来规划作为社会—空间的生产过程，这意味着规划的生产目标和生产机制都呈现出根本性的转变。

在计划经济时期和单位制背景下的住区规划中，社会成员的生产、生活及其空间需求呈现出高度的同质化特征，住户数量基本决定了规划建设的总体规模。进入 20 世纪 80 年代，房地产市场的蓬勃发展催生了商品房小区规划这一新的模式，它强调面向社会经济的转型提供更加多元化和精细化的空间形态。

在上述住区规划和小区规划中，规划的目标和产出绝大部分都集中指向同一个目标，即“生产空间”——“生产”出舒适的住宅、优美的景观环境和适宜的配套设施。但在此过程中，空间的设计主体（规划 / 设计师）、生产主体（政府部门、开发商或建造商）、运营主体（物业或相关管理机构）、行政主体（基层管理机构）和居住主体（居民）往往在时间和社会关系上呈现相互分离的状态，进而缺乏互动。这往往导致空间设计与真实需求的脱节，引发一系列社会与空间不适应的问题。

21 世纪以来，随着当前城市新增建设用地指标日益缩减，大量老旧居住区面临空间改造和品质提升的迫切要求，居住空间规划的重心逐步转向对已建成地区的更新改造。社区规划正是很好地应对了这一需求而迅速兴起。社区规划的主要途径是通过征集民意，了解社区问题和居民需求，政府机构或相关组织在此基础上形成需求优先权排序，从而指导资源投放，对突出问题进行规划响应（杨贵庆，2000；孙施文等，2001；赵蔚等，2002；刘君德，2003；黄瓴等，2014；杨锃等，2015；沈高洁，2015）。与之前的两类规划相比，社区规划更加关注社会发展过程，强调通过“空间的生产”，实现公正、健康和减少贫困等社会性目标。其中，空间既非单一的，也不是最终的规划目标，而成为空间规划和空间生产这一整合性过程中的重要内容，并最终指向对社会的再造。

从“生产空间”到“空间的生产”的转型很大程度应对了我国当前城市建设重心从增量向存量的转型趋势，更重要的是，它反映了城市发展主旨思想的转变：从改革开放后很长一段时间对经济增长和空间扩张的聚焦，转向如今对生活品质和社会发展的更多关注；从对作为规划成果的物质环境的聚焦，转向对兼顾社会公正和整合发展的规划过程的更多关注。体现在社区规划中，“社会”逐步取代“空间”，重新回归生产的目标核心：在规划过程中，构建多元主体共建、共治、共享的行动模式，营造有主体意识和发展能力的社区共同体。

反思社区规划 1.0

不可否认，近年来，社区规划在北京、上海、成都等城市的快速发展，给居民生活和社区面貌带来了很大改善，但同时也暴露出了一些问题。笔者基于在多个城市的调研，将前一阶段的社区规划总结为 1.0 版本，它主要存在主体性、结构视角和空间生产三个方面的局限。

首先是主体性的局限。尽管社区规划的理论研究普遍强调公众参与和对社会关系、社会整合的关注（徐一大等，2002；钱征寒等，2007；袁媛等，2015），但实践中更多还是采取自上而下、精英推动的空间改造技术路线。这样的方式存在以下弊端：①多采取项目体制，项目实施后的可持续性难以保障；②政府部门单方推进为主，社会需求和公共决策之间的双向互动机制不足；③自上而下的单向投入容易导致社区能动性缺失；④多以政府为单一主体和决策者，居民融入感低。

上述问题的核心原因在于社区主体性的不足，以及伴随而来的社区资源和能力的短缺。不同于新区开发，社区规划面对的是大量已经在这片地域上生活或工作多年的人群，然而在既有的诸多规划项目中，这部分群体绝大部分被远远排斥于提议、讨论、决策等规划过程之外，即使有所涉及，也只是在问卷调查、民意访谈等个别环节中被被动纳入。这就会导致居民融入感差，缺乏主体意识和归属感，甚至在政府大量投入后仍然抱怨不断。更严重的是，一旦项目终止，规划师、政府机构和建造商等原有实施主体撤离社区，要想再维系或促进社区参与就更加困难，社区公共空间或设施的可持续自主维系面临严峻挑战。

其次是来自结构视角的局限。在长期主导规划研究的结构主义视角下，居民被依据年龄、职业或生活方式等特征划分成不同的群体，个体消融在整体的阶层表征中，邻里被假定为天然具备社群团结的地域单元，而无视个体和群体间的关系联结，以及关系网络中资本、利益的双向流动，遗憾的是，这样也就无法察觉和利用地方关系在社会—空间生产过程中所展现出的独特力量（刘佳燕，2014）。

体现在 1.0 版本的社区规划中，相关部门和规划师通常基于特定的行政地域和假设同质的居住人口为对象来投放公共资源。这种基于属地管理自上而下主导公共资源分配和流动的形式，容易形成以自我封闭和利益竞争为特征的“福利共同体”（尼克·盖伦特，2015），由此形成一种结构性的局限。更重要的是，因为在地情况的复杂性，仅依赖外部的精英决策，通常难以很好地实现地方利益的协调，甚至反而诱发更多的矛盾冲突，导致事与愿违。

最后是来自空间生产的局限。基于组织主体和关注点的不同，我国当前的社区规划主要存在两种模式：一种由规划建设部门主导，强调空间资源优化配置与环境改善；另一种由民政部门主导，聚焦于社区服务和社会关怀等社会发展议题。这些实践活动在一定程度上推动了基层社区环境和社会发展的提升，但同时也暴露出较大的专业限制的问题（顾朝林等，2013；李东泉，2014），即空间学科与社会学科之间的脱节，进而局限了空间生产的效力。

学科的脱节还导致对于空间成果的过度聚焦，而忽视了应在其过程中发挥重要作用的社会性生产力量。正如全球治理委员会所言，治理不是一套规则，也不是一种活动，而是一个持续性的过程（俞可平，2002；周晓丽等，2013）。对“生产空间”的强调，不可避免崇尚效率至上，导致参与过程、决策机制都被高度压缩和简化；相对而言，过程导向的“空间的生产”，将关注核心从生产什么转向如何生产，有助于形成关于社会生产机制的深刻思考。

“新清河实验”：迈向社区规划 2.0

清河位于北京市海淀区北五环外（图 15.1）。历史上它曾经是北京西北部地区的重要军事重镇和交通枢纽，并在过去的 200 余年间一直承担着区域性商业中心的功能。随着城市建设的快速扩张，今天的清河已经从原来的乡村集镇变为北京中心城的边缘组团。清河街道占地 9.37 平方千米，下辖 29 个社区，现有常住人口约 13.9 万人，本地户籍人口约 9.3 万人。

自 20 世纪 90 年代以来，清河地区经历了快速的城市转型，聚集了多

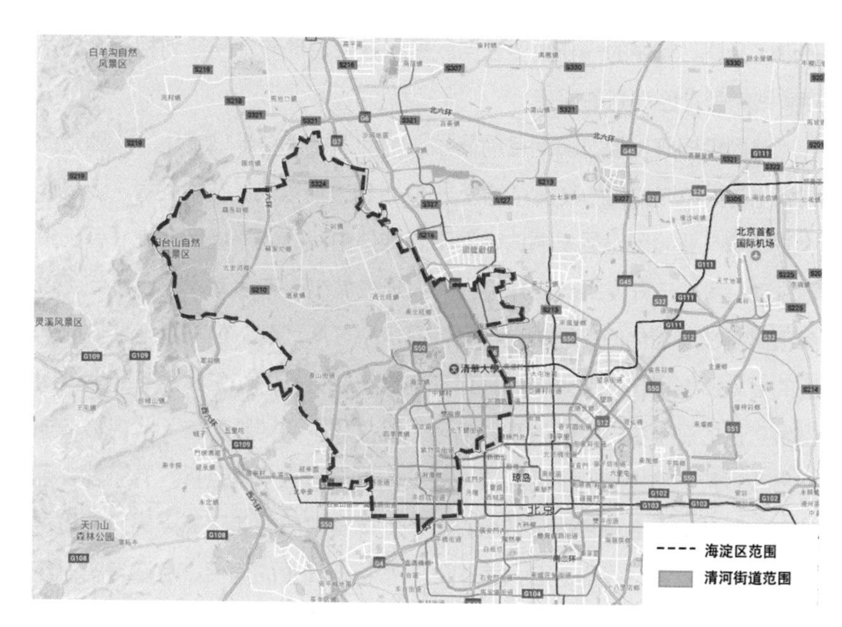

图 15.1　清河街道区位图

种多样的社区类型，包括安置房、商品房、经济适用房、廉租房、单位大院、部队大院和城中村等。我国城市化进程中和城乡二元分化的大部分问题都可以在这里找到缩影，所以它也成为了开展中国社区研究的极佳实验地。

从社会和空间的特征视角来看，清河地区呈现出典型的社会空间分异甚至极化的现象。这里有中国历史上最早的一批民族工业企业，包括北京毛纺厂和清河毛纺厂。而随着近年来工厂的外迁和地区产业升级，越来越多的高新技术企业在此入驻，包括小米公司和清华同衡规划设计研究院，随之而来的是在此工作和生活的大量年轻创意群体。由此，地区内的社会空间呈现出更加复杂、混合的状态。20 万平方米的新型一站式购物中心与人车混杂的批发市场毗邻而立，聚集了大量低收入流动人口的城中村与售价每平方米 10 多万元的高档封闭小区并立对峙。

1928 年，著名社会学家杨开道、许仕廉等人带领燕京大学的学生在当时的清河镇开启了著名的乡村建设和社会学实验，探索在经济、社会及卫生等方面推进基层社会发展，史称“清河实验”，后因日本侵华事件而被迫中断。

2014 年，来自清华大学社科学院和建筑学院的师生们组成跨学科团队，开启了“新清河实验”，主要目标是通过推进基层社区参与，全面提升地区品质。其中的一项重要任务就是从社会治理与空间规划相整合的角度实践新型社区规划的探索。

课题组调研发现，清河目前最核心的问题在于“半城镇化”，即空间城镇化与人口城镇化的高度不均衡。20世纪末期以来，在中关村、上地两大高科技产业园区迅猛发展的带动下，地处中间的清河地区迎来“基础设施拉动—房地产开发—产业升级”的大规模城市改造浪潮，一夜之间传统乡镇风貌被现代化的高层办公楼和商品房小区所取代，但与之形成鲜明对比的是人口城镇化的严重滞后，体现在：①社会认同和归属感不足。在对当地居民的调查中，我们发现，清河“没文化”和“脏乱差”成为最普遍的自我评价，不少老旧小区和城中村业主甚至直言“早点拆，有了钱去别处买房”；②社会融合程度较低。社会群体贫富分化和隔离严重，邻里之间少有交往互动；③缺乏公共意识。一些拆迁安置的居民，尽管身份已经转为城市居民，并“上楼”十余年，但仍然难以适应城市生活，不缴物业费、随处停车、乱扔垃圾、动物粪便四处可见的现象比比皆是（图15.2）。

针对上述问题，在清河的社区规划中，我们尝试重新思考规划的定位，并将社会—空间的相互生产纳入过程设计，以物质层面的公共空间与社会层面的公共领域为抓手，着重公共性的培育，以社区共同体建设切实推进以人为核心的城镇化进程，具体体现在从规划目标、手段和路径入手，强调以下三个转型。

图15.2 清河街道老旧小区内景象

1. 规划目标从“需求导向”到“资本导向”：挖掘和培育社会资本

近年来大规模的拆迁和建设活动使地方和居民形成了等待政府投入的依赖心理，自我实现的信心和自我服务的能力逐步丧失，而无尽的要求和有限的政府能力及资源之间必然出现难以缓和的矛盾。

基于以上反思，社区规划需要转向以资本为导向的视角，将挖掘、培育和发展地方资本作为规划的核心目标。首要工作是地方资源梳理和资产价值识别。通过对地区的历史人文、城市建设以及社会经济情况进行详尽普查和价值挖掘，形成未来清河发展可利用的资源详单和资产地图，并将它作为社区生活品质改善的内生之源。通过深入调研，我们发现清河并非地处边缘的“文化荒地”，它拥有西汉古城遗址、孙中山讲堂、清河陆军预备学校、清河毛纺厂等丰富遗产，这些都是展示清河历史人文特质的重要载体。地区产业升级吸引小米公司、规划设计院等科技创意类企业入驻，加上街道内星罗棋布的汽配城、医院、学校等众多企业和机构，通过有效动员和资源整合，展示出强大的支持能力和积极的参与意愿，成为推动社区发展的重要地方性集体力量。

在诸多资本中，社会资本对于社区的可持续发展至关重要。面对个体社会网络日益跨越邻里边界向外拓展的现状（Wellman & Berkowitz，1988；刘佳燕，2014），重新挖掘和培育地方性的社会资本，构建紧密联结的邻里社会网络意义重大。在一个被居民自诩为“低层次人群聚集，没有人才”的老旧小区，课题组并未急于着手空间方案的设计，而是基于授权与赋能的理念，通过征集社区 logo、楼立面美化、“建筑师体验坊”“少儿艺术周”等系列活动，将社区人才的发掘和培育工作置于首位。在短短几个月的时间里，我们发掘了多位美术、摄影、编织和演艺能手，培育了二十多支汇集老中青居民的兴趣团队，以及“建筑师家庭”“小小粉刷匠”等以青少年为核心的公益家庭团体，形成当地人才库，作为推动社区自主更新和发展的核心动力。

2. 规划手段从利益干预到关系干预：重塑社区关系网络

社区规划作为一种干预手段，其干预对象从“利益格局”转向“社会关系”，这意味着核心价值观从“权力”向“权利”的转变。前者依托于以权力为中心的星状结构，而后者则根植于以公民权利为结点的网状结构（熊培云，2011）；前者因权力的稀缺性而必然带来竞争和不平等，而在后者中，权利可以扩大、共享，并通过协作网络而流动，能吸纳更多的行为主体对决策过程发挥影响。体现在社区规划中，需要依托以互动为基础的协同规划，发掘和重构以公民权利为基础、公民意识为联系的社会纽带，促进社区关系网络的重塑与优化。由此推动政府部门的角色逐步从大包大揽的执行者转为授权者和支持者，规划师和专业社会组织从推动者转变为协力者和培力者，社区居民和地方组织则成为真正的行动主体。

以Y小区为例，可以展示这一权力关系的转变。虽然小区内长期缺乏公共活动空间，但是在基于大多数居民的强烈呼吁和议事投票，形成对小区内一块闲置用地的改造计划时，却有少数居民因担心可能带来活动噪声而强烈反对。课题组和居委会并没有采取“高高在上”或“少数服从多数”的精英式决断，而是通过组织各类公共空间相关活动，如行为调研、公众咨询、体验设计坊、参与式墙绘等，吸引居民关注社区公共空间的使用和设计议题，并在活动中推进邻里关系网络的建设。此外，通过组织多次设计方案的参与式规划和开放式讨论，推动居民在共同讨论和平等对话中学会倾听、理解和协商，最终化解矛盾，达成改造共识。

3. 规划路径从社区建设到社区营造：依托公共领域培育人的公共性

回顾社区规划在全球的发展历程，其核心议题普遍经历了从“物质性”向“社会性”的转变：从政府主导并关注物质环境建设，转向强调社会多元自治的社区总体营造。在清河的社区规划实践亦强调两大聚焦：①对人的聚焦。空间生产的终极价值是社会性而非空间性产品，需要重新认识并实践规划过程作为调整和再生产社会关系的重要手段；②对公共性的聚焦。社区是联结微观个人、家庭与城市社会的重要平台。依托社区的公共领域（包含精神和物质两个层面）建设，推进“城市人”的“公共性”培育，对于新型城镇化战略和建设和谐宜居城市至关重要（梁鹤年，2012）。

规划路径主要包括：①围绕公共事务，推进社区议事制度建设。结合基层社会治理创新，推行议事委员制度，建立议事规则和民主协商制度。实践显示，议事委员已成为社区议事和行动的重要社会力量，议事委员会成为与居委会、物业及相关组织开展联席会议、共议社区事务不可或缺的核心组成。②依托公共空间的生产过程，重塑邻里关系和公共性。值得一提的是，基于议事制度形成的各社区发展提案，大多以公共空间改善为核心内容。围绕楼立面美化、健身广场、停车空间、养老服务站等公共空间改造议题，从议题提出、程序拟定、人才培训、方案设计、讨论交流到参与实施行动，既是公共事务从议题到现实的过程，也是社会关系再生产的过程。这可能是一个漫长的过程，但意义也正在于此。反复的利益碰撞和思想交流，经过时间的发酵，原本来自外部的“营造行动”逐步转变为社区的“自我酿造”。居民的关注点从“自我”放大到“他者”和“我们”，从“我想如何”进阶到“我们能如何”，由此促进了公共性的形成（图 15.3）。

结语：对社区规划的展望和反思

“新清河实验”课题组自 2014 年开始，一直扎根在清河街道开展基层社会治理创新和社区规划等方面的探索，至今已经有四年多的时间。我们的工作特点主要体现在以下几个方面：

（1）以激发社会活力、推动社区能力建设和全面提升为核心目标。始终强调以社区为主体，注重主体意识培育和主体能力建设。

（2）跨学科协作。社区是一个“社会—空间”统一体，干预行为需要多个学科的共同协作，我们的团队成员涉及社会学、城市规划、建筑学、社会工作等多专业背景。特别是将空间规划与社会治理相结合，强调对规划干预和社会再造两者互动过程的关注。

（3）采取长期专家陪伴式工作方式。不同于传统常用的项目制工作方法，我们强调与当地街道和社区结成长期合作伙伴关系，协助他们拟定

图 15.3　社区居民参与墙面美化活动

发展战略，提供咨询建议、专业支持、社区能力建设、社会组织孵化和示范项目实施等，最终的目标是地方的可持续健康成长。

未来在继续深化推进既有工作的基础上，将特别关注制度体系建设和造血功能培育，具体包括：优化社区建设相关预算和经费使用制度；建立社区规划师制度，采取街道搭台、企业和社区共建团队、第三方培训和评估、社区协作的方式，选拔和培育跨学科团队，长期扎根社区提供专业支持；培育和孵化社区社会组织，为后续社区参与和社区治理提供本地土壤，特别在街道层面引入枢纽型社会组织，为街道整体谋划社区发展战略，以及全面统筹各类社会组织的引入和社会服务的供给；等等。

总而言之，“新清河实验”的实践旨在针对当前空间城镇化与人的城镇化发展失衡的问题，探索基于社会—空间生产的新型社区规划路径。以“人的发展”为核心理念，关注“空间的生产”过程对于社会资本和关系网络的再生产作用，重新发掘和培育社区共同体，使社区发展真正成为居民自己的事，而不仅仅是政府的事。

社区规划的核心在于唤起每一个人对于所在生活地域的关注、想象与创造。通过多方参与的“空间的生产”的过程，引导和鼓励人们发掘自我营造美好环境的能力，体验共同工作的乐趣，并重新思考人与自然、与他人和谐共处的可能。因此，社区规划的真实意义不仅仅停留于对空间的改造，亦非追求某些参与的形式，而在于对社区共同体及其中每个人的作用，以此实践新型城镇化战略的根本诉求。

注释

1. 原文《基于社会—空间生产的社区规划——新清河实验的探索》刊载于《城市规划》杂志 2016 年第 11 期，本文在其基础上作适当调整。
2. 本篇文章的图片均由作者绘制或拍摄。

参考文献

（英）尼克 • 盖伦特，史蒂夫 • 罗宾逊 . 董亚娟 , 译 . 邻里规划——社区，网络与管理 [M]. 北京：中国建筑工业出版社，2015.

Lefebvre H. The Production of Space. Malden: Blackwell Publishers, 1991.

Soja E. The Socio-spatial Dialectic. Annals of the Association of American Geography, 1980, 70(2): 207-225.

Wellman B, Berkowitz S D. Social structure: a Network Approach. Cambridge: Cambridge University Press, 1988.

顾朝林，刘佳燕等，编著 . 城市社会学 [M]. 北京：清华大学出版社，2013.

黄瓴，罗燕洪 . 社会治理创新视角下的社区规划及其地方途径——以重庆市渝中区石油路街道社区发展规划为例 [J]. 西部人居环境学刊，2014(5): 13-18.

李东泉 . 中国社区规划实践述评——以中国期刊网检索论文为研究对象 [J]. 现代城市，2014(3): 10-13.

梁鹤年 . 城市人 [J]. 城市规划，2012(7): 87-96.

梁鹤年 . 再谈“城市人”——以人为本的城镇化 [J]. 城市规划，2014(9): 64-75.

刘佳燕 . 关系 • 网络 • 邻里——城市社区社会网络研究评述与展望 [J]. 城市规划，2014(2): 91-96.

刘君德 . 上海城市社区的发展与规划研究 [J]. 城市规划，2003(3): 39-43.

钱征寒，牛慧恩 . 社区规划——理论、实践及其在我国的推广建议 [J]. 城市规划学刊，2007(4): 74-78.

沈高洁 . 上海社会治理新常态下的社区规划机制研究 [C]. 新常态：传承与变革——2015 中国城市规划年会论文集，2015.

孙施文，邓永成 . 开展具有中国特色的社区规划——以上海市为例 [J]. 城市规划汇刊，2001(6): 16-18.

熊培云 . 重新发现社会 [M]. 北京：新星出版社，2011.

徐一大，吴明伟 . 从住区规划到社区规划 [J]. 城市规划汇刊，2002(4): 54-55, 59.

杨贵庆 . 未来十年上海大都市的住房问题和社区规划 [J]. 城市规划汇刊，2000(4): 63-68.

杨锃，史心怡 . 社区工作与社会治理创新——对 S 市 M 社区的个案研究 [J]. 社会建设，2015(2): 45-54.

俞可平 . 全球治理引论 [J]. 马克思主义与现实，2002(1): 20-32.

袁媛，柳叶，林静 . 国外社区规划近十五年研究进展——基于 Citespace 软件的可视化分析 [J]. 上海城市规划，2015(4): 26-33.

张康之 . 论主体多元化条件下的社会治理 [J]. 中国人民大学学报，2014(2):2-13.

赵蔚，赵民 . 从居住区规划到社区规划 [J]. 城市规划汇刊，2002(6): 68-71.

周晓丽，党秀云 . 西方国家的社会治理：机制、理念及其启示 [J]. 南京社会科学，2013(10): 75-81.

致谢

本书的成稿得益于众多合作者、同事、朋友、客座嘉宾对我们研究和交流活动的支持。这项研究起源于英国社会科学院 (British Academy) 基金项目“集体形制：中国街区转型、治理空间化和新型社区”(Collective Forms: Neighbourhood Transformations, Spatialised Governmentality and New Communities in China)。我想对该项目的中方联合负责人表示由衷的感谢，他们是：谭刚毅（华中科技大学）、唐燕（清华大学）、贺雪峰（武汉大学）及其团队成员王德福和张雪霖。我还要感谢参与项目的研究人员，他们是：曹筱袤、王禹惟、张润泽、陈鹏宇、周韵诗和高亦卓。此外，我也要感谢毕月 (Beatrice Leanza)、蒲亚鹏、卢永毅和阿德里安·拉胡德（Adrian Lahoud）对这个项目的鼎力支持。

我还要特别感谢程婧如（英国皇家艺术学院）。作为该项目的博士后研究员和本书的联合主编，这本书的面世得益于她的不懈努力。

感谢武汉、北京、上海和伦敦研讨会与工作坊的所有参与者：劳尔·阿维拉·罗约（Raül Avilla Royo）、曹国慧、柴彦威、陈宇琳、程婧如、薄大伟 (David Bray)、迈克尔·达顿（Michael Dutton）、范浩阳、郭博雅、何鸿鹄、黄蔚欣、惠晓曦、苏菲·约翰逊 (Sophie Johnson)、阿拉斯代尔·琼斯（Alasdair Jones）、梁颖、刘鼎、刘健、刘佳燕、刘天宝、刘韵、娄云彬、卢迎华、尼尔·麦克莱恩·加德斯（Neill McLean Gaddes）、凯瑟琳·麦克马洪（Catherine McMahon）、塞坦·奥泽（Seyithan Ozer）、蒲亚鹏、威廉·鲁伊斯·德·特蕾莎（Guillermo Ruiz de Teresa）、弗朗西斯卡·罗马娜·弗利尼（Francesca Romana Forlini）、谭刚毅、谭峥、唐燕、贾斯蒂尼·特比连（Justinien Tribillion）、万晓媛、王德福、索菲亚·伍德曼（Sophia Woodman）、吴缚龙、吴楠、肖作鹏、徐轶婧、闫加伟、张淼、张雪霖、郑言和周子书。

感谢以下机构为该项目提供的帮助与支持：华中科技大学、清华大学、英国皇家艺术学院、湖北美术学院（詹旭军和周稀）、《新建筑》杂志（李晓峰和方盈）、北京乐平公益基金会、超级建筑事务所、世界学院（北京）、葛光社区居委会和关山街道（武汉）、妙三社区居委会和北湖街道（武汉）、钦北居委会和虹梅街道（上海）以及新源西里社区和左家庄街道（北京）。最后，感谢同济大学出版社的袁佳麟对本书出版的支持。

本书的出版由英国皇家艺术学院研究与知识交换基金和建筑学院赞助。

图书在版编目（CIP）数据

社区与治理的社会空间设计 : 中国跨学科城市设计 / (英) 萨姆·雅各比 (Sam Jacoby) , 程婧如编著 . -- 上海 : 同济大学出版社 , 2023.3
ISBN 978-7-5765-0729-4

Ⅰ . ①社… Ⅱ . ①萨… ②程… Ⅲ . ①城市规划－建筑设计－研究－中国 Ⅳ . ① TU984.2

中国国家版本馆 CIP 数据核字 (2023) 第 014492 号

社区与治理的社会空间设计

中国跨学科城市设计

[英] 萨姆·雅各比 (Sam Jacoby)　程婧如　编著

出 品 人　金英伟
责任编辑　袁佳麟
责任校对　徐逢乔
装帧设计　张　微

出版发行　同济大学出版社 www.tongjipress.com.cn
(地址：上海市四平路 1239 号　邮编：200092　电话：021–65985622)
经　　销　全国各地新华书店
印　　刷　上海安枫印务有限公司
开　　本　710mm×1000mm　1/16
印　　张　15.75
字　　数　315 000
版　　次　2023 年 3 月第 1 版
印　　次　2023 年 3 月第 1 次印刷
书　　号　ISBN 978-7-5765-0729-4
定　　价　118.00 元